土木工程毕业设计指导

——多层框架结构房屋设计算例及解析

主　编　刘文方　　田北平　　李翔

副主编　阮　智　　刘晓辉　　高喜安　　赵雅娜

西南交通大学出版社

·成　都·

图书在版编目（ＣＩＰ）数据

土木工程毕业设计指导. 多层框架结构房屋设计算例
及解析 / 刘文方，田北平，李翔主编. --成都：西南
交通大学出版社，2023.10
ISBN 978-7-5643-9128-7

Ⅰ. ①土… Ⅱ. ①刘… ②田… ③李… Ⅲ. ①土木工
程 – 毕业设计 – 高等学校 – 教学参考资料②房屋 – 框架结
构 – 结构设计 – 高等学校 – 教学参考资料 Ⅳ. ①TU

中国版本图书馆 CIP 数据核字（2022）第 258496 号

Tumu Gongcheng Biye Sheji Zhidao
——Duoceng Kuangjia Jiegou Fangwu Sheji Suanli ji Jiexi

土木工程毕业设计指导——多层框架结构房屋设计算例及解析

主编　刘文方　　田北平　李　翔

责任编辑	韩洪黎
封面设计	GT 工作室

出版发行	西南交通大学出版社
	（四川省成都市金牛区二环路北一段 111 号
	西南交通大学创新大厦 21 楼）
邮政编码	610031
发行部电话	028-87600564　　　　028-87600533
网址	http://www.xnjdcbs.com
印刷	四川森林印务有限责任公司

成品尺寸	185 mm × 260 mm
印张	16.75
字数	388 千
版次	2023 年 10 月第 1 版
印次	2023 年 10 月第 1 次
书号	ISBN 978-7-5643-9128-7
定价	56.00 元

课件咨询电话：028-81435775
图书如有印装质量问题　本社负责退换
版权所有　盗版必究　举报电话：028-87600562

毕业设计是土木工程专业本科培养计划中最后一个主要教学环节，也是最重要的综合性实践教学环节，目的是通过毕业设计这一时间较长的专门环节，培养土木工程专业本科生综合应用所学基础课、专业基础课及专业课知识和相应技能，解决具体的土木工程设计问题所需的综合能力和创新能力。

近几十年来，我国建筑业发展迅速，为丰富广大土木工程专业学生的学习用书和众多建筑结构专业工程技术人员的参考用书，编写针对土木工程专业毕业设计的指导书十分必要。

传统的工程教育是学科教育，教育模式倾向于解决确定的、封闭的问题，知识结构强调学科知识体系的系统性和完整性，这样培养的人才往往会出现与社会需求脱节的现象。目前，产教融合模式是提高新形势下土木工程专业应用型人才培养质量的有效手段，产教融合可以加强学校与社会以及经济的相互交流，为高等教育的发展提供了更广阔的市场平台。为积极探索"产教融合、校企合作、工学结合、知行合一"的人才培养模式，四川轻化工大学土木学院联合四川远建建筑工程设计有限公司共同编写了本教材，并由四川远建建筑工程设计有限公司提供工程实例。

本书的编写不仅参考了同类的优秀毕业设计指南及其他参考用书，还紧密结合国内外建筑业的发展与应用现状，教材内容与国家现行有关标准与规范相适应。这些标准和规范主要包括：《工程结构通用规范》（GB 55001—2021）、《建筑结构可靠性设计统一标准》（GB 50068—2018）、《建筑工程抗震设防分类标准》（GB 50223—2008）、《建筑结构荷载规范》（GB 50009—2019）、《建筑抗震设计规范》（GB 50011—2019）、《混凝土结构设计规范（2015年版）》（GB 50010—2010）、《高层建筑混凝土结构技术规程》（JGJ 3—2010）、《砌体结构设计规范》（GB 50003—2011）、《建筑地基基础设计规范》（GB 50007—2011）等。本书着重阐明各种结构分析的基本概念和设计要点，并给出了比较完整的设计实例，有利于理解和掌握设计规范，便于自学和参考；内容安排符合土木工程专业毕业设计的教学要求，具有一定的系统性和完整性，有利于提高教学质量和学生的工程实践能力；各设计实例是根据我国最新颁布的设计规范，紧密结合工程实践编写而成，理论联系实际，便于应用和解决工程实际问题；全书文字简明易懂，论述由浅入深，循序渐进，便于学生自学。

全书共分 5 章，主要介绍了不同类型多层建筑的主要特点以及结构分析方法，各种常用结构体系的特点与布置原则、荷载计算与效应组合，对框架结构内力分析方法与设计要求进行了重点介绍。编写分工如下：第 1 章建筑设计基本知识由阮智（四川轻化工大学）、刘晓辉（四川轻化工大学）编写；第 2 章结构选型及布置由田北平（四川轻化工大学）、罗阳晓（四川轻化工大学）编写；第 3 章框架结构设计知识要点由李翔（四川远建建筑工程设计有限公司）、邹朋飞（四川轻化工大学）编写；第 4 章多层框架结构设计算例由刘文方（四川轻化工大学）、刘洁（四川轻化工大学）、赵雅娜（四川轻化工大学）编写；第 5 章计算机辅助设计由高喜安（四川轻化工大学）、李佳（四川轻化工大学）编写。全书由刘文方（四川轻化工大学）统稿。

由于时间仓促，编者水平有限，不妥之处在所难免，衷心希望广大读者批评指正。

作　者

2023 年 4 月

CONTENTS 目 录

第 1 章　建筑设计基本知识

1.1　基本概念

建筑是人们用泥土、砖、瓦、石材、木材（近代用钢筋混凝土、型材）等建筑材料构成的一种供人居住和使用的空间，如住宅、桥梁、厂房、体育馆、窑洞、水塔、寺庙等。建筑是人们为了满足社会生活需要，利用所掌握的物质技术手段，并运用一定的科学规律、风水理念和美学法则创造的人工环境。建筑是建筑物与构筑物的总称，建筑物是用建筑材料构筑的空间和实体，供人们居住和进行各种活动的场所。构筑物是为某种使用目的而建造的、人们一般不直接在其内部进行生产和生活活动的工程实体或附属建筑设施。

建筑物按照它的使用性质，通常可分为生产性建筑（如工业建筑、农业建筑）及非生产性建筑（如民用建筑）。民用建筑按使用功能可分为居住建筑和公共建筑两大类。居住建筑主要是指提供家庭和集体生活起居用的建筑物，如住宅建筑、公寓建筑、别墅建筑、宿舍建筑。公共建筑主要是指提供人们进行各种社会活动的建筑物，如行政办公建筑、文教建筑、托教建筑、科研建筑、医疗建筑、商业建筑、观览建筑、体育建筑、旅馆建筑、交通建筑、通信广播建筑、园林建筑、纪念性的建筑等。

构成建筑的基本要素主要是建筑功能、建筑技术和建筑形象。

建筑功能：指建筑物在物质和精神方面必须满足的使用要求，是人们建造房屋的具体目的和使用要求的综合体现。人们建造房屋主要是满足生产、生活的需要，同时也充分考虑整个社会的其他需求。任何建筑都有其使用功能，但由于各类建筑的具体目的和使用要求不尽相同，因此就产生了不同类型的建筑。

建筑技术：指建造房屋的手段，包括建筑材料与制品技术、结构技术、施工技术、设备技术等，建筑不可能脱离技术而存在。随着材料技术的不断发展，各种新型材料不断涌现，为建造各种不同结构形式的房屋提供了物质保障；随着建筑结构计算理论的发展和计算机辅助设计的应用，建筑设计技术不断革新，为房屋建造的安全性提供了保障；各种高性能的建筑施工机械、新的施工技术和工艺提供了先进的房屋建造手段；建筑设备的发展为建筑满足各种使用要求创造了条件。

建筑形象：构成建筑形象的因素有建筑的体型、内外部的空间组合、立体构面、细部与重点装饰处理、材料的质感与色彩、光影变化等。建筑内、外感观的具体体现，必须符合美学的一般规律，优美的艺术形象给人以精神上的享受，它包含建筑型体、空间、线条、色彩、质感、细部的处理及刻画等方面。由于时代、民族、地域、文化、风土人情的不同，人们对建筑形象的理解各有不同，出现了不同风格和特色的建筑，甚至不同使用要求的建筑已形成其固有的风格。

建筑的三要素是辩证统一，不可分割的。建筑功能起主导作用；建筑技术是达到目的的手段，技术对功能又有约束和促进作用；建筑形象是功能和技术的反映。

1.1.1 民用建筑分类

（1）按地上建筑高度或层数分类。

住宅建筑：建筑高度不大于 28.0 m 的住宅建筑为低层或多层民用建筑（1~3 层为低层住宅，4~6 层为多层Ⅰ类，7~9 层为多层Ⅱ类）；建筑高度大于 28.0 m 的住宅建筑为高层民用建筑（10~18 层为高层Ⅰ类，19~26 层为高层Ⅱ类）。

公共建筑：建筑高度不大于 24.0 m 的公共建筑及建筑高度大于 24.0 m 的单层公共建筑为低层或多层民用建筑；建筑高度大于 24.0 m 且不大于 100.0 m 的非单层公共建筑，为高层民用建筑。

不论住宅建筑还是公共建筑，建筑高度大于 100.0 m 均为超高层建筑。

（2）按规模大小分类。

大量性建筑：指建筑规模不大，但修建数量多的、与人们生活密切相关的、分布面广的建筑，如住宅、中小学校、医院、中小型影剧院、中小型工厂等。

大型性建筑：指规模大、耗资多的建筑。如大型体育馆、大型影剧院、航空港、火车站、博物馆、大型工厂等。

（3）按建筑结构分类。

砖木结构建筑：这类建筑物的主要承重构件是用砖木做成的，其中竖向承重构件的墙体和柱采用砖砌，水平承重构件的楼板、屋架采用木材。这类建筑物的层数一般较低，通常在 3 层以下。古代建筑和二十世纪五六十年代的建筑多为此种结构。

砖混结构建筑：这类建筑物的竖向承重构件采用砖墙或砖柱，水平承重构件采用钢筋混凝土楼板、屋顶板，其中也包括少量的屋顶采用木屋架。这类建筑物的层数一般在 6 层以下，造价低、抗震性差，开间、进深及层高都受限制。

钢筋混凝土结构建筑：这类建筑物的承重构件（如梁、板、柱、墙、屋架等）是由钢筋和混凝土两大材料构成，围护构件（如墙、隔墙等）是由轻质砖或其他砌体做成的，其特点是结构适应性强、抗震性好、经久耐用。钢筋混凝土结构房屋的种类有框架结构、框架剪力墙结构、剪力墙结构、简体结构、框架简体结构和简中简结构。

钢结构建筑：这类建筑物的主要承重构件均是用钢材构成，其建筑成本高，多用于多层公共建筑或跨度大的建筑。

（4）按设计使用年限分类。

民用建筑按设计使用年限可分为临时性建筑、易于替换结构构件的建筑、普通建筑和构筑物、纪念性建筑和特别重要的建筑，如表 1-1 所示。

表 1-1　民用建筑的设计使用年限

类别	设计使用年限/年	示例
1	5	临时性建筑
2	25	易于替换结构构件的建筑
3	50	普通建筑和构筑物
4	100	纪念性建筑和特别重要的建筑

（5）按耐火等级分类。

民用建筑的耐火等级可分为一、二、三、四级。不同耐火等级建筑相应构件的燃烧性能和耐火极限不应低于《建筑设计防火规范》（GB 50016—2014）中表 5.1.2 的规定。

1.1.2　建筑模数协调统一标准

为了使建筑制品、建筑构配件和组合件实现工业化大规模生产，使不同材料、不同形式和不同制造方法的建筑构配件、组合件符合模数并具有较大的通用性和互换性，以加快设计速度，提高施工质量和效率，降低建筑造价。因此，在我国建筑设计和施工中，必须遵循《建筑模数协调标准》（GB/T 50002—2013）。建筑物及其构配件（或组合件）选定的标准尺寸单位，并作为尺寸协调中的增值单位，称为建筑模数单位。在建筑模数协调中选用的基本尺寸单位，其数值为 100 mm，符号为 M，即 1M=100 mm，当前世界上大部分国家均以此为基本模数。基本模数的整数值称为扩大模数，扩大模数为 3M、6M、12M、15M、30M、60M 等 6 个，其相应的尺寸分别为 300 mm、600 mm、1200 mm、1500 mm、3000 mm、6000 mm，扩大模数主要适用于建筑物的开间或柱距、进深或跨度、建筑物的高度、层高、构配件尺寸和门窗洞口尺寸。整数除基本模数的数值称为分模数，分模数的基数为 M/10、M/5、M/2 等 3 个，其相应的尺寸为 10 mm、20 mm、50 mm，主要适用于缝隙、构造节点、构配件断面尺寸。

1.2　场地总平面设计

场地可指基地中所包含的全部内容所组成的整体。场地设计是为满足一个建设项目的要求，在基地现状条件和相关的法规、规范的基础上，组织场地中各构成要素之间关系的活动。建筑总平面设计是指根据建筑群的组成内容和使用功能要求，结合用地条件和有关技术标准，综合研究建筑物、构筑物以及各项设施相互之间的平面和空间关系，正确处理建筑布置、交通运输、管线综合、绿化布置等问题，充分注意利用地形，节约用地，使该建筑群的组成内容和各项设施组成为统一的有机整体，有利于生产生活，并与周围环境及其他建筑群体相协调而进行的设计。

场地总平面设计的建设项目，可以是一个单体建筑物（如一座办公楼及其周围场地设计），也可以是群体建筑物（如居住区规划设计）；可以是工业建筑（如钢铁厂、石油化工厂、火力发电厂、机械厂等工业企业的群体建筑物的场地总平面设计），也可以是民用建筑

（如一所学校、一所幼儿园）。两者的区别在于工业建筑场地设计面积大、内容多、图纸复杂，且侧重于建设项目的工程技术及工艺流程要求；民用建筑一般场地较小，场地设计则更加注重场地特征、周围建筑和环境，重视场地空间、视觉和景观关系。尽管工业建筑与民用建筑有所差别，但其场地总平面设计概念、理论和内容基本是相同的。

1.2.1 建筑总平面设计的具体内容

（1）合理地进行用地范围内的建筑物、构筑物及其他工程设施相互间的平面布置；
（2）结合地形，合理进行用地范围内的竖向布置；
（3）合理组织用地内交通运输线路布置；
（4）为协调室外管线敷设而进行的管线综合布置；
（5）绿化布置与环境保护。

1.2.2 建筑布局

建筑与场地应取得适宜关系，充分结合总体分区及交通组织，有整体观念，主次分明，建筑布局应使建筑基地内的人流、车流与物流合理分流，防止干扰，并应有利于消防、停车、人员集散以及无障碍设施的设置。

建筑间距是指两栋建筑物或构筑物外墙面之间的最小的垂直距离。建筑间距应满足防火、城市规划、采光、日照等场地设计的要求。建筑布局应根据地域气候特征，防止和抵御寒冷、暑热、疾风、暴雨、积雪和沙尘等灾害侵袭，并应利用自然气流组织好通风，防止不良小气候产生。根据噪声源的位置、方向和强度，应在建筑功能分区、道路布置、建筑朝向、距离以及地形、绿化和建筑物的屏障作用等方面采取综合措施，防止或降低环境噪声。建筑物与各种污染源的卫生距离，应符合国家现行有关卫生标准的规定。建筑布局应按国家及地方的相关规定对文物古迹和古树名木进行保护，避免损毁破坏。

1.2.3 道路与停车场

道路红线是城市道路用地的规划控制线，也是场地与城市道路用地的空间界限。道路红线一般由城市规划部门划定，在用地条件图中明确标注。道路红线之间的用地均为城市道路用地，建筑物不得超出道路红线。基地应与道路红线相连接，否则应设通路与道路红线相连接。通路应能通达建筑物的各个安全出口及建筑物周围应留有的空地；长度超过 35 m 的尽端式车行路应设回车场；基地内车流量较大时，应另设人行道；基地内车行路边缘至相邻有出入口的建筑物的外墙间的距离不应小于 3 m。

车流量较大的基地（包括出租汽车站、车场等）：距大中城市主干道交叉口的距离，自道路红线交点量起不应小于 70 m；距非道路交叉口的过街人行道最边缘线不应小于 5 m；距公共交通站台边缘不应小于 10 m；距公园、学校、儿童及残疾人等建筑物的出入口不应小于 20 m。

电影院、剧场、文化娱乐中心、会堂、博览建筑、商业中心等人员密集建筑的基地：基地应至少一面直接临接城市道路，该城市道路应有足够的宽度，以保证人员疏散时不影响城市正常交通；基地沿城市道路的长度应按建筑规模或疏散人数确定，并至少不小于基地周长的1/6；基地应有两个以上不同方向通向城市道路的（包括以道路连接的）出口；基地或建筑物的主要出入口，应避免直对城市主要干道的交叉口；建筑物主要出入口前应有供人员集散用的空地，其面积和长宽尺寸应根据使用性质和人数确定；绿化布置应不影响集散空地的使用，并不应设置围墙大门等障碍物。

1.2.4 竖 向

当基地自然坡度小于5%时，宜采用平坡式布置方式；当大于8%时，宜采用台阶式布置方式，台地连接处应设挡墙或护坡；基地临近挡墙或护坡的地段，宜设置排水沟，且坡向排水沟的地面坡度不应小于1%。基地地面坡度不宜小于0.2%，当坡度小于0.2%时，宜采用多坡向或特殊措施排水。场地设计标高不应低于城市的设计防洪、防涝水位标高；沿江、河、湖、海岸或受洪水、潮水泛滥威胁的地区，除设有可靠防洪堤、坝的城市、街区外，场地设计标高不应低于设计洪水位0.5 m，否则应采取相应的防洪措施；有内涝威胁的用地应采取可靠的防、排内涝水措施，否则其场地设计标高不应低于内涝水位0.5 m。当基地外围有较大汇水汇入或穿越基地时，宜设置边沟或排（截）洪沟，有组织进行地面排水。场地设计标高宜比周边城市市政道路的最低路段标高高0.2 m以上；当市政道路标高高于基地标高时，应有防止客水进入基地的措施。场地设计标高应高于多年最高地下水位。土石方与防护工程是竖向设计方案是否合理、经济的重要评判指标。因此，多方案比较，使工程量最小，是设计应贯彻的基本原则。面积较大或地形较复杂的基地，建筑布局应合理利用地形，减少土石方工程量，并使基地内填挖方量接近平衡。

基地内机动车道的纵坡不应小于0.3%，且不应大于8%，当采用8%坡度时，其坡长不应大于200.0 m。当遇特殊困难纵坡小于0.3%时，应采取有效的排水措施；个别特殊路段，坡度不应大于11%，其坡长不应大于100.0 m，在积雪或冰冻地区不应大于6%，其坡长不应大于350.0 m；横坡宜为1%～2%。基地内非机动车道的纵坡不应小于0.2%，最大纵坡不宜大于2.5%；遇特殊困难时不应大于3.5%，当采用3.5%坡度时，其坡长不应大于150.0 m；横坡宜为1%～2%。基地内步行道的纵坡不应小于0.2%，且不应大于8%，积雪或冰冻地区不应大于4%；横坡应为1%～2%；当大于极限坡度时，应设置为台阶步道。基地内人流活动的主要地段，应设置无障碍通道。位于山地和丘陵地区的基地道路设计纵坡可适当放宽，且应符合地方相关标准的规定，或经当地相关管理部门的批准。

基地内应有排除地面及路面雨水至城市排水系统的措施，排水方式应根据城市规划的要求确定。有条件的地区应充分利用场地空间设置绿色雨水设施，采取雨水回收利用措施。当采用车行道排泄地面雨水时，雨水口形式及数量应根据汇水面积、流量、道路纵坡等确定。单侧排水的道路及低洼易积水的地段，应采取排雨水时不影响交通和路面清洁的措施。下沉庭院周边和车库坡道出入口处，应设置截水沟。建筑物底层出入口处应采取措施防止室外地面雨水回流。

1.2.5　绿　化

建设项目基地内的绿地面积与规划建设要求应符合当地控制性详细规划及绿地管理的有关规定。绿地设置应结合建筑布局尽可能选择自然土壤通透的实土区域进行绿化，提高绿地的生态作用，减少建设行为对土壤生态平衡的不良影响。绿化与建（构）筑物、道路和管线之间的距离，应符合有关标准的规定并应保护自然生态环境，对古树名木采取保护措施。

地下建筑顶板上的覆土层宜采取局部开放式，开放边应与地下室外部自然土层相接，以满足排水及植被土壤层微生物及菌类的生长；应根据地下建筑顶板的覆土厚度，选择适合生长的植物，满足植物生长的要求，保证绿化的长期效果。若地下室面积较大，其顶板绿化应充分考虑所处地域、气候条件、年平均降雨量、种植形式、土壤条件、覆土厚度等因素进行排水设计，并且应满足综合管线及景观和植物生长的荷载要求，采用防根穿刺的建筑防水构造。

1.2.6　工程管线布置

工程管线宜在地下敷设，工程管线的地下敷设有利于环境的美观及空间的合理利用，并使地面上车辆、行人的活动及工程管线自身得以安全保证。有些地区由于地质条件差等原因，工程管线不得不在地上架空敷设，设计上要解决工程管线的架空敷设对交通、人员、建筑物及景观带来的安全及其他问题。在地上架空敷设的工程管线及工程管线在地上设置的设施，必须满足消防车辆通行及扑救的要求，不得妨碍普通车辆、行人的正常活动，并应避免对建筑物、景观的影响。同样，工程管线在地上设置的设施（变配电设施、燃气调压设施、室外消火栓等）不仅要满足相关专业标准的规定，还要在总图、建筑专业设计上解决这些地上设施可能对交通、人员、建筑物及景观带来的安全问题及其他问题。

1.3　建筑单体设计

1.3.1　基本规定

建筑物应按防火标准有关规定计算安全疏散楼梯、走道和出口的宽度和数量，以便在火灾等紧急情况下人员迅速安全疏散。有固定座位等标明使用人数的建筑（剧场、体育场馆等），应按照标定人数为基数计算配套设施、疏散通道和楼梯及安全出口的宽度。对于无标定人数的建筑物，即未标定使用人数的建筑物（商场、展厅等），其使用人数应根据有关设计标准，按房间的人员密度值进行折算，根据所处城市、地段、规模等不同，经过调查分析，确定合理人员密度，以此为基数，计算厕所洁具等配套设施的数量，以及安全疏散出口的宽度和数量。多功能用途的公共建筑中，各种场所有可能同时使用同一出口时，在水平方向应按各部分使用人数叠加计算安全疏散出口和疏散楼梯的宽度；在垂直方向，地上建筑应按楼层使用人数最多一层计算以下楼层安全疏散楼梯的宽度，地下建筑应按楼层使用人数最多一层计算以上楼层安全疏散楼梯的宽度。

层高是建筑物各楼层之间以楼、地面面层（完成面）计算的垂直距离。对于平屋面，屋顶层的层高是指该层横面面层（完成面）至平屋面的结构面层（上表面）的高度；对于坡屋面，屋顶层的层高是指该层楼面面层（完成面）至坡屋面的结构面层（上表面）与外墙外皮延长线的交点计算的垂直距离。不同使用功能建筑对层高的要求有较大的差别，具体到每个建筑也存在差异性，应结合具体的使用功能、工艺要求和技术经济条件等综合确定，并符合相关专用建筑设计标准的规定。

室内净高是从楼、地面面层（完成面）至吊顶或楼盖、屋盖底面之间的有效使用空间的垂直距离。当楼盖、屋盖的下悬构件或管道底面影响有效使用空间时，应按楼地面完成面至下悬构件下缘或管道底面之间的垂直距离计算。建筑各类用房的室内净高按使用要求有较大的不同，应分别符合相关专用建筑设计标准的有关规定，地下室、局部夹层、走道等有人员正常活动的最低处净高不应小于 2.0 m。

1.3.2　住宅楼设计

住宅是供家庭居住使用的建筑。住宅应按套型设计，每套住宅的分户界限应明确，必须独门独户，每套住宅至少包含卧室、起居室（厅）、厨房和卫生间等基本功能空间，以满足安全、舒适、卫生等生活起居的基本要求。由卧室、起居室（厅）、厨房和卫生间等组成的套型，套型的使用面积不应小于 30 m²；由兼起居的卧室、厨房和卫生间等组成的最小套型，套型的使用面积不应小于 22 m²。

1. 卧　室

卧室的主要作用是供人们睡眠，有些家庭还将其作为工作室，并可以进行储藏、学习、娱乐等。卧室根据需要不同可分为主卧室、次卧室、儿童卧室、客房、佣人室等。双人卧室使用面积不应小于 9 m²，一般为 13 ~ 18 m²，但不是绝对的；单人卧室使用面积不应小于5 m²，一般为 8 ~ 15 m²。卧室作为住宅的主要使用房间，设计中应选择好的朝向，必须能开窗通风，直接对外采光，可与阳台、落地飘窗、外凸窗结合，创造出能对外观景、赏景，内部能工作和休闲的优良环境。

2. 起居室（厅）

起居室（厅）是住宅套型中的基本功能空间，起居室（厅）的主要功能是供家庭团聚、接待客人、看电视之用，常兼有进餐、杂务、交通等作用。起居室（厅）的使用面积不应小于 10 m²，兼起居的卧室使用面积不应小于 12 m²。对于家庭来说，起居室（厅）是一个开放的公共活动的场合，为加强与外界的联系，以及中国人的生活习惯，起居室（厅）一般靠近大门入口处布置，有时通过门廊或玄关的过度，与外界形成方便的联系与沟通。由于起居室（厅）是家庭重要的活动交往场所，是住宅的主要使用房间，在家庭生活中占据的比重较大，因此，需要布置在朝向较好、采光充足、通风顺畅的地方。除了应保证一定的使用面积以外，应减少交通干扰，厅内门的数量如果过多，不利于沿墙面布置家具。套型设计时应减少直接开向起居厅的门的数量，起居室（厅）内布置家具的墙面直线长度宜大于 3 m。较大的套型中，起居室（厅）以外的过厅或餐厅等可无直接采光，但其面积不能太大，否则会降低居住生活标准。无直接采光的餐厅、过厅等其使用面积不宜大于 10 m²。

3. 厨 房

厨房的主要功能是完成炊事活动，其设备主要有炉灶、洗涤池、案台、热水器、储物柜、冰箱、微波炉、烤箱、洗碗机及各类管道和排烟设施。厨房设备的布置应方便操作，符合洗、切、烧的炊事流程，操作面最小净长 2.1 m，单面布置的厨房，其操作台最小宽度为 0.50 m，考虑操作人下蹲打开柜门、抽屉所需的空间或另一人从操作人身后通过的极限距离，要求最小净宽为 1.50 m。双面布置设备的厨房，两面设备之间的距离按人体活动尺度要求，不应小于 0.90 m。不同布置形式的厨房净宽、净长如图 1-1 所示。厨房内应设置炉灶、洗涤池、操作台、吸油烟机等设备和家具或预留位置。燃气灶尽量避免布置在贴临外窗口处。排油烟机的位置应与炉灶位置对应，并应与排气道直接连通。厨房宜布置在套内近入口处，厨房布置在套内近入口处，有利于管线布置及厨房垃圾清运，是套型设计时达到洁污分区的重要保证，应尽量做到。厨房应有直接采光、自然通风，或通过住宅的阳台通风采光。当厨房外为封闭阳台时，应确保阳台窗有足够的自然通风和采光。厨房采用天然采光时，其侧面采光窗洞口面积不应小于地面面积的 1/7，采取自然通风时的通风开口面积不应小于地面面积的 1/10，且不得小于 0.6 m²。由卧室、起居室（厅）、厨房和卫生间等组成的住宅套型的厨房使用面积不应小于 4.0 m²，由兼起居的卧室、厨房和卫生间等组成的住宅最小套型的厨房使用面积不应小于 3.5 m²，一般以 5 ~ 10 m² 为宜。

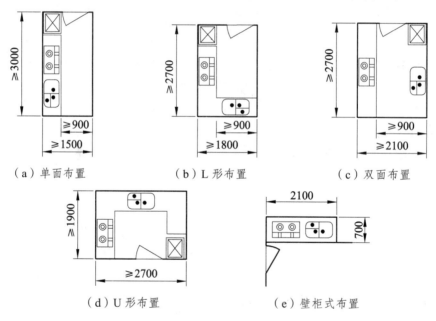

（a）单面布置　　　　　（b）L 形布置　　　　　（c）双面布置

（d）U 形布置　　　　　（e）壁柜式布置

图 1-1　厨房净宽、净长

4. 卫生间

卫生间是供人们处理个人卫生的专用功能空间，容纳便溺、洗浴、盥洗、洗衣四种功能，在较高级的套型内，还包括化妆等功能。随着生活水平的提高，一套住宅内有多个卫生间也较为常见，有些还专门分离成厕所和洗澡、洗衣间，或主卧内设专用的卫生间。卫生间设计中应注意合理布置卫生器具，使管道集中、隐蔽，重视平面及空间的充分利用。

无自然通风的卫生间应采取有效的机械通风换气措施。卫生间应有良好的防水、防潮、排水、防滑及隔声功能。每套住宅应设卫生间，应至少配置便器（分蹲便器和坐便器）、洗浴器 （浴缸或整体浴室、淋浴器等）、洗面器三件卫生设备或为其预留设置位置及条件。三件卫生设备集中配置的卫生间的使用面积不应小于 2.50 m^2。卫生间如设置洗衣机时，应增加相应的面积，并配置给排水设施及单相三孔插座。卫生间可根据使用功能要求组合不同的设备。不同组合的空间使用面积应符合下列规定：设便器、洗面器时不应小于 1.80 m^2；设便器、洗浴器时不应小于 2.00 m^2；设洗面器、洗浴器时不应小于 2.00 m^2；设洗面器、洗衣机时不应小于 1.80 m^2；单设便器时不应小于 1.10 m^2。卫生间最小尺寸平面如图 1-2 所示。无前室的卫生间的门不应直接开向起居室（厅）或厨房。卫生间不应直接布置在下层住户的卧室、起居室（厅）、厨房和餐厅的上层。

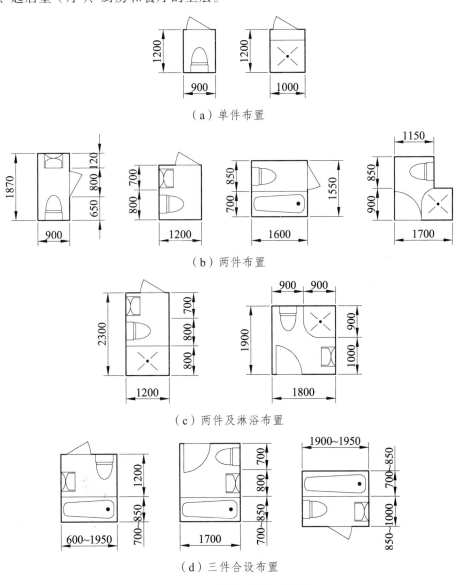

图 1-2　卫生间最小尺寸平面

5. 阳台

阳台是室内与室外之间的过渡空间，在城镇居住生活中发挥了越来越重要的作用，其主要功能是提供局部的休闲观景场地，供人们养花种草、晾晒衣物和处理杂物。阳台一般设在客厅、卧室以及厨房外部，有挑阳台、凹阳台和半凸半凹阳台几种形式。阳台的临空面装上玻璃窗，就形成了封闭式阳台，如果面积较大，可作为阳光室或小明厅使用。由于阳台大多伸处建筑物外部，在建筑物构造处理上应保证安全、牢固、耐久。阳台栏板还需要具有抗侧向力的能力，同时为防止因栏杆上放置的花盆坠落伤人，搁置花盆的栏杆必须采取防坠落措施。

阳台是儿童活动较多的地方，栏杆（包括栏板的局部栏杆）的垂直杆件间距若设计不当，容易造成事故。根据人体工程学原理，栏杆垂直净距应小于 0.11 m，才能防止儿童钻出。同时，不得有利于小孩攀爬。阳台栏板或栏杆净高，六层及六层以下不应低于 1.05 m；七层及七层以上不应低于 1.10 m。阳台地面标高应该低于室内标高 60 mm，外侧应该有100 mm 高的挡水带，以免使室内进雨水或是阳台积水无组织外漏。封闭阳台栏板或栏杆也应满足阳台栏板或栏杆净高要求。七层及七层以上住宅和寒冷、严寒地区住宅宜采用实体栏板。当阳台设置洗衣机设备时，为方便使用，要求设置专用给排水管线、接口和插座等，并要求设置专用地漏，减少溢水的可能。阳台是用水较多的地方，如出现洗衣设备跑漏水现象，容易造成阳台漏水，所以阳台楼、地面均应做防水。严寒和寒冷地区，为防止冬季将给排水管线冻裂，应封闭阳台，并采取保温措施。阳台除供人们进行户外活动外，兼有遮阳、防晒、防火灾蔓延的作用。阳台的外观样式和造型是整个建筑造型的组成部分，应当和整个建筑的造型风格相协调一致，以丰富建筑外观的艺术效果。

6. 套内交通联系空间

套内交通联系空间包括门斗（玄关）、前室、过道、过厅、户内楼梯等。入户处宜设置门厅等过渡空间，可以起到户内外缓冲和过渡作用，对于隔声防寒有利，还可以作为换鞋、挂衣、存放雨具的空间。套内入口过道净宽不宜小于 1.20 m，通往卧室、起居室（厅）的过道净宽不应小于 1.00 m，通往厨房、卫生间、贮藏室的过道净宽不应小于 0.90 m。过道或过厅是户内空间相互联系的枢纽，其目的是避免房间的穿套，可以减少墙面开门洞和维护私密空间，但是占用了套内的使用面积，也可以通过公共活动空间来解决。套内楼梯当一边临空时，梯段净宽不应小于 0.75 m；当两侧有墙时，墙面之间净宽不应小于 0.90 m，并应在其中一侧墙面设置扶手。套内楼梯的踏步宽度不应小于0.22 m，高度不应大于 0.20 m。扇形踏步转角距扶手中心 0.25 m 处，宽度不应小于 0.22 m。扇形楼梯平面尺寸如图 1-3 所示。

7. 门窗洞口

没有邻接阳台或平台的外窗窗台，如距地面净高较低，容易发生儿童坠落事故。窗外没有阳台或平台的外窗，窗台距楼面、地面的净高低于 0.90 m 时，应设置防护设施。各部位门洞的最小尺寸应符合表 1-2 的规定。

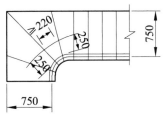

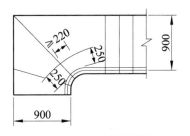

（a）一边临空扇形楼梯　　　　　　　　（b）两边墙面扇形楼梯

图 1-3　扇形楼梯平面尺寸

表 1-2　门洞最小尺寸　　　　　　　　　　　　　　　　单位：m

类别	洞口宽度	洞口高度
共用外门	1.20	2.00
户（套）门	1.00	2.00
起居室（厅）门	0.90	2.00
卧室门	0.90	2.00
厨房门	0.80	2.00
卫生间门	0.70	2.00
阳台门（单扇）	0.70	2.00

注：① 表中门洞口高度不包括门上亮子高度，宽度以平开门为准。
　　② 洞口两侧地面有高低差时，以高地面为起算高度。

第 2 章　结构选型及布置

2.1　结构定义与结构作用

建筑结构是建筑物、构筑物在施工和使用过程中的受力骨架，用来抵抗建筑物的重力，家具、居住者所产生的静荷载，以及风雪、地震、撞击等振动作用下的动荷载，是产生建筑形态与空间的首要且唯一的工具，是塑造人类物质环境的手段，是建筑物得以生存下去的唯一保证。因此，确保结构的安全性是建筑与结构设计的第一要务，即结构应具备足够的强度、刚度和稳定性，以防止建筑倒塌或者失效。

结构的主要作用包括：抵抗结构的自重、承担各种外部重力荷载、抵抗侧向力以及承担特殊作用。

1. 抵抗结构的自重

自重是地球上任何物体均存在的基本物理特征。在初学力学基础时，为了简化计算而需要忽略结构的自重，但实际上很多结构材料的比重（单位体积的重量）非常大，因而结构自重成为主要荷载，如混凝土结构、砖石砌体结构等，在结构设计中是无法忽略的。

通常情况下，自重是均匀分布在结构上的，在计算时经常被简化为均布性的竖向荷载，如梁板的计算。但也有为了简化计算，在不影响结构整体受力效果的前提下，将自重简化为集中荷载。

2. 承担各种外部重力荷载

结构上的各种附加物（如设备、装饰物及人群等）均存在重量，需要结构来承担。结构所承担的其他外部重力荷载是多种多样的，会随着建筑物的差异而变化。北方地区冬季降雪量大，因此积雪荷载是北方地区结构设计的重要内容，这也是北欧、俄罗斯等地的古建筑大多采用尖顶的原因。而在生产中存在大量排灰的工厂（如冶金厂、水泥厂等）及其邻近建筑物，在进行结构设计时要考虑建筑屋顶的积灰产生的重力荷载。

因此，结构能够承担各种外部重力荷载，是对结构的基本要求，也是单层结构发展为多层结构的基本前提。

3. 抵抗侧向力作用

对于较低的建筑物，侧向力并不构成主要的破坏作用，但是随着建筑物的增高，侧向力逐步取代垂直重力作用，成为影响建筑结构的主要作用。

常见的侧向作用有风和地震作用。风是由于空气流动所形成的，由于建筑物会对风的流动形成阻力，因此风也会对建筑物形成作用。与风作用不同，地震不是直接产生的力作用在建筑物上，其作用效果受建筑物自身惯性影响，因此建筑物所受到的地震作用除了跟地震强弱有关，也与建筑物自身质量等关系密切。现实中风荷载和地震荷载的效应十分复杂，这部分内容将在后面的章节中详细讨论。

4. 承担特殊作用

除了承受常规力作用外，建筑物可能由于特殊的功能或原因，承担特殊的作用。例如，我国北方冬季寒冷、夏季酷热，温度变化较大导致结构变形不协调，从而产生结构内力。另外，建筑物的地基会在建筑物的荷载、地下水、地震等影响下沉陷，因此也会导致建筑物倾斜、不均匀沉降、墙体开裂、基础断裂等破坏。结构设计者也需要考虑这些特殊原因产生的影响，才能保证设计结构的安全性、可靠性。

2.2 结构选型

2.2.1 结构选型原则

在建筑设计中，空间组合和建筑造型的主要环节是选择最佳结构方案，即结构选型。

根据建筑的功能和美观要求，按照技术先进、安全适用、经济合理的结构设计三原则，依据规范（规程）或者结构概念与结构原理，通过对若干结构方案的技术经济对比分析后确定的优化结构方案。即对各种结构体系的组成（构成）、受力和变形特点、适用范围、结构估算方法、结构布置方案以及技术经济分析等内容进行分析和对比研究，从而获得最优的结构方案。

梁、板等水平构件和柱、墙等竖向构件通过不同的组成方式和传力途径，构成了不同的结构体系。采用相同的结构构件，按不同方式所组成的抗侧力体系，其整体性可能表现为截然不同的结果。结构体系是多高层建筑结构是否合理、是否经济的关键，其选型与组成是多高层建筑结构设计的首要决策重点。多高层建筑结构中，常用的结构体系有框架结构、剪力墙结构、框架-剪力墙结构、筒体结构。不同的结构体系，其抗震性能、使用效果与经济指标也不同。

2.2.2 结构总体设计要点

结构设计主要解决的问题包括结构形式，结构材料，结构的安全性、适用性和耐久性，结构的连接构造和施工方法。结构设计的原则是安全适用、经济合理、技术先进、施工方便。

结构设计的目的是根据建筑布置和荷载大小，选择结构类型和结构布置方案，确定各部分尺寸、材料和构造方法，同时体现结构设计原则。

1. 结构设计内容

结构设计分为三个阶段：概念设计、初步设计和施工图设计。

结构设计的基本内容有：确定结构方案、明确结构布置、清理各类荷载、进行结构分析和计算、进行不利荷载组合、进行各类构件及其连接构造的设计、绘制施工图。

（1）确定结构方案。

结构方案是设计者根据建筑物所处的环境条件、使用要求、建筑要求等选择合适的结构形式、布置方案和结构所用材料，是结构设计是否合理的关键。结构方案应在建筑方案和初步设计阶段就给予充分的考虑，在结构初步设计阶段，经认真分析比较后确定。确定结构方案的原则是满足使用要求、结构受力合理、实施方案可行、综合指标先进。确定结构方案有两个方面：确定结构形式、确定结构体系。

确定结构方案具体有以下内容：

① 明确上部承重结构的结构形式和布置方案；

② 明确水平受力体系（楼、屋盖）的形式和布置方案；

③ 明确基础的形式和布置方案；

④ 明确相关构造措施和特殊部位的处理方案。

（2）确定结构布置计算简图。

结构布置就是明确结构方案中各构件间的相对关系，确定传力路径，初步选定各构件的尺寸，从而确定内力分析的计算简图。

（3）结构分析和计算。

结构分析和计算是指利用力学方法，对结构在各种作用影响下的各种作用效应进行分析和计算，即对结构进行内力和变形计算，是结构设计中最主要的工作内容。

进行结构分析计算应符合以下条件：

① 结构构件应满足力学平衡条件；

② 在不同程度上应符合变形协调条件，包括节点和边界的约束条件；

③ 在分析中应采用合理的材料及构件单元的本构关系即应力-应变关系。

结构分析的步骤为：

① 确定结构在各个阶段内可能出现的所有作用，并分析确定各自的作用效应；

② 根据各种作用同时出现的概率大小和规定的组合原则进行作用效应组合；

③ 得到结构中各控制部位（危险截面）的内力及变形值，用于后续设计使用。

各种作用效应的分析计算手段有手工分析计算和计算机程序分析计算，最后的结果必须经判断和校核，在确认其合理、准确后，方可用于后续设计。

① 结构分析方法。

在进行结构分析时，可根据结构的类型、构件的布置、材料的性能和受力特点等，选择下列分析方法：线弹性分析方法、考虑塑性内力重分布的分析方法、塑性极限分析方法、非线性分析方法、试验分析方法等。下面主要介绍线弹性分析方法、考虑塑性内力重分布的分析方法以及塑性极限分析方法。

a. 线弹性分析方法。

线弹性分析方法是基于匀质弹性材料的力学分析方法，其假定材料的本构关系、构件的受力变形关系以及作用与作用效应的关系均为线性的、成比例的。这是目前最为成熟的结构分析方法。对于混凝土结构而言，在正常使用极限状态下，采用该方法得到的结构的内力和变形结果与实际情况相差不大；但在承载能力极限状态下，由于材料塑性的不同、构件屈服顺序的不同以及裂缝的出现和发展的影响，使得采用该理论得到的结果与实际情况有较大差异。一般情况下，混凝土结构在正常使用极限状态和承载能力极限状态下内力及变形的计算均采用线弹性的分析方法。

在使用线弹性分析方法时，对于杆系结构，可做如下简化：

· 体型规则的空间杆系结构，可按要求分解成不同方向的平面结构进行分别分析，但应考虑相互间的空间协调工作。

· 杆件的轴向、剪切和扭转变形对结构的内力影响不大时，可忽略不计。

· 杆件的轴线取其截面的几何中心连线。计算跨度或计算高度宜按其两端支承的中心距离或净距确定，并按支承节点的刚度或支承反力的位置做调整。

· 梁柱节点、柱与基础的连接可视为刚接，梁、板与其支承构件为非整体浇筑时可视为铰接。

· 构件的刚度按全截面计算。T 形截面宜考虑翼缘的有效宽度的影响，也可由截面矩形部分面积的惯性矩做修正后确定。在不同受力状况的计算中，还应考虑混凝土开裂、徐变等因素的影响。

b. 考虑塑性内力重分布的分析方法。

考虑塑性内力重分布的分析方法是在用线弹性分析方法获得结构内力后，按塑性内力重分布的规律，调整和确定结构控制截面的内力。调整的缘由是在较大荷载作用下，由于受拉区混凝土的开裂、受压区混凝土的塑性变形以及钢筋的屈服等原因，使混凝土超静定结构的内力分布有别于用线弹性分析方法所得的内力分布。

混凝土结构中的连续梁、连续单向板、周边嵌固的双向板以及钢筋混凝土框架结构、框架-剪力墙结构都可利用塑性内力重分布分析方法进行承载力极限状态的设计计算，但均应满足正常使用极限状态的要求和相关构造要求。

对于直接承受动力荷载、要求不出现裂缝和处于侵蚀环境等情况下的结构构件，不应采用考虑塑性内力重分布的分析方法。

c. 塑性极限分析方法。

塑性极限分析方法是基于材料或构件截面的刚-塑性或弹-塑性假定，应用上限解、下限解和解答唯一性等塑性理论的基本定理，计算结构承载力极限状态时的内力或极限荷载。

承受均布荷载作用的周边嵌固双向板以及混凝土板柱体系可采用塑性极限分析方法进行承载力极限状态内力计算，但应满足正常使用极限状态的要求和相关构造要求。

② 荷载效应组合、不利活荷载布置及控制截面。

a. 荷载效应组合。

当可能作用在结构上的可变荷载有两种或两种以上时，各荷载不可能以其最大值同时出现，此时荷载的代表值可采用其组合值。由于假定结构是线弹性的，故荷载组合可通过荷载效应组合来实现。

《建筑结构荷载规范》（GB 50009—2012）将荷载作用效应的组合分为基本组合、偶然组合、标准组合、频遇组合和准永久组合，前两种组合是针对承载能力极限状态，后三种组合是针对正常使用极限状态。

b. 不利活荷载布置。

结构上的活荷载出现与否，除了在时间上是变化的之外，在结构的空间位置上也是变化的，而活荷载出现在结构的不同位置，其在结构中产生的效应是不同的。进行结构分析的一个主要目的就是要得到结构某些位置的最不利荷载作用效应。为此，应在结构的不同位置对活荷载进行多种布置，对比找出最不利的荷载布置方式及相应的荷载效应，以备后续设计使用。

c. 控制截面。

控制截面既是根据上述分析所得到的结构或构件中最不利荷载作用效应出现的位置截面。它是后续进行构件配筋设计、尺寸验算的设计控制截面。

（4）构件及其连接构造设计。

构件设计是根据结构分析所得到的结构各控制截面以及相应的最不利荷载作用效应，对组成结构的各类基本构件进行截面设计和验算，以满足承载力极限状态和正常使用极限状态的要求。

连接构造设计是指对各构件之间的连接节点的设计，其中包括构件支承条件的正确实现和腋角等细部尺寸的确定。

2. 结构设计准则

（1）结构设计规范。

结构工程师对各类建筑结构进行设计、施工时，应当遵循国家、行业和地方有关标准、规范、规程的规定，它们是结构设计的"法律"，必须在设计、施工中严格执行。

各类规范、规程和标准是对已有成熟设计理论、科学研究成果和实践经验的归纳、提炼和总结，并且随着工程建设发展的需要，随着科学技术水平的不断提高以及新材料和新方法的不断出现，它们也必须进行不断的完善和修订，以适合发展的需要。目前，我国常用的混凝土建筑结构设计和施工规范、规程和标准有：《建筑结构荷载规范》（GB 50009—2012）、《混凝土结构设计规范（2015 年版）》（GB 50010—2010）、《建筑抗震设计规范》（GB 50011—2010）、《建筑地基基础设计规范》（GB 50007—2011）、《建筑结构可靠性设计统一标准》（GB 50068—2018）、《房屋建筑制图标准》（GB/T 50001—2010）、《高层建筑混凝土结构技术规程》（JGJ 3—2010）等。

（2）结构设计的原则要求。

对一个工程结构进行设计就是为了使其满足必需的、足够的功能要求，工程结构的功能要求包括对安全性、适用性和耐久性三方面的要求。这三种性能统称为可靠性。结构的三种性能均满足要求则结构的功能要求得以满足，结构即为可靠的；若三种性能有一个不满足要求，则结构的功能没有得到满足，结构即为不可靠或为失效。

如何保证和评判结构的可靠性？目前我国的《混凝土结构设计规范》采用的是基于概率理论的极限状态设计方法，即先利用概率统计的方法和力学概念充分考虑和确定工程结构的各种作用和作用效应——"矛"，再利用概率统计的方法和相关的设计理论确定工程结构的抗力——"盾"，明确和处理好"矛"与"盾"的关系也就回答了如何保证和评判结构的可靠性的问题。具体如下：

$$Z = R - S \begin{cases} < 0 & \text{结构处于失效状态} \\ = 0 & \text{结构处于极限状态} \\ > 0 & \text{结构处于可靠状态} \end{cases} \qquad (2\text{-}1)$$

式中：Z——结构的功能函数；

   R——结构的抗力函数；

   S——结构的荷载效应函数。

对工程结构进行设计和复核的最终目的就是使 $Z > 0$ 的状况处在一个公众认可的保证率范围内。

3. 结构设计步骤

（1）前期准备工作。

① 掌握工程背景：了解工程项目的来源及投资规模；掌握工程项目的规模、用途和使用要求；明确设计周期及设计与施工的时间程序关系；明确项目中建筑、结构、水暖、强弱电等各专业的设计程序和相互关系。

② 掌握结构设计所需的初始资料：掌握和理解建筑及其他专业设计中各环节的意图和要求；掌握建筑物所处位置和周边环境情况以及当地的水文地质条件、地震设防烈度等。

③ 掌握当地的气象条件。

④ 掌握建筑物所用设备条件。

⑤ 收集和准备相关设计参考资料。

（2）确定结构类型，进行结构的平面布置。

在建筑方案或建筑初步设计的基础上，选定合适的结构形式和结构体系，进行结构平面布置，明确各构件的关系，确定传力途径。

（3）确定计算简图，初定构件的截面尺寸。

选择具有代表性的计算单元，确定结构的计算简图，按相应构造要求，初步确定构件的截面尺寸。

（4）选定结构材料。

按已有经验和耐久性等要求，选定结构所用材料的品种。

（5）确定结构上的各种荷载或作用。

计算确定可能出现在结构上的各种作用的数值大小和作用形式。

（6）计算内力和变形。

利用合适的力学分析方法，进行结构的内力及变形计算。

（7）进行作用效应组合。

按照满足结构承载能力和正常使用极限状态的相关要求，进行相应状态下的作用效应不利组合。

（8）进行结构和构件的设计和验算。

按照满足结构承载能力和正常使用极限状态的相关要求，进行结构构件配筋及连接构造的设计计算，进行变形及抗裂性验算。

（9）整理结构设计计算书，绘制结构设计施工图。

4. 结构设计成果

（1）结构方案选型说明书。

结构方案选型说明书应说明结构方案的比选理由，对最终方案从满足使用功能要求和经济指标的角度给予必要的说明。

（2）结构设计计算书。

结构设计计算书应从结构布置、受力简图、各类荷载的清理、结构内力和变形的分析计算以及各类构件的配筋计算和连接构造设计等方面给予详细的说明。

（3）结构设计施工图。

结构设计施工图应把结构设计的结果用图纸的方式表达出来，以利于施工单位按图纸对建筑物进行施工建设。结构施工图的主要内容有：结构平面布置图、结构构件配筋图、结构节点大样图等。图纸中要反映设计中所采用的标准和规范、对材料的要求、结构构件的规格尺寸、各构件的相对关系、施工的方法和要求等。

2.2.3　结构体系

在高层建筑结构设计中，水平荷载是设计的主要控制因素。分析水平荷载与结构体系的关系，根据建筑物高度、尺寸和其他条件，选择经济而有效的结构类型和结构体系，便成为结构设计的首要问题。多高层建筑的结构体系，主要有框架结构体系、剪力墙结构体系、框架剪力墙结构体系、框架-筒体结构体系、筒体结构体系和巨型（超级）结构体系等。这些体系的受力特点、抵抗水平荷载的能力、侧向刚度和抗震性能等都各有不同，因而有不同的适用范围。下面结合这些特点对上述几种结构体系分别作一般性介绍。

1. 框架结构体系

（1）组成。

框架结构体系由梁、板、柱等主要构件组成，如图 2-1 所示。当结构单元的竖向和水平荷载，均完全由框架结构承担时，这种结构体系称为框架结构体系。

（2）建筑结构特点。

框架结构的梁、柱构件易于标准化、定型化，便于采用装配整体式结构，适用于层数不太多的建筑中应用。而且，框架结构体系可以较灵活地配合建筑平面布置，安排需要较大空间的会议室、商场、餐厅、娱乐厅、车间、实验室等。需要时，可用隔断分隔成小房间，或拆除隔断改成大房间，因而使用灵活。外墙用非承重构件，可使立面设计灵活多变。如果采用轻质隔墙和外墙，就可大大降低房屋自重，节省材料。

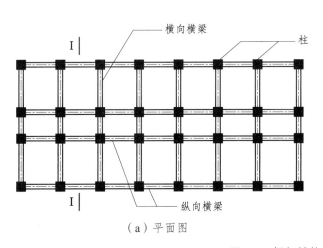
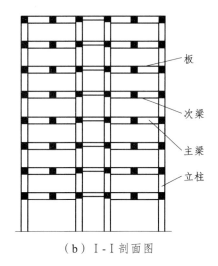

（a）平面图　　　　　　　　　　（b）Ⅰ-Ⅰ剖面图

图 2-1　框架结构

　　框架抗侧刚度主要取决于梁、柱的截面尺寸。通常梁柱截面惯性矩小，侧向变形较大，这是框架结构的主要缺点，也因此限制了框架结构的使用高度。当层数逐渐增多时，水平荷载对梁和柱的截面尺寸和配筋量的控制作用就越来越大。当层数相当多时，底部各层不但柱的轴力很大，而且梁和柱由水平荷载所产生的弯矩亦显著增加，从而导致截面尺寸和配筋增大，对建筑平面布置和空间处理就可能带来困难，影响建筑空间的合理使用。

　　框架结构在水平荷载作用下的受力变形特点如图 2-2 所示。其侧向位移主要由两部分组成：第一部分是由柱和梁的弯曲变形产生。在水平荷载作用下，梁和柱都有反弯点，形成侧向变形。框架下部的梁、柱内力较大，层间变形也大，越到上部变形越小，使整个结构呈现剪切型变形。第二部分侧移由柱的轴向变形产生，在水平荷载作用下，柱的拉伸和压缩使结构出现侧移。这种侧移在上部各层较大，而越到底部越小，使整个结构呈现弯曲变形。框架结构中第一部分的侧向变形是主要的，随着建筑高度的增加，第二部分变形比例逐渐增加，但合成后整个结构仍主要呈现为剪切型变形特征。

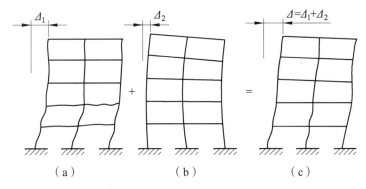

（a）　　　　　　　　（b）　　　　　　　　（c）

图 2-2　框架侧向变形

　　框架节点是结构整体性的关键部位，但同时又是应力集中的地方。许多震害表明，节点往往是导致结构破坏的薄弱环节。设计时应对节点给予足够重视。

　　框架结构的侧向刚度小，属柔性结构。框架在强烈地震作用下，由于弹-塑性变形所产生的水平位移较大。为了使框架具有充分的变形能力，设计中应保证结构有良好的延性。

框架结构的自振周期长，建筑物自重较小，从而受到的地震荷载也较小，这是对抗震有利的一面。但另一方面，国内外许多震害都表明，高层框架由于侧向刚度小，在强烈地震下的顶端水平位移和底部的层间位移都过大，致使非结构性的破坏严重，即填充墙、建筑装修和设备管道等破坏严重。在地震过程中，这些非结构性的破坏亦常常危害生命财产的安全，或者由于次生灾害（例如由地震引起的火灾）而造成更大的破坏和损失，而且震后的修复工作量和投资往往也是巨大的。

（3）适用范围。

框架结构在非地震区的公共建筑、宾馆、综合大楼和工业厂房等高层建筑中获得了广泛应用。框架结构适用于非地震地区有较大使用空间要求的多层或层数不多的高层建筑结构，而在抗震设防烈度较高的地区，其建筑高度应严格加以控制（见表2-1）。

2. 剪力墙结构

（1）组成。

剪力墙结构体系由剪力墙、板等主要构件组成，其中剪力墙是利用建筑外墙和内墙位置布置的钢筋混凝土结构墙，也称为抗震墙，它既承担竖向荷载也承担水平作用力。

（2）建筑结构特点。

剪力墙结构体系能承担较大的竖向和水平荷载，整体性好，抗侧刚度大，水平力作用下的位移较小，但其建筑平面不便于形成较大的使用空间，自振周期较小，结构延性较差，其变形特征为弯曲型。

当剪力墙的高宽比较大时，是一个受弯为主的悬臂墙，侧向变形是弯曲型，见图2-3。经过合理设计，剪力墙结构可以成为抗震性能良好的延性结构。从历次国内外大地震的震害情况分析可知，剪力墙结构的震害一般比较轻。因此，剪力墙结构在非地震区或地震区的高层建筑中都得到了广泛的应用。10～30层的住宅及旅馆，也可以做成平面比较复杂、体型优美的建筑物。

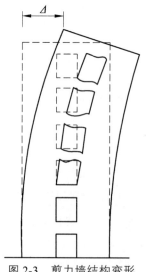

图2-3　剪力墙结构变形

剪力墙结构的缺点和局限性也是很明显的，主要是剪力墙间距不能太大，平面布置不灵活，不能满足公共建筑的使用要求。此外，剪力墙结构的自重往往也较大。

（3）适用范围。

剪力墙结构的适用范围较广，建筑层数从十几层到几十层均很常见，更高层的也较适用，建筑类型主要为高层住宅、高层宾馆等，在抗震设防烈度较高的地区，其建筑高度应加以控制（见表2-1）。

3. 框架-剪力墙结构

（1）组成。

框架-剪力墙结构体系由框架和剪力墙等组成，其或是将框架结构中的部分跨间布置成剪力墙，或是将剪力墙结构中的部分剪力墙去掉而用框架来代替，它既承担竖向荷载也承担水平作用力。

（2）建筑结构特点。

框架-剪力墙结构既具有框架结构建筑平面和空间布置灵活、较易满足使用要求的优点，又拥有剪力墙结构抗侧移能力强、水平位移小、抗震性能好的特点，同时，其材料性能也得以充分利用。在框架-剪力墙结构中，框架部分主要承担和传递竖向荷载，而剪力墙部分主要承担水平作用，两者互相补充，形成统一的结构体系。

框架本身在水平荷载作用下呈剪切型变形，剪力墙则呈弯曲型变形。当两者通过楼板协同工作，共同抵抗水平荷载时，变形必须协调。如图2-4所示，该结构侧向变形将呈弯剪型，其上下各层层间变形趋于均匀，并减小了顶点侧移。同时，框架各层层间剪力趋于均匀，各层梁柱截面尺寸和配筋也趋于均匀。

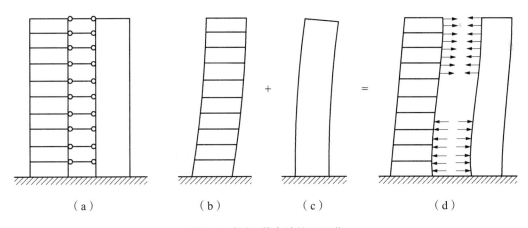

（a）　　　　　　（b）　　　　　　（c）　　　　　　（d）

图2-4　框架-剪力墙协同工作

在水平荷载作用下，剪力墙的存在，不但使框架各层梁、柱弯矩值降低，而且使各层梁、柱弯矩沿高度方向的差异减小，在数值上趋于均匀。这样，框架结构体系底层梁、柱的弯矩过大、配筋构造困难、构件规格型号多等缺点，对框架-剪力墙结构体系而言就不复存在了。

（3）适用范围。

框架-剪力墙结构的适用范围较广，建筑层数从 10 层到 40 层均很常见，更高层的也较适用，建筑类型主要为高层办公楼、住宅和高层宾馆等，在抗震设防烈度较高的地区，其建筑高度应加以控制（见表 2-1）。

4. 筒体结构

（1）组成。

框架-筒结构主要由外围框架和核心筒组成，一般将楼梯间、电梯间、设备管道井以及卫生间等布置在核心筒内，而将需要大空间的如商业用房、办公用房等布置在外围框架部分；筒中筒结构主要由空腹的外筒和实腹的内筒组成，空腹的外筒是由密集布置在建筑四周的立柱与高跨比很大的窗间梁组成。

（2）建筑结构特点。

筒体结构拥有更好的整体性、更强的抗侧能力和抗震性能，它既可承担和传递竖向荷载，又能承担任意方向的水平作用；建筑布置较为灵活，能提供较大的使用空间。筒体结构的变形特征为弯剪型。

筒体结构按结构构成可分为实腹式筒体[见图 2-5（a）]和格构式筒体[见图 2-5（b）和图 2-5（c）]。

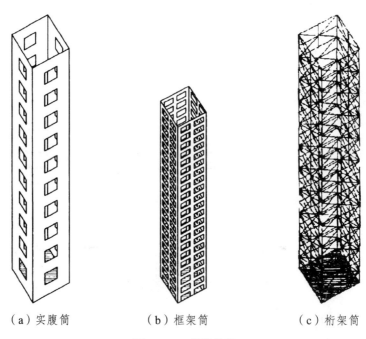

（a）实腹筒　　　　　（b）框架筒　　　　　（c）桁架筒

图 2-5　三种单筒体

筒体结构按筒体数量可分为内筒体结构、外筒体结构、筒中筒结构、成束筒结构。

① 内筒体结构。

利用电梯井、楼梯间、管道井等在建筑平面中心部分形成一个核心筒，作为抗侧力的主要结构，而核心筒的外围采用普通框架结构，主要用以承受竖向荷载，如图 2-6（a）所示。内筒体结构属于单筒结构，《建筑抗震设计规范》（GB 50011—2010）称之为框架-核心筒（混凝土）。需要注意的是，国内一些资料将框架-核心筒与 Khan 框筒混为一谈，这在概念上就是错误的。

② 外筒体结构。

外筒体可承受全部或绝大部分水平力，而建筑物内部设置仅为承受竖向重力的普通框架，如图 2-6（b）所示。

外筒体结构也属于单筒结构。常用的外筒体结构有 Khan 框筒[见图 2-5（b）]和桁架筒[见图 2-5（c）]两类。

③ 筒中筒结构。

当单筒结构不能满足抵抗水平力的要求时，可采用同心的内外双筒结构，此时内筒和外筒共同承受水平力，这种双筒结构称为筒中筒结构，如图 2-6（c）所示。

④ 成束筒结构。

这是若干个单筒合为一体而形成空间刚度极大的一种结构，如图 2-6（d）所示。

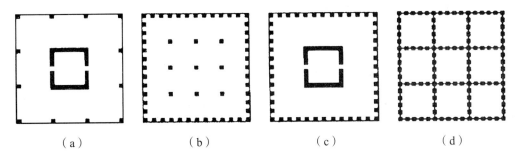

（a） （b） （c） （d）

图 2-6　筒体结构类型

（3）适用范围。

筒体结构适用于 100 m 以上的超高层的办公楼、宾馆等，在抗震设防烈度较高的地区，其建筑高度有相应规定（见表 2-1）。

5. 各结构体系高度规定

在国家现行行业标准《高层建筑混凝土结构技术规程》（JGJ 3—2010）中，按建筑物的层数和房屋高度给出了多层和高层的界定标准：10 层及 10 层以上或房屋高度超过 28 m 的住宅建筑以及房屋高度大于 24 m 的其他民用建筑结构称为高层建筑，同时按结构型式和高度的不同，又将高层建筑分为 A 级和 B 级两类，并在设计中要求采用不同的抗震等级、设计计算方法和构造措施，详见表 2-1、表 2-2。A 级高度钢筋混凝土高层建筑是指符合表 2-1最大适用高度的建筑，也是目前数量最多、应用最广泛的建筑。当框架-剪力墙结构、剪力墙结构及筒体结构的高度超过表 2-1 的最大适用高度时，列入 B 级高度高层建筑，但其高度不应超过表 2-2 规定的最大适用高度，按有关规定进行超限高层建筑的抗震设防专项审查复核。

表 2-1　A 级高度钢筋混凝土高层建筑的最大适用高度　　　　单位：m

结构体系		非抗震设计	抗震设防烈度				
			6 度	7 度	8 度		9 度
					0.20g	0.30g	
框架结构		70	60	50	40	35	—
框架-剪力墙结构		150	130	120	100	80	50
剪力墙	全部落地剪力墙	150	140	120	100	80	60
	部分框支剪力墙	130	120	100	80	50	不宜采用
筒体	框架-核心筒	160	150	130	100	90	70
	筒中筒	200	180	150	120	100	80
板柱-剪力墙		110	80	70	55	40	不宜采用

注：① 表中框架不含异形柱框架；
　　② 部分框支剪力墙结构指地面以上有部分框支剪力墙的剪力墙结构；
　　③ 甲类建筑，6、7、8 度时宜按本地区抗震设防烈度提高一度后符合本表的要求，9 度时应专门研究；
　　④ 框架结构、板柱-剪力墙以及 9 度抗震设防的表列其他结构，当房屋高度超过本表数值时，结构设计应有可靠依据，并采取有效的加强措施。

表 2-2　B 级高度钢筋混凝土高层建筑的最大适用高度　　　　单位：m

结构体系		非抗震设计	抗震设防烈度			
			6 度	7 度	8 度	
					0.20g	0.30g
框架-剪力墙结构		170	160	140	120	100
剪力墙	全部落地剪力墙	180	170	150	130	110
	部分框支剪力墙	150	140	120	100	80
筒体	框架-核心筒	220	210	180	140	120
	筒中筒	300	280	230	170	150

注：① 部分框支剪力墙结构指地面以上有部分框支剪力墙的剪力墙结构；
　　② 甲类建筑，6、7 度时宜按本地区抗震设防烈度提高一度后符合本表的要求，8 度时应专门研究；
　　③ 当房屋高度超过本表数值时，结构设计应有可靠依据，并采取有效的加强措施。

2.3　结构布置

2.3.1　结构布置基本原则

从建筑结构受力角度，结构布置原则的确定应考虑有利于结构抵抗竖向和水平荷载的作用，有利于各种力的直接传递和明确受力特性。

1. 对称性

对称性对于建筑结构的抗震非常重要。对称性包括建筑平面的对称、质量分布的对称、结构抗侧刚度的对称三个方面。最佳的方案是使建筑平面形心、质量中心、结构抗侧刚度中心在平面上位于同一点上、在竖向位于同一铅垂线上，简称"三心重合"。

（1）建筑平面的对称性。

建筑平面形状最好是双轴对称的，这是最理想的，但有时也可能只能对一个轴对称，有时可能是根本找不到对称轴，如图2-7所示。

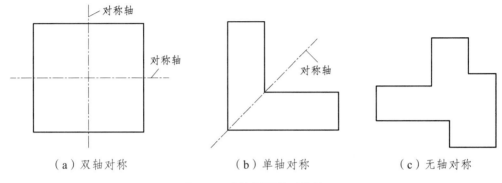

|（a）双轴对称 | （b）单轴对称 | （c）无轴对称 |

图2-7　建筑平面的对称性

不对称的建筑平面对结构来说有三个问题：一是会引起外荷载作用的不均匀，从而产生扭矩；二是会在凹角处产生应力集中；三是不对称的建筑平面很难使三心重合。因此，对于单轴对称或无轴对称的建筑平面，在结构布置时必须十分小心，应该对结构从各个方向反复进行计算，并考虑结构的空间作用。

（2）质量布置的对称性。

仅仅由于建筑平面布置的对称并不能保证结构不发生扭转。在建筑平面对称和结构刚度均匀分布的情况下，若建筑物质量分布有较大偏心，当遇到地震作用时，地震惯性力的合力将会对结构抗侧刚度中心产生扭矩，这时也会引起建筑物的扭转及破坏。

（3）结构抗侧刚度的对称性。

抗侧力构件的布置对结构受力有十分重要的影响。常常会遇到这样的情况，即在对称的建筑外形中进行了不对称的建筑平面布置，从而导致了结构刚度的不对称布置。如图2-8、图2-9所示，在建筑物的一侧布置墙体，而在其他部位则为框架结构。由于墙体的抗侧刚度要比框架大得多，这样当建筑物受到均匀的侧向荷载作用时，楼盖平面显然将发生图中虚线所示的扭转变位。

2. 连续性

连续性是结构布置中的重要方面，而又常常与建筑布置相矛盾。建筑师往往希望从平面到立面都丰富多变，而合理的结构布置却应该是连续的、均匀的，不应使刚度发生突变。图2-10为框架结构刚度不连续、形成薄弱层的几个例子。图2-10（a）中由于底层大空间的要求抽掉了部分柱子，即由于结构构件布置的不连续性形成了薄弱层。图2-10（b）是由于结构底层层高较高，即由于结构尺寸变化在竖向的不连续性形成了薄弱层。有时建筑上部层高可能是一致的，但因上部结构的层高是楼板至楼板的高度，而底层结构的层高是自二层楼板至基础顶面的高度，这样便自然出现了底层层高大于上部层高的情况。图 2-10（c）是建筑物建于山坡上的情况，即由于结构尺寸变化在层平面内的不连续性形成了薄弱层。很显然，当柱子截面尺寸相同时，由于短柱具有较大的抗侧刚度，因此将承受较多的侧向地震力而容易首先破坏。

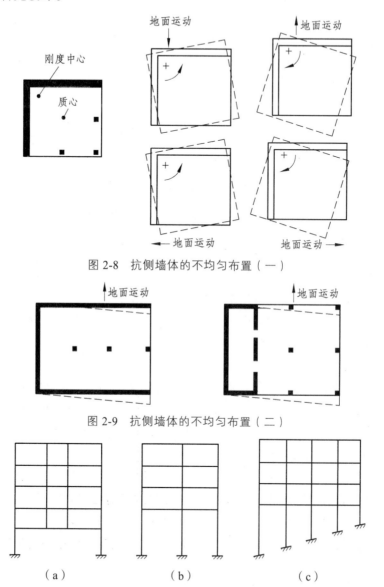

图 2-8　抗侧墙体的不均匀布置（一）

图 2-9　抗侧墙体的不均匀布置（二）

（a）　　　　　　　　（b）　　　　　　　　（c）

图 2-10　框架结构的薄弱层

图 2-11 为剪力墙布置不连续的几个例子。图 2-11（a）为框架支承的剪力墙，当底层需要大开间时往往将部分剪力墙在底层改为框架。图 2-11（b）、（c）为不规则布置的剪力墙结构，由于立面造型上的要求或建筑门窗布置的要求使剪力墙布置上下无法对齐。图 2-11（d）的布置则常常出现在楼梯间，由于楼梯间采光的要求使洞口错位布置。很显然，对于

上述几种结构刚度沿竖向有突变的剪力墙结构，常常会由于应力集中而产生裂缝或造成局部的损坏。

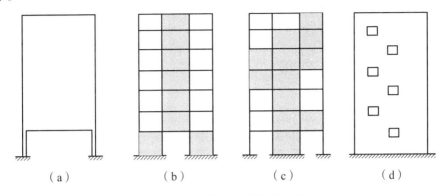

（a） （b） （c） （d）

图 2-11 剪力墙的不连续布置

3. 周边作用

图 2-12 中为建筑平面相同、结构构件形式相同、结构材料用量相同、仅构件布置位置不一样的几种情况。由于墙体具有较大抗侧力刚度，因此墙体位置的变化对整个结构的抗倾覆和抗扭转能力有明显的影响。

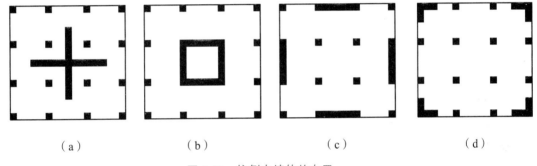

（a） （b） （c） （d）

图 2-12 抗侧力墙体的布置

在材料力学中我们就知道，材料布置得离中心越远，它所作用的力臂就越大，从而产生的抵抗矩就越大。因此在梁设计中，我们广泛地应用工字形截面梁来代替矩形截面梁。而在高层建筑平面布置时，则应把具有较大抗侧刚度的剪力墙、核心筒布置在建筑物周边。

2.3.2 结构高宽比

控制侧向位移常常成为结构设计的主要矛盾。而且，随着高度增加，倾覆力矩也将迅速增大。因此，建造宽度很小的建筑物是不适宜的。一般应将结构的高宽比（H/B）控制在 $5 \sim 6$ 以下，H 是指建筑物地面到檐口高度，B 是指建筑物平面的短方向总宽。当设防烈度在 8 度以上时，H/B 限制应更严格一些。

《高层建筑混凝土结构技术规程》（JGJ 3—2010）对各种结构的高宽比给出了限值。A级高度高层建筑结构（常规高度的高层建筑）的高宽比不宜超过表 2-3 的限值，B级高度高层建筑结构（超限高层建筑）的高宽比不宜超过表 2-4 的限值。

表 2-3　A 级高度高层建筑结构高宽比限值

结构类型	非抗震设计	抗震设计		
		6、7 度	8 度	9 度
框架、板柱-剪力墙	5	4	3	2
框架-剪力墙（筒体）	5	5	4	3
剪力墙	6	6	5	4
筒中筒、框架-核心筒	6	6	5	4

表 2-4　B 级高度高层建筑结构高宽比限值

非抗震设计	抗震设计	
	6、7 度	8 度
8	7	6

特别应指出的是，为了适应高层建筑高度日益增高的发展要求，新规程专门提出了 B 级高度高层建筑（即超限高层建筑）适用的最大高度，并规定了采取相应的计算方法和构造措施。当主体结构与裙房相连时，高宽比按裙房以上建筑的高度和宽度计算。应当说明，表中数值是根据经验得到的，可供设计时参考。控制 H/B 的目的是控制结构刚度及侧向位移。如果体系合理、布置恰当，可以做到按要求把侧向位移、结构的自振周期控制在合理范围内。如果经过验算，地震作用下不会引起过大的地震反应，风振下动力效应也不会过大，则 H/B 可以适当放宽。

2.3.3　平面布置

建筑平面形状和结构平面布置力求简单、规则、对称，主要抗侧力构件宜规则对称布置，承载力、刚度、质量分布变化宜均匀，结构的刚心与质心尽可能重合，以减少扭转效应及局部应力集中；不宜采用角部重叠的平面图形或细腰形平面图形；楼电梯间不宜设在结构单元的两端及拐角处；剪力墙（包括框支剪力墙结构中的落地墙）的两端（不包括洞口两侧）宜设置端柱或与另一方向的剪力墙相连。

为抵抗不同方向的地震作用，框架结构和框架-剪力墙结构中，框架和剪力墙均应双向设置，当柱中线与剪力墙中线、梁中线与柱中线之间的偏心距大于柱宽的 1/4 时，应计入偏心的影响。甲、乙类建筑及高度大于 24 m 的丙类建筑不应采用单跨框架结构；高度不大于 24 m 的丙类建筑不宜采用单跨框架结构。

框架-剪力墙结构和板柱剪力墙结构中，楼梯间宜设置剪力墙，但不宜造成较大的扭转效应；为减少温度应力的影响，当房屋较长时，刚度较大的纵向剪力墙不宜设置在房屋的端开间。

为提高较长剪力墙的延性，剪力墙结构和部分框支剪力墙结构中，较长的剪力墙宜设置跨高比大于 6 的连梁形成洞口，将一道剪力墙分为长度较均匀的若干墙段，各墙段的高宽比不宜小于 3；矩形平面的部分框支剪力墙结构，框支层落地剪力墙间距不宜大于 24 m，框支层的平面布置宜对称，且宜设抗震简体。

　　楼盖、屋盖平面内若发生变形，就不能有效地将楼层地震剪力在各抗侧力构件之间进行分配和传递。为使楼盖、屋盖具有传递水平地震剪力的刚度，多高层的混凝土楼盖、屋盖宜优先选用现浇混凝土楼盖。当采用预制装配式混凝土楼盖、屋盖时，应从楼盖体系和构造上采取措施确保楼盖、屋盖的整体性及其与剪力墙的可靠连接。采用配筋现浇面层加强时，其厚度不应小于 50 mm。同时，框架-剪力墙、板柱-剪力墙结构及框支层中，剪力墙之间无大洞口的楼盖、屋盖的长宽比不宜超过表 2-5 的规定；超过时，应计入楼盖平面内变形的影响。

表 2-5　剪力墙之间楼盖、屋盖的长宽比

楼盖屋盖类型		设防烈度			
		6	7	8	9
框架-剪力墙结构	现浇或叠合楼盖、屋盖	4	4	3	2
	装配整体式楼盖、屋盖	3	3	2	不宜采用
板柱-剪力墙结构的现浇楼盖、屋盖		3	3	2	—
框支的现浇楼盖、屋盖		2.5	2.5	2	—

　　高层建筑宜选用风作用较小的平面形状。平面长度 L 不宜过长，突出部分 l 不宜过大，图 2-13 中，L、l 等值宜满足表 2-6 的要求。

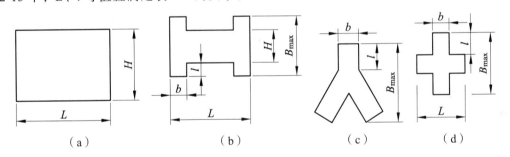

（a）　　　　　　　（b）　　　　　　　（c）　　　　　　　（d）

图 2.13　高层建筑平面

表 2-6　L 和 l 的取值要求

设防烈度/度	L/b	l/B_{max}	l/b
6.7	≤6.0	≤0.35	≤2.0
8.9	≤5.0	≤0.30	≤1.5

2.3.4　竖向布置

　　建筑竖向形体宜规则、均匀，不宜有过大的外挑或内收，如图 2-14 所示。当结构上部楼层收进部位到室外地面的高度 H 与房屋总高度 H 之比大于 0.2 时，上部楼层收进后的水平尺寸 B_1 不宜小于下部楼层水平尺寸 B 的 0.75 倍。当上部结构楼层相对于下部楼层外挑时，下部楼层的水平尺寸 B 不宜小于上部楼层水平尺寸 B_1 的 0.9 倍，且水平外挑尺寸 a 不宜大于 4 m。

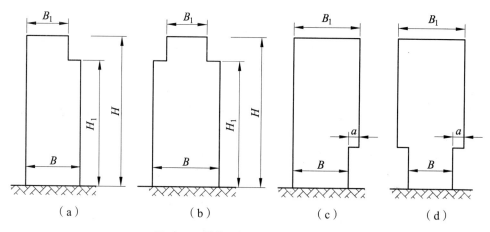

图 2-14　结构竖向收进与外挑示意

结构竖向抗侧力构件宜上、下贯通，截面尺寸和材料强度宜自下而上逐渐减小，避免侧向刚度和承载力突变形成薄弱层。构件上下层传力应直接、连续。同一结构单元中同一楼层应在同一标高处，尽可能不采用复式框架，避免局部错层和夹层。尽可能降低建筑物的重心，以利于结构的整体稳定性。高层建筑宜设地下室。

为增加结构的整体刚度和抗倾覆能力，使结构具有较好的整体稳定性和承载能力，钢筋混凝土高层建筑结构的高宽比不宜超过表 2-3、表 2-4 中的要求。

地下室顶板作为上部结构的嵌固部位时，应符合下列要求：

（1）地下室结构顶板应避免开设大洞口；地下室在地上结构相关范围（地上结构周边外延不大于 20 m）的顶板应采用现浇梁板结构，相关范围以外的地下室顶板宜采用现浇梁板结构；其楼板厚度不宜小于 180 mm，混凝土强度等级不宜小于 C30，应采用双层双向配筋，且每层每个方向的配筋率不宜小于 0.25%。

（2）结构地上一层的侧向刚度不宜大于相关范围地下一层侧向刚度的 0.5 倍，地下室周边宜有与其顶板相连的剪力墙。

（3）地下室顶板对应于地上框架柱的梁柱节点除应满足抗震计算要求外，还应符合下列规定之一：① 地下一层柱截面每侧纵向钢筋不应小于地上一层柱对应纵向钢筋的 1.1 倍，地下一层柱上端和节点左右梁端实配的抗震受弯承载力之和应大于地上一层柱下端实配的抗震受弯承载力的 1.3 倍；② 地下一层梁刚度较大时，柱截面每侧的纵向钢筋面积应大于地上一层对应柱每侧纵向钢筋面积的 1.1 倍，梁端顶面和底面的纵向钢筋面积均应比计算增大 10%以上。

（4）地下一层抗震墙墙肢端部边缘构件纵向钢筋的截面面积，不应少于地上一层对应墙肢端部边缘构件纵向钢筋的截面面积。

框架-剪力墙结构和板柱-剪力墙结构中的剪力墙宜贯通房屋全高，剪力墙洞口宜上下对齐，洞口距端柱不宜小于 300 mm。

剪力墙结构和部分框支剪力墙中，剪力墙的墙肢长度沿结构全高不宜有突变；剪力墙有较大的洞口时，以及一、二级剪力墙的底部加强部位，洞口宜上下对齐。

矩形平面的部分框支剪力墙结构中，应限制框支层刚度和承载力的过大削弱，框支层的楼层侧向刚度不应小于相邻非框支层楼层侧向刚度的 50%；为避免使框支层成为少墙框架体系，底层框架部分承担的地震倾覆力矩不应大于结构总地震倾覆力矩的 50%。

2.3.5 建筑形体及其构件的平面及竖向不规则划分与处理方法

建筑形体指建筑平面形状和立面、竖向剖面的变化。建筑设计应根据抗震概念设计的要求明确建筑形体的规则性。对于不规则的建筑应按规定采取加强措施；特别不规则的建筑应进行专门研究和论证，采取特别的加强措施；严重不规则的建筑不应采用。

建筑设计应重视其平面、立面和竖向剖面的规则性对抗震性能及经济合理性的影响，宜择优选用规则的形体，其抗侧力构件的平面布置宜规则对称、侧向刚度沿竖向宜均匀变化、竖向抗侧力构件的截面尺寸和材料强度宜自下而上逐渐减小、避免侧向刚度和承载力突变。

1. 平面不规则与竖向不规则

混凝土房屋、钢结构房屋和钢-混凝土混合结构房屋存在表 2-7 所列举的某项平面不规则类型或表 2-8 列举的某项竖向不规则类型以及类似的不规则类型，应属于不规则的建筑。

表 2-7 平面不规则的主要类型

不规则类型	定义和参考指标
扭转不规则	在规定的水平力作用下，楼层的最大弹性水平位移或（层间位移），大于该楼层两端弹性水平位移（或层间位移）平均值的 1.2 倍（见图 2-15）
凹凸不规则	平面凹进的尺寸，大于相应投影方向总尺寸的 30%（见图 2-16）
楼板局部不连续	楼板的尺寸和平面刚度急剧变化，例如，有效楼板宽度小于该层楼板典型宽度的 50%，或开洞面积大于该层楼面面积的 30%，或较大的楼层错层（见图 2-17）

表 2-8 竖向不规则的主要类型

不规则类型	定义和参考指标
侧向刚度不规则	该层的侧向刚度小于相邻上一层的 70%，或小于其上相邻三个楼层侧向刚度平均值的 80%；除顶层或突出屋面小建筑外，局部收进的水平向尺寸大于相邻下一层的 25%（见图 2-18）
竖向抗侧力构件不连续	竖向抗侧力构件（柱、抗震墙、抗震支撑）的内力由水平转换构件（梁、桁架等）向下传递（见图 2-19）
楼层承载力突变	抗侧力结构的层间受剪承载力小于相邻上一楼层的 80%

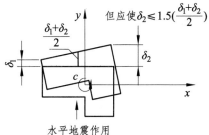

图 2-15 建筑结构的平面扭转不规则示例

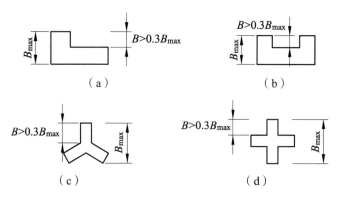

图 2-16 建筑结构的凹凸不规则示例

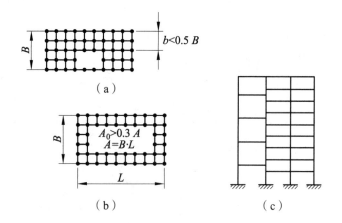

图 2-17 建筑结构平面的局部不连续示例

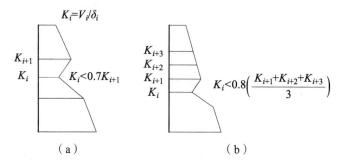

图 2-18 沿竖向的侧向刚度不规则示例

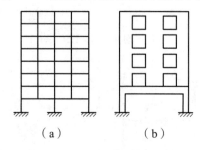

图 2-19 竖向抗侧力构件不连续示例

2. 不规则结构处理方式

（1）平面不规则而竖向规则的建筑，应采用空间结构计算模型，并应符合下列要求：

① 扭转不规则时，应计入扭转影响，且楼层竖向构件最大的弹性水平位移和层间位移分别不宜大于楼层两端弹性水平位移和层间位移平均值的 1.5 倍，当最大层间位移远小于规范限值时，可适当放宽。

② 凹凸不规则或楼板局部不连续时，应采用符合楼板平面内实际刚度变化的计算模型；高烈度或不规则程度较大时，宜计入楼板局部变形的影响。

③ 平面不对称且凹凸不规则或局部不连续，可根据实际情况分块计算扭转位移比，对扭转较大的部位应采用局部的内力增大系数。

（2）平面规则而竖向不规则的建筑，应采用空间结构计算模型，刚度小的楼层的地震剪力应乘以不小于 1.15 的增大系数，其薄弱层应按《建筑抗震设计规范》（GB 50011—2010）有关规定进行弹塑性变形分析，并应符合下列要求：

① 竖向抗侧力构件不连续时，该构件传递给水平转换构件的地震内力应根据烈度高低和水平转换构件的类型、受力情况、几何尺寸等，乘以 1.25 ~ 2.0 的增大系数。

② 侧向刚度不规则时，相邻层的侧向刚度比应依据其结构类型符合《建筑抗震设计规范》（GB 50011—2010）的相关规定。对于框架结构，楼层与其相邻上层的侧向刚度比不宜小于 0.7，且该楼层与相邻上部三层刚度平均值的比值不宜小于 0.8。

③ 楼层承载力突变时，薄弱层抗侧力结构的受剪承载力不应小于相邻上一楼层的 65%。

（3）平面不规则且竖向不规则的建筑，应根据不规则类型的数量和程度，有针对性地采取不低于（1）（2）款要求的各项抗震措施。特别不规则的建筑，应经专门研究，采取更有效的加强措施或对薄弱部位采用相应的抗震性能化设计方法。

2.3.6　结构变形缝设置

混凝土结构中结构缝的设计应符合下列要求：

（1）应根据结构受力特点及建筑尺度、形状、使用功能要求，合理确定结构缝的位置和构造形式；

（2）宜控制结构缝的数量，并应采取有效措施减少设缝对使用功能的不利影响；

（3）可根据需要设置施工阶段的临时性结构缝。

变形缝是伸缩缝、沉降缝和防震缝的总称。在多高层结构中，应尽可能少设或不设变形缝，以提高结构的刚度和整体性、方便施工、降低造价。这就要求在建筑设计中要选择合适的平面形状、平面尺度和体型等，在结构设计中要选择合理的连接形式、构造配筋方式以及设置刚性层等，在施工中要采取分段施工、设置后浇带等措施来满足不设缝的要求。后浇带每隔 30 ~ 40 m 设一道，宽度为 800 ~ 1000 mm，内部钢筋不断开，采用搭接接头，两侧混凝土应凿毛并清理干净，后浇带混凝土易在 45 天后浇捣，混凝土一般采用比设计强度高一个等级。后浇带一般设在结构受力小、结构构造简单、施工方便的位置。若上述设计、施工措施无法实现而必须设置变形缝，则应按需要及相关要求设置伸缩缝、沉降缝和防震缝。

1. 伸缩缝

设伸缩缝是为了避免因温度应力、混凝土收缩应力而导致的结构开裂。

当房屋总长度超过一定数值时，需要设置伸缩缝来将其分开。伸缩缝是将基础以上的建筑构件如墙体、楼板、屋顶（木屋顶除外）等分成两个独立部分，使建筑物或构筑物沿长方向可做水平伸缩，而基础由于埋置于地下，受温度作用较小，因此不必分开。伸缩缝宽度不小于 50 mm。伸缩缝设置的最大间距应符合表 2-9 的规定。

表 2-9　伸缩缝最大间距　　　　　　　　　　　　　　　单位：m

结构类型		室内或者土中	露天
框架结构	装配式	75	50
	现浇式	55	35
剪力墙结构	装配式	65	40
	现浇式	45	30

注：① 装配整体式结构房屋的伸缩缝间距宜按表中现浇式一栏的数值取用；
　　② 框架-剪力墙结构或框架-核心筒结构房屋的伸缩缝间距应根据结构的具体布置情况按表中介于框架结构与剪力墙结构间的数值取用；
　　③ 当屋面板上部无保温或隔热措施时，对框架、剪力墙结构的伸缩缝间距，宜按表中露天栏的数值取用；
　　④ 位于气候干燥地区、夏季炎热且暴雨频繁地区的结构或经常处于高温作用下的结构，宜按使用经验适当减小伸缩缝间距；
　　⑤ 伸缩缝间距还应考虑施工条件的影响，必要时（如材料收缩较大或室内结构因施工外露时间较长），宜适当减小伸缩缝间距。

2. 沉降缝

设置沉降缝的目的主要是为了防止由于结构不同部位的上部荷载差异较大或地基的差异较大而带来的沉降不均匀对房屋产生的不利影响。设置沉降缝应将建筑物从屋顶到基础全部分开，其宽度与地质条件和房屋高度有关，一般不小于 50 mm，当房屋高度超过 10 m 时，宽度不小于 70 mm。具体做法可以是分别做相应的基础，也可用挑梁、搁置预制板或预制梁的方法。沉降缝一般布置在以下位置：① 房屋高度、竖向荷载和刚度差异较大处；② 地基土层或地基基础处理方法差异较大处；③ 房屋平面形状转折处；④ 分期建设的房屋接合处。

3. 防震缝

设置防震缝是为了防止或减小因建筑物的平面形状、高度差异、质量分布和刚度分布等因素而带来的震害。设置防震缝后应使被防震缝分成的各结构单元简单规则、尽可能对称、质量和刚度分布均匀，从而避免各结构单元在地震作用下产生扭转振动。为避免房屋在振动时各结构单元之间的相互碰撞，防震缝宽度应满足下列规定：① 框架结构房屋，高度不超过 15 m 时不应小于 100 mm；超过 15 m 时，6、7、8、9 度分别每增加高度 5 m、4 m、3 m、2 m，宜加宽 20 mm。② 框架-剪力墙结构房屋的防震缝宽度不应小于框架规定数值的 70%，剪力墙结构房屋的防震缝宽度不应小于框架规定数值的 50%，且两者均不宜小于

100 mm。③ 防震缝两侧结构类型不同时，按不利结构类型确定；两侧房屋高度不同时，按较低的房屋高度计算缝宽。

对于有抗震设防要求的建筑，在既需设置伸缩缝、沉降缝又需设抗震缝的位置，可将三缝合并，且应将建筑从屋顶到基础全部分开，宽度均应符合防震缝的宽度要求。

2.3.7 基础形式及埋置深度

1. 基础形式

建筑常用的基础形式有：

（1）独立基础。

独立基础也称单独基础，底面形状通常为矩形或圆形，如图 2-20 所示。独立基础可做成无筋扩展基础或扩展基础。

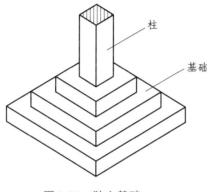

图 2-20　独立基础

（2）条形基础。

条形基础是指长度远大于宽度和高度而呈长条形的基础。图 2-21 所示为墙下条形基础，与独立基础相似，可做成无筋扩展基础或扩展基础。图 2-22 为柱下条形基础，由钢筋混凝土构成。

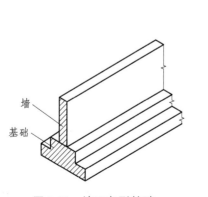

图 2-21　墙下条形基础

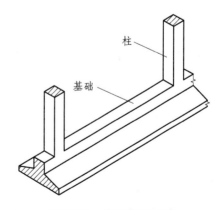

图 2-22　柱下条形基础

（3）箱形基础。

箱形基础是由数量较多的纵向与横向墙体和有足够厚度的底板、顶板组成的刚度很大的箱形空间结构，如图 2-23（a）所示。箱形基础整体刚度好，能将上部结构的荷载较均匀地传递给地基或桩基；箱形基础能利用自身的刚度调整沉降差异，减少由于沉降差产生的结构内力；箱形基础对上部结构的嵌固更接近于固定端条件，使计算结果与实际受力情况比较一致；箱形基础有利于抗震，在地震区采用箱形基础的高层建筑震害较轻。

但是，由于形成箱形基础必须有间距较密的纵横墙，而且墙上开洞面积受到限制，因此，当地下室需要较大空间和建筑功能上要求较灵活地布置时（如地下室作为地下商场、地下停车场、地铁车站等）就难以采用箱形基础。

高层建筑的基础，当有可能做成箱形基础时，尽可能选用箱形基础，它的刚度及稳定性都较好。

（4）筏形基础。

筏形基础具有良好的整体刚度，适用于地基承载力较低、上部结构竖向荷载较大的工程，如图 2-23（b）所示。筏形基础本身是地下室的底板，厚度较大，有良好的抗渗性能。由于筏板刚度大，可以调节基础不均匀沉降。筏形基础不必设置很多内部墙体，可以形成较大的自由空间，因而能较好地满足建筑功能上的要求。

筏形基础如同倒置的楼盖，可采用平板式和梁板式两种方式。梁板式筏形基础的梁可设在板上或板下（土体中）。当采用板上梁时，梁应留出排水孔，并设置架空地板。筏形基础一般伸出外墙 1 m 左右，使筏形基础面积稍大于上部结构面积。

（5）桩基础。

当地基浅层土质软弱，不能满足承载力和沉降要求时，采用桩基础将荷载传到下部较坚实的土层，或通过桩侧面与土体的摩擦力来达到强度与变形的要求；同时，采用桩基础也可减少土方开挖量，是一种有效的技术途径，如图 2-23（c）所示。

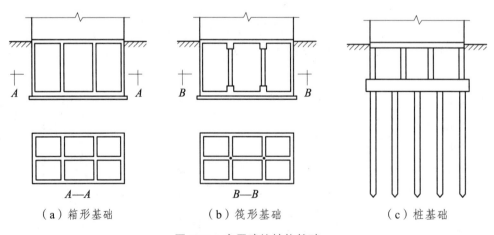

（a）箱形基础　　　　（b）筏形基础　　　　（c）桩基础

图 2-23　高层建筑结构基础

2. 基础埋置深度

基础埋置深度一般是指基础底面到室外设计地面的距离，简称基础埋深。对于地下室，当采用箱形基础或筏形基础时，基础埋置深度自室外地面标高算起。当采用独立基础或条形基础时，基础埋置深度应从室内地面标高算起。

影响基础埋深选择的主要因素可以归纳为 5 个方面：

（1）建筑物的用途，有无地下室、设备基础和地下设施，基础的形式和构造。

（2）作用在地基上的荷载大小和性质。

（3）工程地质和水文地质条件。

（4）相邻建筑物的基础埋深。

（5）地基土冻胀和融陷的影响。

在满足地基稳定和变形要求的前提下，地基宜浅埋，当上层地基的承载力大于下层土时，宜利用上层做持力层。除岩石地基外，基础埋深不宜小于 0.5 m。

对于高层建筑，当采用筏形基础和箱形基础时，其基础埋置深度应满足地基承载力、变形和稳定性要求。位于岩石地基上的高层建筑，其基础埋置深度还应满足相应的抗滑要求。

基础宜埋置在地下水位以上，当必须埋置在地下水位以下时，应采取地基土在施工时不受扰动的措施。当基础埋置在易风化的岩层上，施工时应在基坑开挖后立即铺筑垫层。当存在相邻建筑物时，新建建筑物的基础埋置深度不宜大于原有建筑物的基础埋置深度。当基础埋置深度大于原有建筑物的基础埋置深度时，两基础间应保持一定净距，其数值应根据原有建筑荷载大小、基础形式和土质情况确定。当上述要求不能满足时，应采取分段施工、设临时加固支撑、打板桩、构筑地下连续墙等施工措施，或加固原有建筑物基础。

与多层建筑相比，高层建筑的基础埋深应当大一些，这是因为：

（1）一般情况下，较深的土壤承载力大而压缩性小，稳定性较好。

（2）高层建筑的水平剪力较大，要求基础周围的土壤有一定的嵌固作用，能提供部分水平反力。

（3）在地震作用下，地震波通过地基传到建筑物上。根据实测可知，通常在较深处的地震波幅值较小，接近地面的地震波幅值较大。因此，高层建筑基础埋深大一些，可减小地震反应。

但是基础埋深加大，必然增加造价和施工难度，加长工期。在《高层建筑混凝土结构技术规程》（JGJ 3—2010）中对基础埋置深度做了以下规定：

（1）基础应有一定的埋置深度，埋置深度由室外地坪至基底计算。

（2）一般天然地基或复合地基，可取建筑物高度（室外地面至主体结构檐口或屋顶板面的高度）的 1/15，且不小于 3 m。

（3）岩石地基的埋深不受上条的限制，但应验算倾覆，必要时还应验算滑移。当验算结果不满足要求时，应采取有效措施以确保建筑物的稳固。如采用地锚（地锚的作用是把基础与岩石连接起来，防止基础滑移）等措施，地锚应能承受相应拉力。

（4）桩基础的埋置深度可取建筑高度的 1/18，但桩长不计在内。

与低层和多层建筑相比，高层建筑的基础埋深应当大一些，这是因为：

（1）一般情况下，较深的土壤承载力大而压缩性小，稳定性较好。

（2）高层建筑的水平剪力较大，要求基础周围的土壤有一定的嵌固作用，能提供部分水平反力。

（3）在地震作用下，地震波通过地基传到建筑物上。根据实测可知，通常在较深处的地震波幅值较小，接近地面幅值增大。因此，高层建筑基础埋深大一些，可减小地震反应。

但是基础埋深加大，必然增加造价和施工难度，加长工期。在《高层建筑混凝土结构技术规程》（JGJ 3—2010）中对基础埋置深度作了下面的规定：

（1）基础应有一定的埋置深度，埋置深度由室外地坪至基底计算。

（2）一般天然地基或复合地基，可取建筑物高度（室外地面至主体结构檐口或屋顶板面的高度）的1/15，且不小于3 m。

（3）岩石地基的埋深不受上条的限制，但应验算倾覆，必要时还应验算滑移。当验算结果不满足要求时，应采取有效措施以确保建筑物的稳固。如采用地锚等措施，地锚的作用是把基础与岩石连接起来，防止基础滑移，在需要时地锚应能承受拉力。

（4）桩基础，可取建筑高度的1/18，但桩长不计在内。

第3章　框架结构设计知识要点

本章通过框架结构设计要求、荷载计算、地震作用计算、位移验算及内力分析、结构计算与框架计算、内力组合、构件截面设计、楼梯结构设计、基础设计、结构施工图等 9 个方面对框架结构设计知识要点进行学习，其目的是让学生了解框架的特点和适用范围，熟悉框架结构的布置方法及梁、柱截面尺寸的确定方法，熟练掌握框架结构在竖向荷载和水平荷载作用下的内力计算方法（分层计算法、反弯点法和 D 值法），掌握框架结构的内力组合原则，掌握框架结构在水平荷载作用下的侧移验算方法，掌握框架截面设计及梁柱的配筋计算和构造要求，熟悉相关标准及规范。

3.1　框架结构设计要点

3.1.1　框架结构设计的基本要求

1. 框架体系的选择

（1）多层房屋不宜采用单跨框架。单跨框架在发生地震时，框架柱首当其冲，一旦出现塑性铰，将危及该柱距的上层建筑，并可能引起相邻柱距的上层建筑连续倒塌。

震害调查表明，单跨框架，尤其是多层及高层建筑，震害较重。1999 年台湾的集集地震，就有不少单跨框架结构倒塌。《高层建筑混凝土结构技术规程》（JGJ 3—2010）规定，抗震设计的框架结构不宜采用单跨框架。

（2）多跨框架结构应设计成双向框架体系。地震发生时，纵横两个方向的水平地震作用都由抗侧力构件承担。主体结构除个别部位外，不应采用铰接。

（3）框架结构的柱与梁，宜上下左右贯通，不宜采用复式框架，宜避免采用梁上立柱、柱上顶板的结构方案。

（4）不采用砖混框-剪结构。框架结构按抗震设计时，不应采用部分由砌体墙承重的混合形式。框架结构与砌体结构是两种截然不同的结构体系，其抗侧刚度、变形能力等相差很大，将这两种结构在同一建筑物中混合使用，而不以抗震缝将其分开，对建筑物的抗震能力将产生很不利的影响。

框架结构中的楼、电梯间及局部出屋顶的电梯机房、楼梯间、水箱间等，应采用框架承重，不应采用砌体墙承重。

（5）剪力墙虽少也应考虑框-剪协同工作。在抗震设计的框架结构中，仅在楼、电梯间或其他部位设置少量钢筋混凝土剪力墙时，如楼、电梯间的位置较偏产生较大的刚度偏心，宜在对称位置设置相应剪力墙；或将此种剪力墙减薄、开竖缝、开结构洞、配置少量单排钢筋等措施，减小剪力墙的作用。由于框架与剪力墙协同工作，使框架上部受力增加，剪力墙底部承受的倾覆力矩减小。因此，结构分析计算应考虑框架与剪力墙的协同工作。当框架部分所占比重较大时，抗震等级仍应按框架结构采用。

2. 混凝土强度等级

现浇框架的混凝土强度等级，按一级抗震等级设计时，不应低于 C30；按二~四级抗震等级和非抗震设计时，不应低于 C20；现浇框架梁的混凝土强度等级也不宜大于 C40，框架柱的强度等级，抗震设防烈度为 9 度时不宜大于 C60，8 度时不宜大于 C70。

3. 框架梁的水平加腋

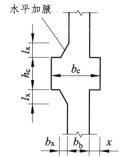

图 3-1　边梁水平加腋

从框架受力考虑，框架梁、柱中心线宜重合。非抗震设计和 6~8 度抗震设计时，梁柱偏心距不宜大于柱截面在该方向宽度的 1/4。

在实际工程中，一般都要求外墙与柱外皮齐平、走道里不出现柱子，导致梁、柱中心线不能重合。当梁柱偏心距大于该方向宽度的 1/4 时，可在梁的水平方向加腋（见图 3-1）。

根据试验结果，采用水平加腋，可以明显改善框架节点承受反复作用的性能。

设计水平加腋后，仍需考虑梁柱偏心的不利影响。9 度抗震设计时，不应采用梁柱偏心较大的结构。

（1）梁的水平加腋厚度可取梁截面高度，其水平尺寸宜满足下列要求：

$$b_x / l_x \leq 1/2 \tag{3-1}$$

$$b_x / b_b \leq 2/3 \tag{3-2}$$

$$b_b + b_x + x \geq b_c / 2 \tag{3-3}$$

式中：b_x——梁横向水平加腋长度；

　　　l_x——梁纵向水平加腋长度；

　　　b_b——梁截面宽度；

　　　b_c——沿偏心方向柱截面宽度；

　　　x——非加腋侧梁边到柱边的距离。

（2）梁采用水平加腋时，框架节点有效宽度 b_j 宜符合下列要求：

① 当 $x = 0$ 时，b_j 按式（3-4）计算。

$$b_j \leq b_b + b_x \tag{3-4}$$

② 当 $x \neq 0$ 时，b_j 取式（3-5）和式（3-6）两式计算的较大值，且应满足式（3-7）的要求。

$$b_j \leq b_b + b_x + x \tag{3-5}$$

$$b_j \leq b_b + 2x \tag{3-6}$$

$$b_j \leq b_b + 0.5h_c \tag{3-7}$$

式中：h_c——柱截面高度。

4. 框架填充墙

（1）填充墙的布置。

框架结构房屋都有维护墙，在框架柱之间不可避免地要设置隔墙。由于填充墙是由建筑专业布置，也只在建筑图上标示，容易被结构设计忽略。如采用砌体填充墙，布置不当时，难免会产生震害。

在框架柱之间嵌有砌体填充墙时，由于砌体的刚度较大，地震时必将吸收较多的能量，墙体两端的框架柱势必承受较大的地震作用，与墙体填充墙相连的柱子宜增加配筋和配箍。

现在流行在底层布置商店上层用作住宅，底部数层布置商场上部用作写字间，容易形成上刚下柔或头重脚轻的设计，对抗震不利。

在窗台以下如连续砌筑砌体维护墙，将使框架柱形成短柱，发生脆性破坏。砌体填充墙的自重很大，抗侧刚度也很大，布置不当极易形成偏心，产生扭转。

所以抗震设计时，框架结构的填充墙宜采用轻质材料，如采用砌体填充墙，其布置应符合下列要求：

① 避免形成上、下层刚度变化过大。

② 避免形成短柱。

③ 减少因抗侧刚度偏心所造成的扭转。

（2）填充墙的稳定。

抗震设计时，砌体填充墙及隔墙应具有自身稳定性，并应符合下列要求：

① 砌体的砂浆强度等级不应低于 M5，墙顶应与框架梁（或楼板）密切结合，最上面一层砖可以斜放，与梁底（或板底）顶紧斜砌。

② 砌体填充墙应沿框架柱全高设置 2φ6@500 的拉墙筋，拉筋伸入墙内的长度，6、7 度抗震设计时不应小于墙长的 1/5 且不应小于 700 mm，8、9 度抗震设计时宜沿墙全长贯通。

③ 墙长大于 5 m 时，墙顶与梁（板）宜有钢筋拉结；墙长大于层高的 2 倍时，宜设置钢筋混凝土构造柱；墙高超过 4 m 时，墙体半高处（或门洞上皮）宜设置与柱连接且沿墙全长贯通的钢筋混凝土水平系梁，但应注意避免产生短柱。

3.1.2 计算单元与计算简图

框架结构体系在竖向承重单体的布置形式中，一般情况下纵横向框架都是等距离均匀布置的，各自刚度基本相同。作用在房屋上的荷载，如恒荷载、雪荷载、风荷载等，一般也是均匀分布。因此在荷载作用下，无论在纵向或横向，各相框架将产生相同的位移，相互之间不会产生大的约束力，故无论是横向或纵向布置，均可单独取一相框架作为计算单元（见图 3-2）。在纵横向混合布置时，则应根据结构的不同特点进行分析，并对荷载进行适当简化。

在计算简图中，杆件用轴线表示，杆件间的连接区用节点表示，杆件长度用节点间距离表示，荷载的作用点也转移到轴线上。在一般情况下，等截面柱的轴线取截面形心位置，当上下柱截面尺寸不同时，则取上层柱形心线作为柱轴线，跨度取柱轴线间距离。柱高对楼层取层高，对底层柱则取基础顶面与二层楼板顶面之间的高度。

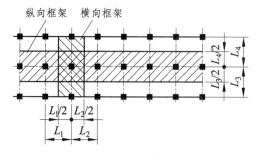

图 3-2　框架的计算单元

当框架各跨的跨度不等但相差不超过 10%时，可当作具有平均跨度的等跨框架；当屋面框架横梁为斜形或折线形，若其倾斜度不超过 1/8，仍可视为水平横梁计算。

3.1.3　截面尺寸估计及惯性矩取值

1. 截面尺寸的初步选择

梁截面参考受弯构件的尺寸选择。一般梁高 $h = l/12 \sim l/8$，宜满足 $h \geqslant l/15$（单跨用较大值，多跨用较小值），其中 l 为梁的跨度。梁的宽度 b 取为 $h/3 \sim h/2$。对抗震结构，梁截面宽度不小于 200 mm，梁截面高宽比不宜大于 4，净跨与截面高度之比不宜小于 4。在初选梁尺寸后，可按全部荷载的 0.6 ~ 0.8 作用在框架梁上，按简支梁抗弯、抗剪核算。

柱截面宽与高一般取 $1/20 \sim 1/15$ 层高，须满足 $h \geqslant l_0/25$，$b \geqslant l_0/30$，l_0 为柱子计算长度，且 $b \times h \geqslant 250\ \text{mm} \times 250\ \text{mm}$。对于抗震结构，抗震等级为四级或层数不超过 2 层时，柱宽度不宜小于 300 mm，圆柱直径不宜小于 350 mm；抗震等级为一 ~ 三级且层数超过 2 层时，柱宽度不宜小于 400 mm，圆柱直径不宜小于 450 mm，长宽比不宜大于 3，柱的净高与截面高度之比宜大于 4，并按下述方法初估。

柱轴压比：
$$A_c = \frac{N}{f_c A} \tag{3-8}$$

其中：
$$N = \omega S r_0 N_s$$

式中：ω——取 14 kN/m²；

　　　S——代表负荷面积；

　　　r_0——取 1.1；

　　　N_s——代表层数。

（1）承受以轴力为主的框架柱，可按轴心受压柱估算。考虑弯矩影响，将轴向力 N 乘以 1.2 ~ 1.4 的增大系数。

（2）当风荷载影响较大时，由风荷载引起的弯矩可按式（3-9）粗估。

$$M = H_i \sum P / 2n \tag{3-9}$$

式中：$\sum P$——第 i 层以上风荷载设计值的总和；

　　　n——同一层柱子的总根数；

H_i——柱子在第 i 层的层高。

将 M 与 $1.2N$（ N 为轴向力设计值，可以按 $10 \sim 15$ kN/m³ 估算）一起作用，按偏心受压构件估算。

（3）考虑地震作用组合的轴压比 $(N / f_c A)$ 不应大于表 3-1 值。

2. 截面惯性矩 I 的取值

（1）对于现浇楼面结构：中部框架，梁的惯性矩 I 可用 $2I_0$；边框架，梁的惯性矩 I 用 $1.5I_0$。

（2）对于做整浇层的装配式楼面：中部框架，梁的惯性矩 I 可用 $1.5I_0$；边部框架梁的惯性矩 I 可用 $1.2I_0$。

（3）对于装配式楼面：梁截面惯性矩按梁本身截面计算。

这里 I_0 为框架梁矩形截面惯性矩。

表 3-1　柱轴压比限值

结构类型	抗震等级		
	一	二	三
框架	0.7	0.8	0.9
板桩-剪力墙、框架-剪力墙、框架-核心筒、筒中筒	0.7	0.8	0.9
部分框支剪力墙	0.6	0.7	—

注：① 轴压比指柱考虑地震作用组合的轴压力设计值与柱全截面面积和混凝土轴心抗压强度设计值乘积的比值。
　　② 表内数值适用于混凝土强度等级不高于 C60 的柱。当混凝土强度等级为 C65～C70 时，轴压比限值应比表中数值降低 0.05；当混凝土强度等级为 C75～C80 时，轴压比限值应比表中数值降低 0.10。
　　③ 表内数值适用于剪跨比大于 2 的柱。剪跨比不大于 2 但不小于 1.5 的柱，其轴压比限值应比表中数值减小 0.05；剪跨比小于 1.5 的柱，其轴压比限值应专门研究并采取特殊构造措施。
　　④ 当沿柱全高采用井字复合箍，箍筋间距不大于 100 mm，肢距不大于 200 mm、直径不小于 12 mm 时，柱轴压比限值可增加 0.10；当沿柱全高采用复合螺旋箍，箍筋螺距不大于 100 mm、肢距不大于 200 mm、直径不小于 12 mm 时，柱轴压比限值可增加 0.10；当沿柱全高采用连续复合螺旋箍，且螺距不大于 80 mm、肢距不大于 200 mm、直径不小于 10 mm 时，柱轴压比限值可增加 0.10。
　　⑤ 当柱截面中部设置由附加纵向钢筋形成的芯柱，且附加纵向钢筋的截面面积不小于柱截面面积的 0.80% 时，柱轴压比限值可增加 0.05。当本项措施与注④共同采用时，柱轴压比限值可比表中数值增加 0.15，但箍筋的配箍特征值仍可按轴压比增加 0.10 的要求确定。
　　⑥ 注④⑤两款之措施，也适用于框支柱。
　　⑦ 柱轴压比限值不应大于 1.05。

3.1.4　建筑结构安全等级

建筑结构安全等级（专业中简称为安全等级、结构安全等级），是为了区别在近似概率论极限状态设计方法中，针对重要性不同的建筑物，采用不同的结构可靠性而提出的。

现行国家标准《建筑结构可靠性设计统一标准》（GB 50068—2018）规定，建筑结构设计时，应根据结构破坏可能产生的后果的严重性，采用不同的安全等级。建筑结构安全等级划分为三个等级，一级：重要的建筑物；二级：大量的一般建筑物；三级：次要的建筑物。至于重要建筑物与次要建筑物的划分，则应根据建筑结构的破坏后果，即危及人的生命、造成经济损失、产生社会影响等的严重程度确定。

同一建筑物内的各种结构构件宜与整个结构采用相同的安全等级，但允许对部分结构构件根据其重要程度和综合经济效果进行适当调整。如提高某一结构构件的安全等级所需额外费用很少，又能减轻整个结构的破坏，从而大大减少人员伤亡和财物损失，则该结构构件的安全等级可比整个结构的安全等级提高一级；相反，如某一结构构件的破坏并不影响整个结构或其他结构构件，则可将其安全等级降低一级；任何情况下结构的安全等级不得低于三级。

在近似概率理论的极限状态设计法中，用结构重要性系数 γ_0 来体现结构的安全等级。

3.2　荷载及荷载组合

结构上的荷载可分为 3 类：永久荷载、可变荷载和偶然荷载。永久荷载包括结构自重、土压力、预应力等；可变荷载包括楼面活荷载、屋面活荷载和积灰荷载、风荷载、雪荷载等；偶然荷载包括爆炸力、撞击力等。

荷载有 4 种代表值，即标准值、组合值、频遇值和准永久值。对永久荷载应采用标准值作为代表值，对可变荷载应根据设计要求采用标准值、组合值、频遇值或准永久值作为代表值。标准值是荷载的基本代表值，是结构在使用期间，在正常情况下可能出现的具有一定保证率的偏大荷载值，其他 3 种代表值由标准值乘以相应的系数得出。组合值由可变荷载的组合值系数乘以可变荷载的标准值得到，采用荷载组合值是使组合后的荷载效应在设计基准期内的超越概率与该荷载单独出现时的相应概率趋于一致。频遇值由可变荷载的频遇值系数乘以可变荷载的标准值得到，荷载频遇值是在设计基准期内可变荷载超越的总时间为规定的较小比率或超越频率为规定频率的荷载值。准永久值由可变荷载的准永久值系数乘以可变荷载的标准值得到，荷载准永久值是在设计基准期内，可变荷载超越的总时间约为设计基准期一半的荷载值。

作用在多层框架结构上的荷载，通常由永久荷载中的结构自重以及可变荷载中的活荷载、风荷载和雪荷载组成，对于抗震设防的建筑，还需要考虑地震作用。

3.2.1　永久荷载

作用在多层框架上的永久荷载，通常包括结构构件、围护构件、面层及装饰、固定设备、长期储物的自重。结构自重标准值等于构件的体积乘以材料单位体积的自重，或等于构件面积乘以材料的单位面积自重。对于自重变异较大的材料和构件（如现场制作的保温材料、混凝土薄壁构件等），自重的标准值应根据对结构的不利状态，取上限值或下限值。常用材料单位体积（面积）自重如表 3-2 所示。

表 3-2　常用材料的自重　　　　　　　　　　　　　　　　　　单位：kN/m³

名称	自重	名称	自重
钢筋混凝土	24～25	钢材	78.5
水泥砂浆	20	混合砂浆	17
普通砖	18～19	玻璃	25.6
蒸汽粉煤灰加气混凝土砌块	5.5	混凝土空心小砌块	11.8
钢框玻璃框	0.4～0.45	木框玻璃窗	0.2～0.3
钢铁门	0.4～0.45	木门	0.1～0.2

注：更多材料和构件自重见现行国家标准《建筑结构荷载规范》（GB 50009—2012）附录A。

3.2.2　可变荷载计算

作用在多层框架结构上的可变荷载，通常包括活荷载、雪荷载和风荷载，下面分别介绍它们的计算方法。

1.活荷载计算

（1）民用建筑楼面均布活荷载。

①民用建筑楼面均布活荷载取值。

民用建筑楼面均布活荷载的标准值及其组合值、频遇值、准永久值系数的最小值，应按表 3-3 的规定取用。

表 3-3　民用建筑楼面均布活荷载标准值及其组合值、频遇值和准永久值系数

项次	类别	标准值 / (kN/m²)	组合值系数 ψ_c	频遇值系数 ψ_f	准永久值系数 ψ_q
1	（1）住宅、宿舍、旅馆、办公楼、医院病房、托儿所、幼儿园	2.0	0.7	0.5	0.4
	（2）试验室、阅览室、会议室、医院门诊	2.0	0.7	0.6	0.5
2	教室、食堂、餐厅、一般资料档案室	2.5	0.7	0.6	0.5
3	（1）礼堂、剧场、影院、有固定座位的看台	3.0	0.7	0.5	0.3
	（2）公共洗衣房	3.0	0.7	0.6	0.5
4	（1）商店、展览厅、车站、港口、机场大厅及其旅客等候室	3.5	0.7	0.6	0.5
	（2）无固定座位的看台	3.5	0.7	0.5	0.3
5	（1）健身房、演出舞台	4.0	0.7	0.6	0.5
	（2）运动场、舞厅	4.0	0.7	0.6	0.3
6	（1）书库、档案室、贮藏室	5.0	0.9	0.9	0.8
	（2）密集柜书库	12.0	0.9	0.9	0.8
7	通风机房、电梯机房	7.0	0.9	0.9	0.8

项次	类别	标准值 /（kN/m²）	组合值系数 ψ_c	频遇值系数 ψ_f	准永久值系数 ψ_q
8	汽车通道及停车库： （1）单向板楼盖（板跨不小于2 m）和双向板楼盖（板跨不小于3 m×3 m） 　　客车 　　消防车 （2）双向板楼盖（板跨不小于 6 m×6 m）和无梁楼盖（柱网不小于6 m×6 m） 　　客车 　　消防车	 4.0 35.0 2.5 20.0	 0.7 0.7 0.7 0.7	 0.7 0.5 0.7 0.5	 0.6 0.0 0.6 0.0
9	厨房： （1）其他 （2）餐厅	 2.0 4.0	 0.7 0.7	 0.6 0.7	 0.5 0.7
10	浴室、卫生间、盥洗室	2.5	0.7	0.6	0.5
11	走廊、门厅： （1）宿舍、旅馆、医院病房、托儿所、幼儿园、住宅 （2）办公楼、餐厅、医院门诊部 （3）教学楼及其他可能出现人员密集的情况	 2.0 2.5 3.5	 0.7 0.7 0.7	 0.5 0.6 0.5	 0.4 0.5 0.3
12	楼梯： （1）多层住宅 （2）其他	 2.0 3.5	 0.7 0.7	 0.5 0.5	 0.4 0.3
13	阳台： （1）其他 （2）可能出现人员密集的情况	 2.5 3.5	 0.7 0.7	 0.6 0.6	 0.5 0.5

注：① 本表所给各项活荷载适用于一般使用条件，当使用荷载较大、情况特殊或有专门要求时，应按实际情况采用。

② 第6项书库活荷载，当书架高度大于 2 m 时，书库活荷载尚应按每米书架高度不小于 2.5 kN/m² 确定。

③ 第8项中的客车活荷载只适用于停放载人少于9人的客车；消防车活荷载是适用于满载总重为300 kN的大型车辆；当不符合本表的要求时，应将车轮的局部荷载按结构效应的等效原则，换算为等效均布荷载。

④ 第8项消防车活荷载，当双向板楼盖板跨介于 3 m×3 m～6 m×6 m 之间时，应按线性插值确定。

⑤ 第12项楼梯活荷载，对预制楼梯踏步平板，尚应按 1.5 kN 集中荷载验算。

⑥ 本表各项荷载不包括隔墙自重和二次装修荷载。对固定隔墙的自重应按永久荷载考虑，当隔墙位置可灵活自由布置时，非固定隔墙的自重应取不小于 1/3 的每延米长墙重（kN/m）作为楼面活荷载的附加值（kN/m²）计入，附加值不应小于 1.0 kN/m²。

② 楼面活荷载折减。

表 3-3 中的楼面均布荷载标准值在设计楼板时可以直接取用，而作用在楼面上的活荷载，不会以标准值的大小同时满布在所有楼面上，因此在设计墙、梁、柱和基础时，还要考虑实际荷载沿楼面的分布情况对荷载进行折减，即在确定墙、梁、柱和基础的荷载标准值时，还应按各种不同的情况用折减系数乘以楼面活荷载标准值。楼面活荷载标准值折减系数的最小值应按下列规定采用。

a. 设计楼面梁时的折减系数。

表 3-3 中第 1（1）项当楼面梁从属面积超过 25 m² 时，应取 0.9；第 1（2）~7 项当楼面梁从属面积超过 50 m² 时，应取 0.9；第 8 项对单向板楼盖的次梁和槽形板的纵肋应取 0.8，对单向板楼盖的主梁应取 0.6，对双向板楼盖的梁应取 0.8；第 9~13 项应采用与所属房屋类别相同的折减系数。

b. 设计墙、柱和基础时的折减系数。

表 3-3 中第 1（1）项应按表 3-4 规定采用；第 1（2）~7 项应采用与其楼面梁相同的折减系数；第 8 项对单向板楼盖应取 0.5，对双向板楼盖和无梁楼盖应取 0.8；第 9~13 项应采用与所属房屋类别相同的折减系数。

楼面梁的从属面积应按梁两侧各延伸二分之一梁间距的范围内的实际面积确定。

表 3-4　活荷载按楼层的折减系数

墙、柱、基础计算截面以上的层数	1	2~3	4~5	6~8	9~20	>20
计算截面以上各楼层活荷载总和的折减系数	1.0（0.9）	0.85	0.70	0.65	0.60	0.55

注：当楼面梁的从属面积超过 25 m² 时，应采用括号内的系数。

（2）工业建筑楼面活荷载。

工业建筑楼面在生产使用或安装检修时，由设备、管道、运输工具及可能拆移的隔墙产生的局部荷载，均应按实际情况考虑，可采用等效均布活荷载代替。对设备位置固定的情况，可直接按固定位置对结构进行计算，但应考虑因设备安装和维修过程中的位置变化可能出现的最不利效应。

工业建筑楼面（包括工作平台）上无设备区域的操作荷载，包括操作人员、一般工具、零星原料和成品的自重，可按均布活荷载考虑，采用 2.0 kN/m²。在设备所占区域内可不考虑操作荷载和堆料荷载。生产车间的楼梯活荷载，可按实际情况采用，但不宜小于 3.5 kN/m²。生产车间的参观走廊活荷载，可采用 3.5 kN/m²。

工业建筑楼面活荷载的组合值系数、频遇值系数和准永久值系数应按实际情况采用；但在任何情况下，组合值和频遇值系数不应小于 0.7，准永久值系数不应小于 0.6。

（3）屋面活荷载。

房屋建筑的屋面，其水平投影面上的屋面均布活荷载的标准值及其组合值、频遇值和准永久值系数的最小值，应按表 3-5 规定采用。屋面均布活荷载，不应与雪荷载同时组合。

表 3-5　屋面均布活荷载标准值及其组合值、频遇值和准永久值系数

项次	类别	标准值 / (kN/m²)	组合值 系数 ψ_c	频遇值 系数 ψ_f	准永久值 系数 ψ_q
1	不上人的屋面	0.5	0.7	0.5	0
2	上人的屋面	2.0	0.7	0.5	0.4
3	屋顶花园	3.0	0.7	0.6	0.5
4	屋顶运动场	3.0	0.7	0.6	0.4

注：① 不上人的屋面，当施工或维修荷载较大时，应按实际情况采用；对不同类型的结构应按
　　　有关设计规范的规定采用，但不得低于 0.3 kN/m²。
　　② 上人的屋面，当兼作其他用途时，应按相应楼面活荷载采用。
　　③ 对于因屋面排水不畅、堵塞等引起的积水荷载，应采取构造措施加以防止；必要时，应
　　　按积水的可能深度确定屋面活荷载。
　　④ 屋顶花园活荷载不包括花圃土石等材料自重。

2. 雪荷载计算

（1）雪荷载计算公式。

屋面水平投影面上的雪荷载标准值，应按式（3-10）计算。

$$S_k = \mu_r s_0 \tag{3-10}$$

式中：S_k——雪荷载标准值；

　　　μ_r——屋面积雪分布系数，实际上就是地面基本雪压换算为屋面雪荷载的换算系数，
　　　　　　它与屋面形式、朝向及风力等有关；

　　　s_0——基本雪压。

屋面积雪分布系数与屋面形式有关，常见的单坡和双坡屋面积雪分布系数见表 3-6。基本雪压应按现行国家标准《建筑结构荷载规范》（GB 50009—2012）附录 E 中表 E.5 给出的 50 年一遇的雪压采用。

表 3-6　屋面积雪分布系数

项次	类别	屋面形式及积雪分布系数
1	单跨单坡屋面	 | α	≤25°	30°	35°	40°	45°	50°	55°	≥60°
μ_r	1.0	0.85	0.7	0.55	0.4	0.25	0.1	0	

项次	类别	屋面形式及积雪分布系数
2	单跨双坡屋面	均匀分布情况 μ_r 不均匀分布情况 $0.75\mu_r$ $1.25\mu_r$ α μ_r按第一项规定采用

注：① 单跨双坡屋面仅当 $20°\leqslant\alpha\leqslant30°$ 时，可采用不均匀分布情况。
　　② 更多屋面形式积雪分布系数见《建筑结构荷载规范》（GB 50009—2012）表 7.2.1。

设计建筑结构的屋面板时，积雪按不均匀分布的最不利情况采用；框架可按积雪全跨均匀分布情况采用。

（2）雪荷载的组合值、频遇值和准永久值系数取值见表 3-7。

表 3-7　雪荷载的组合值、频遇值和准永久值系数取值

组合值系数	频遇值系数	准永久值系数		
		Ⅰ区	Ⅱ区	Ⅲ区
0.7	0.6	0.5	0.2	0

注：雪荷载分区应按《建筑结构荷载规范》（GB 50009—2012）附录 E.5 或附图 E.6.2 的规定采用。

3. 风荷载

（1）计算主要承重结构时的风荷载标准值。

$$\omega_k = \beta_z \mu_s \mu_z \omega_0 \tag{3-11}$$

式中：ω_k——风荷载标准值；

　　　β_z——高度 z 处的风振系数；

　　　μ_s——风荷载体型系数；

　　　μ_z——风压高度变化系数；

　　　ω_0——基本风压。

基本风压 ω_0 是根据全国各气象台（站）历年最大风速记录，统一换算成离地 10 m 高，10 min 年平均最大风速（m/s），经统计分析确定重现期为 50 年的最大风速，作为当地的基本风速 v_0，再按公式 $\omega_0 = v_0^2/1600$（kN/m^2）计算确定的。

在表 3-8 中也列举了 36 个大中城市 50 年一遇的基本风压，可以看出我国基本风压的分布概况。

表 3-8　36 个大中城市 50 年一遇基本风压 ω_0

城市名称	基本风压 ω_0 / (kN/m²)	城市名称	基本风压 ω_0 / (kN/m²)	城市名称	基本风压 ω_0 / (kN/m²)
北京	0.45	成都	0.30	长沙	0.35
哈尔滨	0.55	重庆	0.4	南昌	0.45
长春	0.65	贵阳	0.30	杭州	0.45
沈阳	0.55	昆明	0.30	福州	0.70
天津	0.50	天原	0.40	台北	0.70
呼和浩特	0.55	石家庄	0.35	南宁	0.35
乌鲁木齐	0.60	济南	0.45	广州	0.50
银川	0.65	郑州	0.45	深圳	0.75
西宁	0.35	合肥	0.35	海口	0.75
兰州	0.30	南京	0.40	三亚	0.85
西安	0.35	上海	0.55	香港	0.90
拉萨	0.30	武汉	0.35	澳门	0.85

当高层建筑的高度大于 60 m 时，宜按 100 年一遇的风压值采用，或按 50 年一遇的基本风压值乘以 1.1 的增大系数采用。

风速受地面粗糙度制约，也随着离开海岸的距离和离开地面的高度增加。

地面粗糙度可分为 A、B、C、D 四类：

A 类指近海海面、海岸、湖岸及沙漠地区；

B 类指田野、乡村、丛林、丘陵及房屋比较稀疏的乡镇和城市郊区；

C 类指有密集建筑群的城市市区；

D 类指有密集建筑群且房屋较高的城市市区。

表 3-9 列举了高度 100 m 以内的风压高度变化系数 μ_r，可以看出风压按高度及地面粗糙度的变化规律。

表 3-9　风压高度变化系数 μ_r

离地面或海平面高度/m	底面粗糙度				离地面或海平面高度/m	底面粗糙度			
	A	B	C	D		A	B	C	D
5	1.17	1.00	0.74	0.62	50	2.03	1.67	1.25	0.84
10	1.38	1.00	0.74	0.62	60	2.12	1.77	1.35	0.93
15	1.52	1.14	0.74	0.62	70	2.20	1.86	1.45	1.02
20	1.63	1.25	0.84	0.62	80	2.27	1.95	1.54	1.11
30	1.80	1.42	1.00	0.62	90	2.34	2.02	1.62	1.19
40	1.92	1.56	1.13	0.73	100	2.40	2.09	1.70	1.27

高度 100 m 以上的风压高度变化系数，按《建筑结构荷载规范》（GB 50009—2012）表 8.2.1 选用。风在建筑物表面引起的实际压力（或吸力）与建筑物的体型和平面尺寸有关。

在表 3-10 中，列出了最常见的几种建筑体型的风载体型系数 μ_s，从中可以看出建筑物体型对风压的影响。其他体型的风载体型系数按《建筑结构荷载规范》表 3.3.1 及《高层建筑混凝土结构技术规程》（JGJ 3—2010）附录 B 第 B.0.1 条选用。

表 3-10　风载体型系数 μ_s

序号	名称	建筑体型及体型系数 μ_s		
1	封闭式双坡屋面	μ_s＝＋0.8，-0.5，山墙-0.7，-0.5		
		i	a	μ_s
			≤15°	-0.60
		1/3.5	15°56′	-0.56
		1/3.0	18°26′	-0.46
		1/2.5	21°48′	-0.33
			30°	0
		1/1.5	33°41′	+0.20
		1/1.0	45°	+0.40
		1/0.75	53°07′	+0.43
			≥60°	+0.80
2	封闭式单坡屋面	μ_s：+0.8，-0.5，-0.5，+0.8，-0.5	迎风坡的 μ_s 按序号 1 采用	
3	封闭式带天窗的双坡屋面	-0.2，+0.6，-0.7，-0.7，+0.6，-0.6，+0.8，-0.5	带天窗的拱形屋面也可近似地按本图采用	
4	封闭式双跨双坡屋面	μ_s，-0.5，-0.4，-0.4，+0.8，-0.4	迎风坡的 μ_s 按序号 1 采用	
5	封闭式不等高不等跨的双跨双坡屋面	μ_s，-0.6，-0.6，-0.6，-0.4，+0.8，-0.4；μ_s，-0.6，-0.6，-0.2，-0.5，+0.8，-0.4	迎风坡的 μ_s 按序号 1 采用	

序号	名称	建筑体型及体型系数 μ_s
6	封闭式带天窗双跨双坡屋面	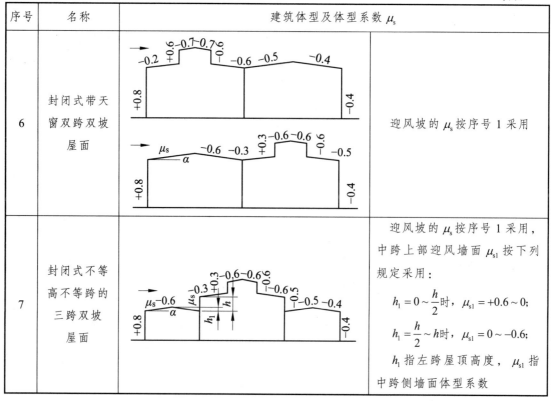 迎风坡的 μ_s 按序号1采用
7	封闭式不等高不等跨的三跨双坡屋面	迎风坡的 μ_s 按序号1采用,中跨上部迎风墙面 μ_{s1} 按下列规定采用: $h_1 = 0 \sim \frac{h}{2}$ 时,$\mu_{s1} = +0.6 \sim 0$; $h_1 = \frac{h}{2} \sim h$ 时,$\mu_{s1} = 0 \sim -0.6$; h_1 指左跨屋顶高度,μ_{s1} 指中跨侧墙面体型系数

注:① 箭头表示风向,+表示压力,-表示吸力。
② 女儿墙对屋面的挡风影响不大,屋面的体型系数可近似地按没有女儿墙的屋面采用。

对于基本自振周期 T_1 不大于 0.25 s 以及高度不大于 30 m 的房屋结构,可不考虑风振的影响,取 $\beta_z = 1.0$。刚度较小的高层建筑,风振的影响则不能忽略,对于高度大于 30 m 且高宽比大于 1.5 的房屋结构,应采用风振系数来考虑风压脉动的影响,高层建筑在 z 高度处的风振系数 β_z,可按《建筑结构荷载规范》(GB 50009—2012)第 8.4 节的有关规定计算。

(2)计算维护结构时的风荷载标准值。

$$\omega_k = \beta_{gz}\mu_s\mu_z\omega_0 \tag{3-12}$$

式中:β_{gz}——高度 z 处的阵风系数,可按《建筑结构荷载规范》(GB 50009—2012)表 8.6.1 选用。

3.2.3 荷载组合

1. 承载能力极限状态

结构或结构构件按承载能力极限状态设计时,应考虑下列状态:
(1)结构或结构构件的破坏或过度变形,此时结构的材料强度起控制作用。
(2)整个结构或其一部分作为刚体失去静力平衡,此时结构材料或地基的强度不起控制作用。
(3)地基破坏或过度变形,此时岩土的强度起控制作用。

（4）结构或结构构件疲劳破坏，此时结构的材料疲劳强度起控制作用。

结构或结构构件按承载能力极限状态设计时，应符合下列规定：

（1）结构或结构构件的破坏或过度变形的承载能力极限状态设计，应符合下式规定：

$$\gamma_0 S_d \leqslant R_d \tag{3-13}$$

式中：γ_0——结构重要性系数，其值按表 3-11 采用；

S_d——作用组合的效应设计值；

R_d——结构或结构构件的抗力设计值。

（2）结构整体或其一部分作为刚体失去静力平衡的承载能力极限状态设计，应符合下式规定：

$$\gamma_0 S_{d,dst} \leqslant S_{d,stb} \tag{3-14}$$

式中：$S_{d,dst}$——不平衡作用效应的设计值；

$S_{d,stb}$——平衡作用效应的设计值。

（3）地基的破坏或过度变形的承载能力极限状态设计，可采用分项系数法进行，但其分项系数的取值与式（3-13）中所包含的分项系数的取值可有区别；地基的破坏或过度变形的承载力设计，也可采用容许应力法等方法进行。

（4）结构或结构构件的疲劳破坏的承载能力极限状态设计，可按现行有关标准的方法进行。

承载能力极限状态设计表达式中的作用组合，应符合下列规定：

（1）作用组合应为可能同时出现的作用的组合。

（2）每个作用组合中应包括一个主导可变作用或一个偶然作用或一个地震作用。

（3）当结构中永久作用位置的变异，对静力平衡或类似的极限状态设计结果很敏感时，该永久作用的有利部分和不利部分应分别作为单个作用。

（4）当一种作用产生的几种效应非全相关时，对产生有利效应的作用，其分项系数的取值应予以降低。

（5）对不同的设计状况应采用不同的作用组合。

对持久设计状况和短暂设计状况，应采用作用的基本组合，并应符合下列规定：

（1）基本组合的效应设计值按下式中最不利值确定：

$$S_d = S\left(\sum_{i\geqslant 1}\gamma_{G_i}G_{ik} + \gamma_p P + \gamma_{Q_1}\gamma_{L_1}Q_{1k} + \sum_{j>1}\gamma_{Q_j}\psi_{cj}\gamma_{L_j}Q_{jk}\right) \tag{3-15}$$

式中：$S(\cdot)$——作用组合的效应函数；

G_{ik}——第 i 个永久作用的标准值；

P——预应力作用的有关代表值；

Q_{1k}——第 1 个可变作用的标准值；

Q_{jk}——第 j 个可变作用的标准值；

γ_{G_i}——第 i 个永久作用的分项系数，应按表 3-12 采用；

γ_p——预应力作用的分项系数，应按表 3-12 采用；

γ_{Q_1}——第 1 个可变作用的分项系数，应按表 3-12 采用；

γ_{Q_j}——第 j 个可变作用的分项系数，应按表 3-12 采用；

γ_{L_1}、γ_{L_j}——第 1 个和第 j 个考虑结构设计使用年限的荷载调整系数，应按表 3-13 采用；

ψ_{cj}——第 j 个可变作用的组合值系数，应按现行有关标准的规定采用。

（2）当作用与作用效应按线性关系考虑时，基本组合的效应设计值按下式中最不利值计算：

$$S_d = S\left(\sum_{i \geq 1} G_{ik} + P + A_d + (\psi_{f1} \text{或} \psi_{q1})Q_{1k} + \sum_{j>1} \psi_{qj}Q_{jk} \right) \qquad (3\text{-}16)$$

式中：A_d——偶然作用的设计值；

ψ_{f1}——第 1 个可变作用的频遇值系数，应按有关标准的规定采用；

ψ_{q1}、ψ_{qj}——第 1 个和第 j 个可变作用的准永久值系数，应按有关标准的规定采用。

（3）当作用与作用效应按线性关系考虑时，偶然组合的效应设计值按下式计算：

$$S_d = \sum_{i \geq 1} S_{G_{ik}} + S_P + S_{A_d} + (\psi_{f1} \text{或} \psi_{q1})S_{Q_{1k}} + \sum_{j>1} \psi_{qj}S_{Q_{jk}} \qquad (3\text{-}17)$$

式中：S_{A_d}——偶然作用设计值的效应。

对地震设计状况，应采用作用的地震组合。地震组合的效应设计值应符合现行国家标准《建筑抗震设计规范》（GB 50011）的规定。

当进行建筑结构抗震设计时，结构性能基本设防目标应符合下列规定：

（1）遭遇多遇地震影响，结构主体不受损坏或不需修复即可继续使用。

（2）遭遇设防地震影响，可能发生损坏，但经一般修复仍可继续使用。

（3）遭遇罕遇地震影响，不致倒塌或发生危及生命的严重破坏。

结构重要性系数 γ_0，不应小于表 3-11 的规定。

表 3-11　结构重要性系数 γ_0

结构重要性系数	对持久设计状况和短暂设计状况			对偶然设计状况和地震设计状况
	安全等级			
	一级	二级	三级	
γ_0	1.1	1.0	0.9	1.0

建筑结构的作用分项系数，应按表 3-12 采用。

表 3-12　建筑结构的作用分项系数

作用分项系数	适应情况	
	当作用效应对承载力不利时	当作用效应对承载力有利时
γ_G	1.3	≤1.0
γ_P	1.3	≤1.0
γ_Q	1.5	0

建筑结构考虑结构设计使用年限的荷载调整系数，应按表 3-13 采用。

表 3-13 建筑结构考虑结构设计使用年限的荷载调整系数 γ_L

结构设计使用年限	γ_L
5 年	0.9
50 年	1.0
100 年	1.1

注：对设计使用年限为 25 年的结构构件，γ_L 应按各种材料结构设计标准的规定采用。

结构构件的地震作用效应和其他荷载效应的基本组合，应按下式计算：

$$S = \gamma_G S_{GE} + \gamma_{Eh} S_{Ehk} + \gamma_{Ev} S_{Evk} + \psi_w \gamma_w S_{wk} \tag{3-18}$$

式中：S——结构构件内力组合的设计值，包括组合的弯矩、轴向力和剪力设计值等；

γ_G——重力荷载分项系数，一般情况应采用 1.2，当重力荷载效应对构件承载能力有利时，不应大于 1.0；

γ_{Eh}、γ_{Ev}——分别为水平、竖向地震作用分项系数，应按表 3-14 采用；

γ_w——风荷载分项系数，应采用 1.4；

S_{GE}——重力荷载代表值的效应，有吊车时，尚应包括悬吊物重力标准值的效应；

S_{Ehk}——水平地震作用标准值的效应，尚应乘以相应的增大系数或调整系数；

S_{Evk}——竖向地震作用标准值的效应，尚应乘以相应的增大系数或调整系数；

S_{wk}——风荷载标准值的效应；

ψ_w——风荷载组合值系数，一般结构取 0.0，风荷载起控制作用的建筑应采用 0.2。

表 3-14 地震作用分项系数

地震作用	γ_{Eh}	γ_{Ev}
仅计算水平地震作用	1.3	0.0
仅计算竖向地震作用	0.0	1.3
同时计算水平与竖向地震作用（水平地震为主）	1.3	0.5
同时计算水平与竖向地震作用（竖向地震为主）	0.5	1.3

结构构件的截面抗震验算，应采用下列设计表达式：

$$S \leqslant \frac{R}{\gamma_{RE}} \tag{3-19}$$

式中：γ_{RE}——承载力抗震调整系数，除另有规定外，应按表 3-15 采用；

R——结构构件承载力设计值。

表 3-15 承载力抗震调整系数

材料	结构构件	受力状态	γ_{RE}
钢	柱、梁、支撑、节点板件、螺栓、焊缝	—	0.75
	柱，支撑	稳定	0.80

材料	结构构件	受力状态	γ_{RE}
砌体	两端均有构造柱、芯柱的抗震墙	受剪	0.9
	其他抗震墙	受剪	1.0
混凝土	梁	受弯	0.75
	轴压比小于 0.15 的柱	偏压	0.75
	轴压比不小于 0.15 的柱	偏压	0.80
	抗震墙	偏压	0.85
	各类构件	受剪、偏拉	0.85

当仅计算竖向地震作用时，各类结构构件承载力抗震调整系数均应采用 1.0。

2. 正常使用极限状态

结构或结构构件按正常使用极限状态设计时，应符合下式规定：

$$S_d \leq C \tag{3-20}$$

式中：S_d——作用组合的效应设计值；

C——设计对变形、裂缝等规定的相应限值，应按有关的结构设计标准的规定采用。

按正常使用极限状态设计时，宜根据不同情况采用作用的标准组合、频遇组合或准永久组合，并应符合下列规定：

（1）标准组合应符合下列规定：

① 标准组合的效应设计值按下式确定：

$$S_d = S\left(\sum_{i \geq 1} G_{ik} + P + Q_{1k} + \sum_{j > 1} \psi_{cj} Q_{jk} \right) \tag{3-21}$$

② 当作用与作用效应按线性关系考虑时，标准组合的效应设计值按下式计算：

$$S_d = \left(\sum_{i \geq 1} S_{G_{ik}} + S_P + S_{Q_{1k}} + \sum_{j > 1} \psi_{cj} S_{Q_{jk}} \right) \tag{3-22}$$

（2）频遇组合应符合下列规定：

① 频遇组合的效应设计值按下式确定：

$$S_d = S\left(\sum_{i \geq 1} G_{ik} + P + \psi_{f1} Q_{1k} + \sum_{j > 1} \psi_{qj} Q_{jk} \right) \tag{3-23}$$

② 当作用与作用效应按线性关系考虑时，频遇组合的效应设计值按下式计算：

$$S_d = \sum_{i \geq 1} S_{G_{ik}} + S_P + \psi_{f1} S_{Q_{1k}} + \sum_{j > 1} \psi_{cj} S_{Q_{jk}} \tag{3-24}$$

（3）准永久组合应符合下列规定：

① 准永久组合的效应设计值按下式确定：

$$S_d = S\left(\sum_{i \geq 1} G_{ik} + P + \sum_{j > 1} \psi_{qj} Q_{jk} \right) \tag{3-25}$$

② 当作用与作用效应按线性关系考虑时，准永久组合的效应设计值按下式计算：

$$S_d = \sum_{i \geqslant 1} S_{G_{ik}} + S_P + \sum_{j>1} \psi_{cj} S_{Q_{jk}} \qquad (3\text{-}26)$$

对正常使用极限状态，材料性能的分项系数 γ_M，除各种材料的结构设计标准有专门规定外，应取为 1.0。

3.3　框架结构内力的近似计算方法

优秀的建筑设计应做到艺术、技术和经济性三位一体，它是建筑师对这三方面知识充分掌握和创造性应用的产物。建筑师在完成建筑功能、建筑艺术性设计的同时，也应当兼顾建筑的安全性、适用性、耐久性和经济性，以便建筑设计时其他工种的同事能同自己良好地衔接。

从建筑层面上理解，建筑结构是形成一定空间及造型，并具有承受人为和自然界施加于建筑物的各种荷载作用，使建筑物得以安全使用的骨架，用来满足人类的生产、生活需求以及对建筑物的美观要求；从结构层面上理解，建筑结构是在建筑中，由若干构件（如梁、板、柱等）连接而构成的能承受各种外界作用（如荷载、温度变化、地基不均匀沉降等）的体系。

建筑结构设计的过程就是通过对建筑物进行深层分析和概念设计、结构选型与结构布置、结构荷载统计与计算、结构内力计算与组合、结构构件设计和验算等，设计出满足建筑结构的安全性、适用性、经济性和耐久性要求的建筑结构的过程。其中，结构的内力计算是结构构件设计的基础和依据，是结构设计必不可少的一部分。

框架结构房屋是空间结构体系，一般应按三维空间结构进行分析。但对于平面布置较规则的框架结构房屋，为了简化计算，通常将实际的空间结构简化为若干个横向或纵向平面框架进行分析，每榀平面框架为一计算单元。

为简化计算，可作以下假定：

（1）每榀框架结构仅在其自身平面内提供抗侧移刚度，平面外的抗侧移刚度忽略不计。

（2）平面楼盖在其自身平面内刚度无限大。

（3）框架结构在使用荷载作用下材料均处于线弹性阶段。

框架在结构力学中称为刚架。刚架的内力和位移计算方法很多，比较常用的手算方法有力矩分配法、无剪力分配法、迭代法等，均为精确算法。在实用上有更为精确、更省人力的计算机程序分析方法——矩阵位移法。但是，有一些手算的近似计算方法，由于计算简单、易于掌握，又能反映刚架受力和变形的基本特点，目前在实际工程中应用还很多，特别是初步设计时需要估算，所以手算的近似方法仍为工程师们常用的方法。

本节主要讨论多层多跨框架的近似计算方法，竖向荷载作用时的分层计算法，水平荷载作用时的反弯点法、D 值法，以及水平荷载作用下的侧移近似计算。

3.3.1 多层多跨框架在竖向荷载作用下内力的近似计算

竖向荷载作用下，一般取平面结构单元，按平面计算简图进行内力分析。根据结构布置及楼面荷载分布等情况，选取几榀有代表性的框架进行计算。作用在每榀框架上的荷载为将梁板视为简支时的支座反力；若楼面荷载均匀分布，则可从相邻柱距中线截取计算单元，见图 3-3（a），框架承受的荷载为计算单元范围内的荷载；对现浇楼面结构，作用在框架上的荷载可能为集中荷载、均布荷载、三角形或梯形分布荷载以及力矩等，见图 3-3（b）。

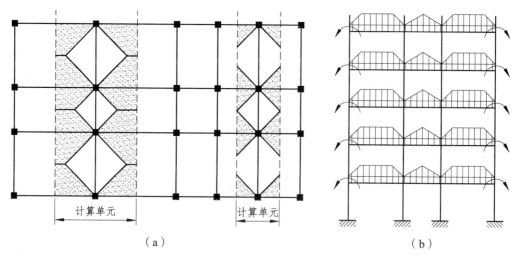

（a）　　　　　　　　　　　　（b）

图 3-3　竖向荷载作用下框架结构计算简图

在竖向荷载作用下，多、高层框架结构的内力可用力法、位移法等结构力学方法计算。工程设计中，如采用手算，可采用迭代法、分层法、弯矩二次分配法及系数法等近似方法计算，下面主要介绍分层计算法和弯矩二次分配法。

1. 分层计算法

（1）分层法的基本假定。

一般多层多跨框架结构在竖向荷载作用下的水平侧移较小，可以忽略不计。忽略水平位移后框架可以按照无侧移框架进行内力计算，使计算大为简化。同时，某层框架梁上承受竖向荷载后，采用力矩分配法计算内力，弯矩示意图如图 3-4 所示。

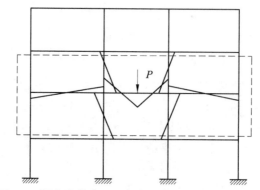

图 3-4　竖向荷载作用下框架梁柱的弯矩分配和传递

由图 3-4 可知，荷载将在本层框架梁以及与它相连的楼层柱产生较大的内力，而对其他楼层的梁、柱内力的影响必须通过框架节点处的楼层柱才能传递给相邻楼层。由于框架梁的抗弯线刚度比框架柱的大，根据力矩分配法，节点不平衡弯矩分配给上、下楼层柱本端的弯矩不大，再传递到柱的远端，其值就更小了。这个已经很小的柱端弯矩还要经过弯矩分配才能使邻层的框架梁、柱产生内力。

根据框架结构在竖向荷载作用下的特点，分层法有如下假定：

① 侧移忽略不计，可作为无侧移框架按力矩分配法进行内力分析。

② 每层梁上的荷载仅对本层梁及其上、下柱的内力产生影响，对其他各层梁、柱内力的影响可忽略不计。

（2）计算简图。

按照叠加原理，多层多跨框架在多层竖向荷载同时作用下的内力，可以看成是各层竖向荷载单独作用下的内力的叠加。根据以上假定，对于图 3-4 所示的框架只有第三层梁上有荷载 P，因此只需取出虚框部分的结构（开口框架）进行分析，并加上适当的支座条件，从而使计算量大大减少。这样，框架结构在竖向荷载作用下，可按图 3-5 所示各个开口框架单元进行计算。

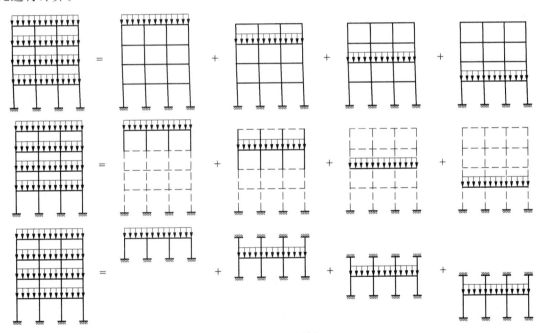

图 3-5　分层法计算简图

对于一般框架结构，可忽略柱子的轴向变形，因而支座处没有竖向位移。根据基本假定①，支座处也没有水平位移。然而，上、下层梁对柱端的转动约束并不是绝对固接，所以柱端支座形式实际上应视为带弹簧的铰支座，即介于铰接和固接之间。但弹簧的刚度取决于梁对柱的转动约束能力，是未知的，这将给分析带来困难。为简化计算，近似将支座取为固接，但这将对节点的弯矩分配和柱弯矩的传递有一定的影响。因此，在用力矩分配法计算各层开口框架内力时，首先应对柱的线刚度和传递系数进行修正：① 除底层以外其他各层柱的线刚度均乘0.9的折减系数,②除底层以外其他各层柱的弯矩传递系数取为1/3,然后可以用力矩分配法计算。

（3）分层法计算要点。

①将多层框架沿高度分成若干单层无侧移的敞口框架,每个敞口框架包括本层梁和与之相连的上、下层柱。梁上作用的荷载、各层柱高及梁跨度均与原结构相同。

②除底层柱的下端外,其他各柱的柱端应为弹性约束。为便于计算,均将其处理为固定端。这样将使柱的弯曲变形有所减小,为消除这种影响,可把除底层柱以外的其他各层柱的线刚度乘以修正系数0.9,如图3-6（a）所示。

③用无侧移框架的计算方法（如弯矩分配法）计算各敞口框架的杆端弯矩,由此所得的梁端弯矩即为其最后的弯矩值。因每一柱属于上、下两层,所以每一柱端的最终弯矩值需将上、下层计算所得的弯矩值相加。在上、下层柱端弯矩值相加后,将引起新的节点不平衡弯矩,如欲进一步修正,可对这些不平衡弯矩再作一次弯矩分配。

如用弯矩分配法计算各敞口框架的杆端弯矩,在计算每个节点周围各杆件的弯矩分配系数时,应采用修正后的柱线刚度计算,并且底层柱和各层梁的传递系数均取1/2,其他各层柱的传递系数改用1/3,如图3-6（b）所示。

④在杆端弯矩求出后,可用静力平衡条件计算梁端剪力及梁跨中弯矩。由逐层叠加柱上的竖向荷载（包括节点集中力、柱自重等）和与之相连的梁端剪力,即得柱的轴力。

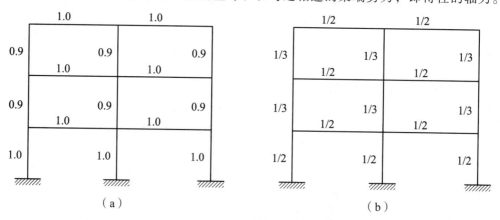

图 3-6　分层法的线刚度和弯矩传递系数

（4）计算方法。

①梁、柱弯矩。

在求得图3-6各开口框架的内力后,将相邻两个开口框架中相同柱的内力相叠加,就是原框架中的柱内力;开口框架计算所得的各层梁内力就是原框架梁内力。这种将整榀框架分解为一系列开口框架计算的方法称为分层法。

由分层法计算所得的框架节点处的弯矩之和常常不等于零。这是由于分层计算单元与实际结构不符所带来的误差。若欲提高精度,对于不平衡弯矩较大的节点,可对不平衡弯矩再做一次分配,但不传递。

② 梁剪力。

求得框架结构的梁柱弯矩后，将横梁逐个取脱离体，如图 3-7 所示。根据力矩平衡条件可求得梁两端剪力。

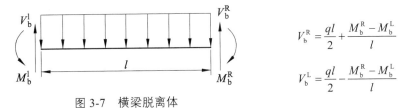

$$V_b^R = \frac{ql}{2} + \frac{M_b^R - M_b^L}{l}$$

$$V_b^L = \frac{ql}{2} - \frac{M_b^R - M_b^L}{l}$$

图 3-7　横梁脱离体

③ 柱轴力。

计算柱轴力时可假定梁与柱铰接，柱轴力等于简支梁的支座反力。对于板面荷载引起的柱轴力，只需将板上面荷载乘以该柱的负荷面积。

多层多跨框架在竖向荷载作用下，侧向位移比较小，计算时可忽略侧移的影响，用力矩分配法计算。

由精确分析可知，每层梁的竖向荷载对其他各层杆件内力的影响不大，因此，可将多层框架分解成一层一层的单层框架分别计算。

上述两点即为分层计算法采用的两个近似假定。这里通过分析某层的竖向荷载对其他各层的影响问题，对第二假定作一点说明，首先，荷载在本层结点产生不平衡力矩，经过分配和传递，才影响到本层的远端。然后，在柱的远端再经过分配，才影响到相邻的楼层。这里经历了"分配—传递—分配"三道运算，余下的影响已经较小，因而可以忽略。

在上述假定下，多层多跨框架在竖向荷载作用下便可分层计算。例如图 3-8（a）所示的一个四层框架，可分成图 3-8（b）所示的三个单层框架分别计算。

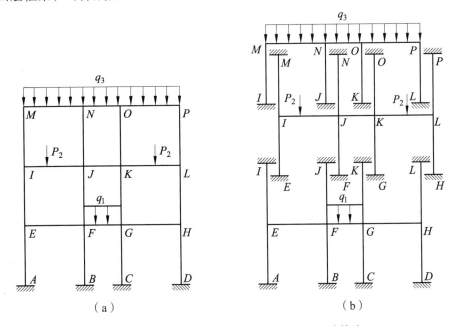

（a）　　　　　　　　　　　（b）

图 3-8　多层多跨框架在竖向荷载下的分层计算法

分层计算所得的梁的弯矩即为其最后的弯矩。每一柱（底层柱除外）属于上下两层，所以柱的弯矩为上下两层计算弯矩相加。

因为在分层计算时，假定上下柱的远端为固定端，而实际上是弹性支承。为了反映这个特点，使误差减小，除底层外，其他层各柱的线刚度乘以折减系数0.9，另外，传递系数也由1/2修正为1/3。

分层计算法最后所得的结果，在刚结点上诸弯矩可能会不平衡，但误差不会很大。如有需要，可对结点不平衡弯矩再进行一次分配。

下面举例说明分层计算法的要点。

【**例 3-1**】图3-9（a）为两跨两层刚架，试用分层计算法作 M 图。括号内的数字表示每根杆线刚度 $i = \dfrac{EI}{l}$ 的相对值。

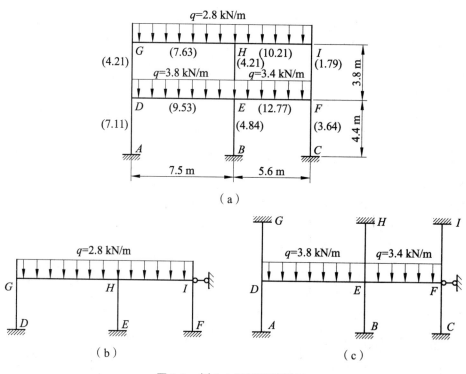

图 3-9　例 3-1 两层两跨框架

解：图3-9（a）所示两层框架，分为两层进行计算。上层计算见图3-9（b），下层计算见图3-9（c）。

用力矩分配法进行计算，具体过程见图3-10和图3-11。注意，上层各柱线刚度都要先乘以 0.9，然后再计算各结点的分配系数。各杆分配系数写在图中长方框内，图中带*号的数值是固端弯矩。各结点均分配两次，次序为先两边结点，后中间结点。上层各柱远端弯矩等于各柱近梁端弯矩的1/3（即传递系数为1/3）。底层各柱远端弯矩为柱近梁端弯矩的1/2（底端为固定，传递系数为1/2）。最下一行数字为分配后各杆端弯矩。

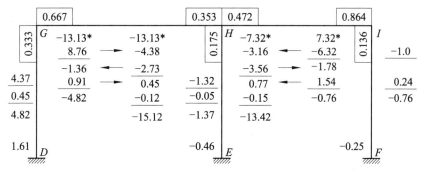

图 3-10　上层框架力矩分配过程

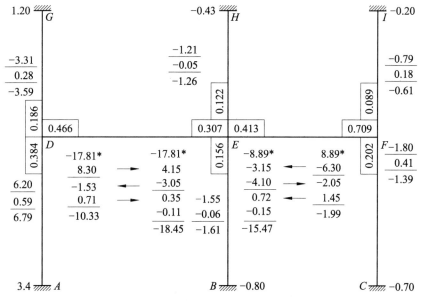

图 3-11　底层框架力矩分配过程

将图 3-10 和图 3-11 计算出的结果进行叠加，得到各杆的最后弯矩图，如图 3-12 所示。可以看出，结点杆端弯矩有不平衡的情形。

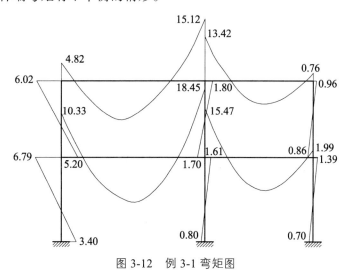

图 3-12　例 3-1 弯矩图

为了对分层计算所得结果的误差大小有所了解，给出精确解的数值如图3-13所示。图中不带括号的数值为不考虑结点线位移时的杆端弯矩，括号内的数值为考虑结点线位移时的杆端弯矩。本例表明分层计算法所得梁的弯矩误差较小，柱的弯矩误差较大。

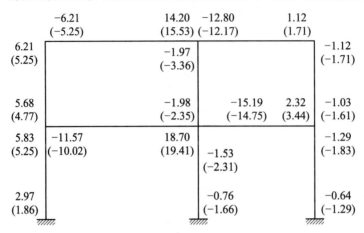

图 3-13 例 3-1 精确解（单位：kN·m）

2. 弯矩二次分配法

（1）计算假定。

假定某节点的不平衡弯矩只对与该节点相交的各杆件的远端有影响，而对其余杆件的影响忽略不计。先对各节点不平衡弯矩进行第一次分配，并向远端传递（传递系数均取 1/2），再将因传递弯矩而产生的新的不平衡弯矩进行第二次分配，整个弯矩分配和传递过程即告结束，这就是弯矩二次分配法。

（2）计算步骤。

① 根据各杆件的线刚度计算各节点的杆端弯矩分配系数，并计算竖向荷载作用下各跨梁的固端弯矩。

② 计算框架各节点的不平衡弯矩，并对所有节点的不平衡弯矩同时进行第一次分配（其间不进行弯矩传递）。

③ 将所有杆端的分配弯矩同时向其远端传递（对于刚结框架，传递系数均取 1/2）。

④ 将各节点因传递弯矩而产生的新的不平衡弯矩进行第二次分配，使各节点处于平衡状态。至此，整个弯矩分配和传递过程即告结束。

⑤ 将各杆端的固端弯矩、分配弯矩和传递弯矩叠加，即得各杆端弯矩。

【例 3-2】试用弯矩二次分配法计算如图 3-14 所示的框架，并绘出弯矩图。

解：（1）求解步骤。

① 计算各梁、柱线刚度、相对线刚度以及各节点处的弯矩分配系数。

② 计算竖向荷载作用下各跨梁的固定弯矩，并将各节点不平衡弯矩进行第一次分配。

③ 将所有杆端的分配弯矩向远端传递，传递系数均取 1/2。

④ 将各节点因传递弯矩而产生的新的不平衡弯矩进行第二次分配，使各节点处于平衡状态。

⑤ 将各杆端的固端弯矩、分配弯矩和传递弯矩相加，即得各杆端弯矩。

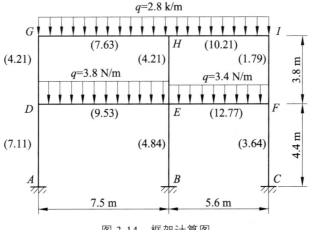

图 3-14　框架计算图

（2）求解过程。

① 计算各节点处的弯矩分配系数。直接利用已给出的各梁、柱的相对线刚度计算各节点处梁、柱的弯矩分配系数。节点处弯矩分配系数公式为 $\mu = i/\sum i$，具体计算如下：

对节点 G：

$$\mu_{右梁} = \frac{7.63}{7.63 + 4.21} = 0.644$$

$$\mu_{下柱} = \frac{0.9 \times 4.21}{7.63 + 4.21} = 0.356$$

对节点 H：

$$\mu_{右梁} = \frac{10.21}{7.63 + 4.21 + 10.21} = 0.463$$

$$\mu_{下柱} = \frac{4.21}{7.63 + 4.21 + 10.21} = 0.191$$

$$\mu_{左梁} = \frac{7.63}{7.63 + 4.21 + 10.21} = 0.346$$

对节点 I：

$$\mu_{下柱} = \frac{1.79}{1.79 + 10.21} = 0.149$$

$$\mu_{左梁} = \frac{10.21}{1.79 + 10.21} = 0.851$$

同理，可得其他各节点处的弯矩分配系数。

节点 D：$\mu_{右梁} = 0.457$，$\mu_{下柱} = 0.341$，$\mu_{上柱} = 0.202$。

节点 E：$\mu_{右梁} = 0.407$，$\mu_{左梁} = 0.304$，$\mu_{下柱} = 0.155$，$\mu_{上柱} = 0.134$。

节点 F：$\mu_{左梁} = 0.702$，$\mu_{下柱} = 0.2$，$\mu_{上柱} = 0.098$。

② 计算竖向荷载作用下各跨梁的固端弯矩，进行第一次分配。

③ 将分配弯矩向远端传递（传递系数均取 1/2）。

④ 在各节点进行第二次分配。

⑤ 将各杆端的固端弯矩、分配弯矩和传递弯矩相加，即得各杆端弯矩。具体计算过程如图 3-15 所示。画弯矩图如图 3-16 所示。

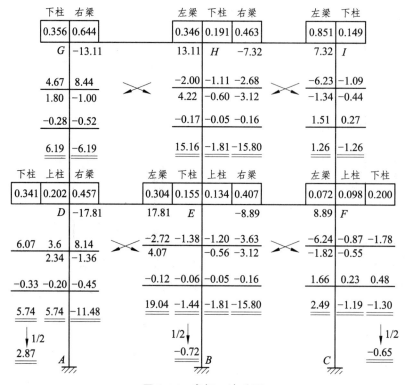

图 3-15 弯矩二次分配

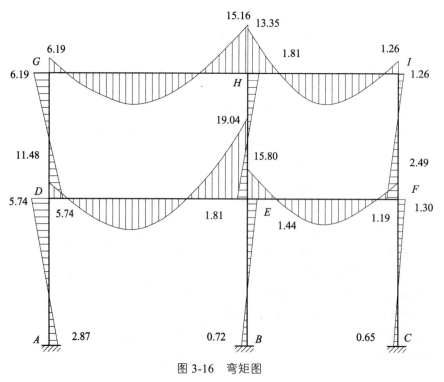

图 3-16 弯矩图

3.3.2 多层多跨框架在水平荷载作用下内力的近似计算

1. 反弯点法

框架所受的水平荷载主要是风力和地震力，它们都可以简化成作用在框架结点上的水平集中力，如图 3-17 所示。这时框架的侧移是主要的变形因素。对于层数不多的框架，柱子轴力较小，截面也较小。当梁的线刚度 i 比柱的线刚度 i 大得多时，采用反弯点法计算其内力，误差较小。

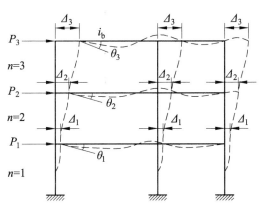

图 3-17　水平荷载作用下框架的变形

多层多跨框架在水平荷载作用下的弯矩图通常如图 3-18 所示。它的特点是，各杆的弯矩图均为直线，每杆均有一个零弯矩点，称反弯点，该点有剪力，如图中所示的 V_1、V_2、V_3。如果能确定 V_1、V_2、V_3 及其反弯点高度，那么各柱端弯矩就可算出，进而可算出梁端弯矩。

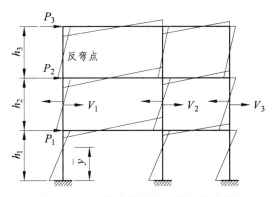

图 3-18　水平荷载作用下框架的弯矩

反弯点法的主要工作有两项：

（1）将每层以上的水平荷载按某一比例分配给该层的各柱，求出各柱的剪力；

（2）确定反弯点高度。

为了解决这两个问题，先让我们观察整个框架在水平荷载作用下的变形情况，如图 3-17 中虚线所示，它具有如下几个特点：

（1）如不考虑轴向变形的影响，则上部同一层的各结点水平位移相等；

（2）上部各结点有转角，固定柱脚处线位移和角位移为零。

当梁的线刚度比柱的线刚度大得多时（如 $i_b/i_c>3$），上述的结点转角很小，可近似认为结点转角均为零。

两端无转角但有水平位移时，柱的剪力与水平位移的关系（见图3-19）为：

$$V=\frac{12i_c}{h^2}\delta \tag{3-27}$$

因此，柱的侧移刚度为：

$$d=\frac{V}{\delta}=\frac{12i_c}{h^2} \tag{3-28}$$

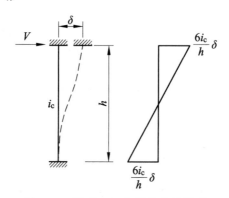

图 3-19　柱剪力与水平位移的关系

式中：V——柱剪力；

δ——柱层间位移；

h——层高；

i_c——柱线刚度，$i_c=\dfrac{EI}{h}$，EI 为柱抗弯刚度。

侧移刚度 d 的物理意义是柱上下两端相对有单位侧移时柱中产生的剪力。

设同层各柱剪力为 V_1, V_2, $\cdots$, V_j，根据层剪力平衡，有：

$$V_1+V_2+\cdots+V_j+V\cdots=\sum P \tag{3-29}$$

由于同层各柱柱端水平位移相等，均为 δ，按侧移刚度 d 的定义，有：

$$V_1=d_1\delta$$
$$V_2=d_2\delta$$
$$V_j=d_j\delta$$

把上式代入式（3-28），有：

$$\delta=\frac{\sum p}{d_1+d_2+\cdots+d_i+\cdots}=\frac{\sum p}{\sum d}$$

于是有计算各柱剪力的公式：

$$V_i = \frac{d_i}{\sum d} \sum p = \mu_i V_p \qquad\qquad (3\text{-}30)$$

式中：μ_i——剪力分配系数，$\mu_i = \dfrac{d_i}{\sum d}$；

d_i——第 j 层第 i 柱的侧移刚度；

$\sum d$——第 j 层各柱侧移刚度的总和；

V_p——第 j 层的层剪力，$V_p = \sum p$，即第 j 层以上所有水平荷载总和；

V_i——第 j 层第 i 柱的剪力。

下面再来确定柱的反弯点高度 $\bar{y}$。

反弯点高度为反弯点至柱下端的距离。当梁的线刚度为无限大时，柱两端完全无转角，柱两端弯矩相等，反弯点在柱中点。对于上层各柱，当梁柱线刚度之比超过 3 时，柱端的转角很小，反弯点接近中点，可假定它就在中点。对于底层柱，由于底端固定而上端有转角，反弯点向上移，通常假定反弯点在距底端 $2h/3$ 处。

归纳起来，反弯点法的计算步骤如下：

（1）多层多跨框架在水平荷载作用下，当梁柱线刚度之比值大于 3（$i_b / i_c > 3$）时，可采用反弯点法计算杆件内力。

（2）按式（3-28）计算各柱侧移刚度。按式（3-30）把该层总剪力分配到每个柱。

（3）根据各柱分配到的剪力及反弯点位置，计算柱端弯矩。

上层柱：上下端弯矩相等，即 $M_{i\text{上}} = M_{i\text{下}} = V_i \times h / 2$。

底层柱：上端弯矩 $M_{i\text{上}} = V_i \times h / 3$，下端弯矩 $M_{i\text{下}} = V_i \times 2h / 3$。

（4）根据结点平衡计算梁端弯矩，如图 3-20 所示。

对于边柱[图 3-20（a）]：

$$M_i = M_{i\text{上}} + M_{i\text{下}}$$

对于中柱[图 3-20（b）]，设梁的端弯矩与梁的线刚度成正比，则有：

$$M_{i\text{左}} = (M_{i\text{上}} + M_{i\text{下}}) \frac{i_{b\text{左}}}{i_{b\text{左}} + i_{b\text{右}}}$$

$$M_{i\text{右}} = (M_{i\text{上}} + M_{i\text{下}}) \frac{i_{b\text{右}}}{i_{b\text{左}} + i_{b\text{右}}}$$

式中：$i_{b\text{左}}$——左边梁的线刚度；

$i_{b\text{右}}$——右边梁的线刚度。

再进一步，由梁两端的弯矩，根据梁的平衡条件，可求出梁的剪力；由梁的剪力，根据结点的平衡条件，可求出柱的轴力。

综上所述，反弯点法的要点，一是确定反弯点高度，二是确定剪力分配系数 μ_i。在确定它们时都假设结点转角为零，即认为梁的线刚度为无穷大。这些假设对于层数不多的框架，误差不会很大。但对于高层框架，由于柱截面加大，梁柱相对线刚度比值相应减小，反弯点法的误差较大。在 D 值法中将详细讨论这个问题。

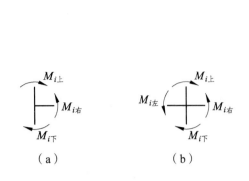

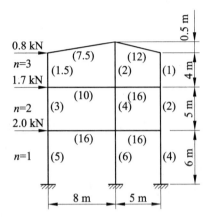

图 3-20　结点力矩平衡图　　　　　　　图 3-21　例 3-3 框架图

【例 3-3】 作如图 3-21 所示框架的弯矩图。图中括号内数字为每杆的相对线刚度。

解：在用侧移刚度确定剪力分配系数时，因 $d = \dfrac{12i_c}{h^2}$，当同层各柱 h 相等时，d 可直接用 i_c 表示。这里只有第 3 层第 2 根柱的高度与同层其他柱的高度不同，为了使用 i_c，该柱线刚度作如下变换，即采用折算线刚度计算剪力分配系数，折算线刚度为：

$$i_c' = \frac{4^2}{4.5^2} i_c = \frac{16}{20.3} \times 2 \approx 1.6$$

计算过程见图 3-22，力的单位为 kN，长度的单位为 m。

最后弯矩图见图 3-23，括号内的数字为精确解。本例表明用反弯点法所得的弯矩与精确解相近，个别地方误差大一些。

在框架中，由于实际需要，有时一层或数层横梁不全部贯通，如图 3-24 所示。此时，在水平荷载作用下的内力计算仍可采用反弯点法，但对横梁没有贯通的层，柱的侧移刚度要做相应处理。下面讨论这一问题。现在先来看看如果已知各柱侧移刚度 d（见图 3-25），如何求框架顶部侧移 Δ。设已知各柱侧移刚度为 d_1'、d_1''、d_2'、d_2''，P 在每层分配为 P_1'、P_1''、P_2'、P_2''，这样有：

$$P_1' = \frac{d_1'}{d_1' + d_1''} P, \Delta_1 = \frac{P_1'}{d_1'}$$

则

$$\Delta_1 = \frac{P}{d_1' + d_1''}$$

同理有

$$\Delta_2 = \frac{P}{d_2' + d_2''}$$

因此

$$\Delta = \Delta_1 + \Delta_2 = P \left(\frac{1}{d_1' + d_1''} + \frac{1}{d_2' + d_2''} \right)$$

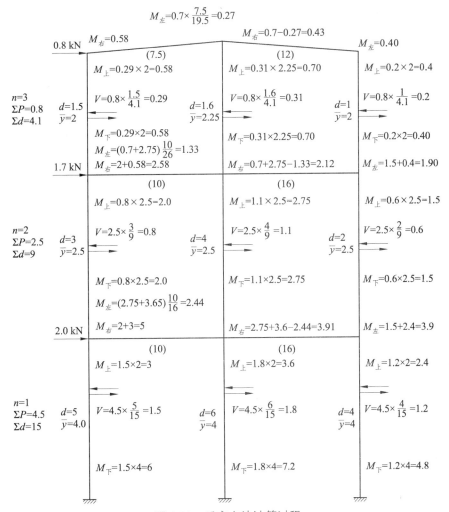

图 3-22 反弯点法计算过程

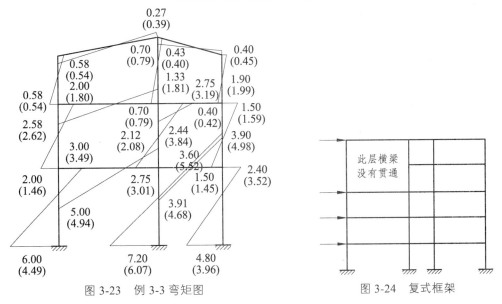

图 3-23 例 3-3 弯矩图

图 3-24 复式框架

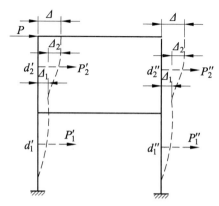

图 3-25　框架顶部侧移计算简图

根据上式，如已知 P 和各柱的侧移刚度，即可计算框架的顶部侧移 Δ。反过来，可改写上式为：

$$d=\frac{P}{\Delta}=\frac{1}{\left(\dfrac{1}{d_1'+d_1''}+\dfrac{1}{d_2'+d_2''}\right)}$$

这里，d 为框架侧移刚度，它反映了框架顶部承受水平荷载和顶部侧移之间的关系。为了便于记忆和应用，下面引进并联柱和串联柱的概念。

数柱并联：同层若干平行的柱（见图 3-26），其总侧移刚度为各柱侧移刚度之和，即：

$$d_{总}=\frac{P}{\Delta}=d_1+d_2+d_3$$

这种情况称为"并联柱"。

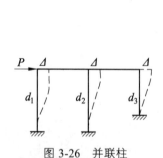

图 3-26　并联柱

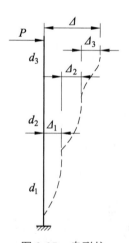

图 3-27　串联柱

数柱串联：承受相等剪力的数柱串联（见图 3-27），有：

$$\Delta=\Delta_1+\Delta_2+\Delta_3=\frac{P}{d_1}+\frac{P}{d_2}+\frac{P}{d_3}=P\sum\frac{1}{d_m}$$

因此串联各柱之总侧移刚度为：

$$d_{总} = \frac{P}{\Delta} = \frac{1}{\sum \frac{1}{d_m}}$$

这种情况称为"串联柱"。

可以看出，图 3-25 框架的侧移刚度就是同层各柱先并联后串联而成。下面通过例题说明如何利用并联柱和串联柱的概念。

【例 3-4】用反弯点法作如图 3-28（a）所示框架的 M 图。

解：这里顶部荷载 P 可看成由 AF 柱和 $BGHC$ 框架共同承担。利用并联柱和串联柱的概念，先把框架 $BGHC$ 转换成 $B'G'$ 柱[见图 3-28（b）]，只要 $B'G'$ 柱的侧移刚度与 $BGHC$ 框架的侧移刚度相等，就可以正确分配顶部荷载 P。$BGHC$ 框架顶部荷载（分配到的）一经确定，其余计算就可按前面讨论的规则框架进行。

BD 柱和 CE 柱为并联柱，并联后总侧移刚度为：

$$d_2 = d_2' + d_2'' = 2\left(\frac{12i_2}{h_1^2}\right) = 2 \times \frac{12 \times 2}{4^2} = 3$$

DG 柱和 EH 柱亦为并联柱，并联后总侧移刚度为：

$$d_3 = d_3' + d_3'' = 2\left(\frac{12i_3}{h_2^2}\right) = 2 \times \frac{12 \times 2}{3^2} = 5.333$$

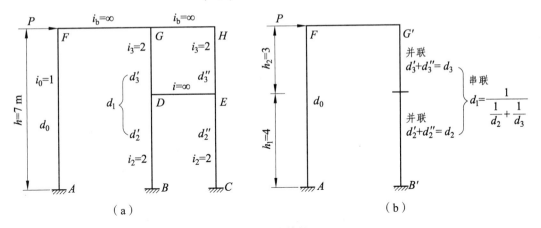

图 3-28　计算简图

$B'G'$ 为串联柱，串联后总侧移刚度为：

$$d_1 = \frac{1}{\frac{1}{d_2} + \frac{1}{d_3}} = \frac{1}{\frac{1}{3} + \frac{1}{5.333}} = 0.245$$

另外，AF 柱的侧移刚度为：

$$d_0 = \frac{12i_0}{h^2} = \frac{12 \times 1}{7^2} = 0.245$$

先按图 3-28（b）分配剪力：

$$V_{FA} = \frac{d_0}{d_0 + d_1} P = \frac{0.245}{0.245 + 1.920} P = 0.113P$$

$$V_{G'B'} = \frac{d_0}{d_0 + d_1} P = \frac{1.920}{0.245 + 1.920} P = 0.887P$$

这里，$V_{G'B'}$即为作用在框架 $BGHC$ 顶部的集中力。分配给框架各层各柱的剪力分别为：

$$V_{GD} = V_{HE} = \frac{1}{2} V_{G'B'} = 0.444P$$

$$V_{DB} = V_{EC} = \frac{1}{2} V_{G'B'} = 0.444P$$

至此，各柱剪力均已求得，由于横梁 $i = \infty$，各结点均无转角，所以各柱反弯点高度均在该柱中央。最后的 M 图示于图 3-29。

本例中横架 $i = \infty$，故所得结果为精确解。

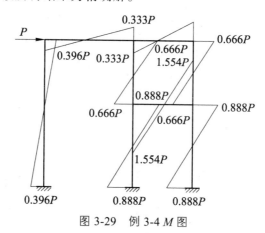

图 3-29　例 3-4 M 图

2. 改进反弯点法——D 值法

反弯点法在考虑柱侧移刚度 d 时，假设结点转角为零，即横梁的线刚度假设为无穷大。对于层数较多的框架，由于柱轴力大，柱截面也随着增大，梁柱相对线刚度比较接近，甚至有时柱的线刚度反而比梁大，这样，上述假设将产生较大误差。另外，反弯点法计算反弯点高度 y 时，假设柱上下结点转角相等这样误差也较大，特别在最上和最下数层。日本武藤清在分析多层框架的受力特点和变形特点的基础上，对框架在水平荷载作用下的计算提出了修正柱的侧移刚度和调整反弯点高度的方法。修正后的柱侧移刚度用 D 表示，故称为 D 值法。D 值法的计算步骤与反弯点法相同，因而计算简单、实用，精度比反弯点法高，在高层建筑结构设计中得到了广泛应用。

D 值法也要解决两个主要问题：确定侧移刚度和反弯点高度。下面分别进行讨论。

（1）柱侧移刚度 D 值的计算。

当梁柱线刚度比为有限值时，在水平荷载作用下，框架不仅有侧移，而且各结点还有转角，见图 3-30。

现在推导标准框架（即各层等高、各跨相等、各层梁和柱线刚度都不改变的多层框架）柱的侧移刚度。为此，在有侧移和转角的标准框架中取出一部分。柱 1、2 有杆端相对线位

移 δ_1，且两端有转角 θ_1 和 θ_2，由转角位移方程，杆端弯矩为：

$$M_{12} = 4i_c\theta_1 + 2i_c\theta_2 - \frac{6i_c}{h}\delta_2$$

$$M_{21} = 2i_c\theta_1 + 4i_c\theta_2 - \frac{6i_c}{h}\delta_2$$

可求得杆的剪力为：

$$V = \frac{12i_c}{h^2}\delta - \frac{6i_c}{h}\delta_2(\theta_1 + \theta_2) \tag{3-31}$$

令
$$D = \frac{V}{\delta} \tag{3-32}$$

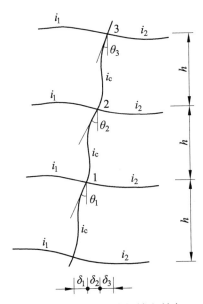

图 3-30　框架侧移与结点转角

D 值也称为柱的侧移刚度，定义与 d 值相同，但 D 值与位移 δ 和转角 θ 均有关。

因为是标准框架，假定各层梁柱结点转角相等，即得 $\theta_1 = \theta_2 = \theta_3 = \theta$，各层层间位移相等，即 $\delta_1 = \delta_2 = \delta_3 = \delta$。取中间结点 2 为隔离体，利用转角位移方程，由平衡条件 $\sum M=0$，可得：

$$(4+4+2+2)i_c\theta + (4+2)i_1\theta + (4+2)i_2\theta - (6+6)i_2\frac{\delta}{h} = 0$$

经整理可得：

$$\theta = \frac{2}{2+(i_1+i_2)/i_c} \cdot \frac{\delta}{h} = \frac{2}{2+K} \cdot \frac{\delta}{h}$$

上式反映了转角与层间位移 δ 的关系，将此关系代入式（3-31）和（3-32），得到：

$$D = \frac{V}{\delta} = \frac{12i_c}{h^2} - \frac{6i_c}{h} \times 2 \times \frac{2}{2+K} = \frac{12i_c}{h^2} \times \frac{K}{2+K}$$

令
$$\alpha = \frac{K}{2+K}$$

则
$$D = \alpha \times \frac{12i_c}{h^2}$$

在上面的推导中，$K=(i_1+i_2)/i_c$，为标准框架梁柱的刚度比，α 值表示梁柱刚度比对柱侧移刚度的影响。当 K 值无限大时，$\alpha=1$，所得 D 值与 d 值相等；当 K 值较小时，$\alpha<1$，D 值小于 d 值。因此，α 称为柱侧移刚度修正系数。

在更为普遍（即非标准框架）的情况中，中间柱上下左右四根梁的线刚度都不相等，这时取线刚度平均值计算 K 值，即：

$$K = \frac{i_1 + i_2 + i_3 + i_4}{2i_c}$$

对于边柱，令 $i_1 + i_3 = 0$（或 $i_2 + i_4 = 0$），可得：

$$K = \frac{i_2 + i_4}{2i_c}$$

对于框架的底层柱，由于底端为固结支座，无转角，亦可采取类似方法推导，过程从略，所得底层柱的 K 值及 α 值不同于上层柱。

现将框架中常用各种情况的 K 及 α 计算公式列于表 3-16 中，以便应用。

表 3-16　柱侧移刚度修正系数 α

楼层	简图	K	α
一般层柱	① i_2 i_c h i_4 ② i_1 i_2 i_c i_3 i_4	$K = \dfrac{i_1 + i_2 + i_3 + i_4}{2i_c}$	$\alpha = \dfrac{K}{2+K}$
底层柱	① i_2 i_c h ② i_1 i_2 i_c	$K = \dfrac{i_1 + i_2}{i_c}$	$\alpha = \dfrac{0.5+K}{2+K}$

注：边柱情况下，表中 i_1、i_3 取 0 值。

有了 D 值以后，与反弯点法类似，假定同一楼层各柱的侧移相等，可得各柱的剪力：

$$V_{ij} = \frac{D_{ij}}{\sum D_{ij}} V_{pj}$$

式中：V_{ij}——第 j 层第 i 柱的剪力；

　　　D_{ij}——第 j 层第 i 柱的侧移刚度 D 值；

　　　$\sum D_{ij}$——第 j 层所有柱 D 值总和；

　　　V_{pj}——第 j 层由外荷载引起的总剪力。

（2）确定柱反弯点高度。

影响柱反弯点高度的主要因素是柱上下端的约束条件。由图 3-31 可见，当两端固定或两端转角完全相等时，$\theta_{j-1}=\theta_j$，因而$M_{j-1}=M_j$，反弯点在中点[见图 3-31（a）、（b）]。两端约束刚度不相同时，两端转角也不相等，$\theta_{j-1}\neq\theta_j$，反弯点移向转角较大的一端，也就是移向约束刚度较小的一端，当一端为铰结时（支承转动刚度为零），弯矩为零，即反弯点与该端铰重合[见图 3-31（c）]。

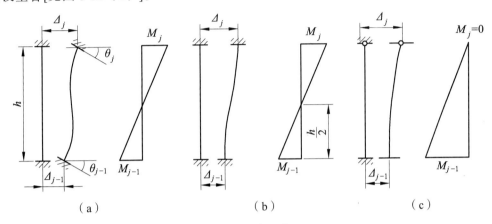

图 3-31　反弯点位置

影响柱两端约束刚度的主要因素：

① 结构总层数及该层所在位置；

② 梁柱线刚度比；

③ 荷载形式；

④ 上层与下层梁刚度比；

⑤ 上、下层层高变化。

在 D 值法中，通过力学分析求得标准情况下的标准反弯点高度比 y_0（即反弯点到柱下端距离与柱全高的比值），再根据上、下梁线刚度比值及上、下层层高变化，对 y_0 进行调整，柱的反弯点高度按式（3-33）修正。

$$yh=(y_0+y_1+y_2+y_3)h \tag{3-33}$$

式中：y_0 ——标准反弯点高度，在框架横梁的线刚度、框架柱的线刚度和各层层高相等的情况下求得的反弯点高度，其值与结构总层数 n、该柱所在的层次 j、框架梁柱线刚度比 K 及侧向荷载的形式等因素有关。风荷载作用下的反弯点高度按均布水平力考虑（见表 3-17），地震作用下的反弯点高度按倒三角分布水平力考虑（见表 3-18），表中 K 值按表 3-16 计算。

y_1 ——上、下层梁刚度比变化引起的修正值（见表 3-19）。当$(i_1+i_2)<(i_3+i_4)$时，反弯点上移，由 $I=(i_1+i_2)/(i_3+i_4)$ 查表即得 y_1 值；当$(i_1+i_2)>(i_3+i_4)$时，反弯点下移，查表时应取 $I=(i_3+i_4)/(i_1+i_2)$，查得的 y_1 应冠以负号，对于底层柱，不考虑反弯点修正，即取 $y_1=0$。

y_2 ——上层层高变化引起的修正值（见表 3-20），对于顶层柱 $y_2=0$。

y_3 ——下层层高变化引起的修正值（见表 3-20），对于底层柱 $y_3=0$。

上下梁刚度变化时的反弯点高度比修正如图 3-32 所示，上下层层高变化时的反弯点高度比修正如图 3-33 所示。

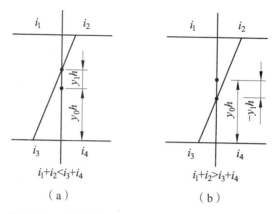

图 3-32　上下梁刚度变化时的反弯点高度比修正

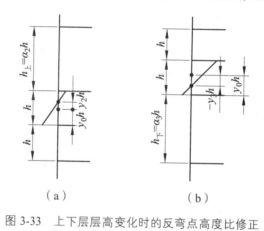

图 3-33　上下层层高变化时的反弯点高度比修正

表 3-17　均布水平荷载下各层柱标准反弯点高度比 y_0

n	j	K													
		0.1	0.2	0.3	0.4	0.5	0.6	0.7	0.8	0.9	1.0	2.0	3.0	4.0	5.0
1	1	0.80	0.75	0.70	0.65	0.65	0.60	0.60	0.60	0.60	0.55	0.55	0.55	0.55	0.55
2	2	0.45	0.40	0.35	0.35	0.35	0.35	0.40	0.40	0.40	0.40	0.45	0.45	0.45	0.45
	1	0.95	0.80	0.75	0.70	0.65	0.65	0.65	0.60	0.60	0.60	0.55	0.55	0.55	0.50
3	3	0.15	0.20	0.20	0.25	0.30	0.30	0.30	0.35	0.35	0.35	0.40	0.45	0.45	0.45
	2	0.55	0.50	0.45	0.45	0.45	0.45	0.45	0.45	0.45	0.45	0.45	0.50	0.50	0.50
	1	1.00	0.85	0.80	0.75	0.70	0.70	0.65	0.65	0.65	0.60	0.55	0.55	0.55	0.55
4	4	-0.05	0.05	0.15	0.20	0.25	0.30	0.30	0.35	0.35	0.35	0.40	0.45	0.45	0.45
	3	0.25	0.30	0.30	0.35	0.35	0.40	0.40	0.40	0.40	0.45	0.45	0.50	0.50	0.50
	2	0.65	0.55	0.50	0.50	0.45	0.45	0.45	0.45	0.45	0.45	0.50	0.50	0.50	0.50
	1	1.10	0.90	0.80	0.75	0.70	0.70	0.65	0.65	0.65	0.60	0.55	0.55	0.55	0.55

続表

n	j	K													
		0.1	0.2	0.3	0.4	0.5	0.6	0.7	0.8	0.9	1.0	2.0	3.0	4.0	5.0
5	5	-0.20	0.00	0.15	0.20	0.25	0.30	0.30	0.30	0.35	0.35	0.40	0.45	0.45	0.45
	4	0.10	0.20	0.25	0.30	0.35	0.35	0.40	0.40	0.40	0.40	0.45	0.45	0.50	0.50
	3	0.40	0.40	0.40	0.40	0.40	0.45	0.45	0.45	0.45	0.45	0.50	0.50	0.50	0.50
	2	0.65	0.55	0.50	0.50	0.50	0.50	0.50	0.50	0.50	0.50	0.50	0.50	0.50	0.50
	1	1.20	0.95	0.80	0.75	0.75	0.70	0.70	0.65	0.65	0.65	0.55	0.55	0.55	0.55
6	6	-0.30	0.00	0.10	0.20	0.25	0.25	0.30	0.30	0.35	0.35	0.40	0.45	0.45	0.45
	5	0.00	0.20	0.25	0.30	0.35	0.35	0.40	0.40	0.40	0.40	0.45	0.45	0.50	0.50
	4	0.20	0.30	0.35	0.35	0.40	0.40	0.40	0.45	0.45	0.45	0.45	0.50	0.50	0.50
	3	0.40	0.40	0.40	0.45	0.45	0.45	0.45	0.45	0.45	0.45	0.50	0.50	0.50	0.50
	2	0.70	0.60	0.55	0.50	0.50	0.50	0.50	0.50	0.50	0.50	0.50	0.50	0.50	0.50
	1	1.20	0.95	0.85	0.80	0.75	0.70	0.70	0.65	0.65	0.65	0.55	0.55	0.55	0.55
7	7	-0.35	-0.05	0.10	0.20	0.20	0.25	0.30	0.30	0.35	0.35	0.40	0.45	0.45	0.45
	6	-0.10	0.15	0.25	0.30	0.35	0.35	0.35	0.40	0.40	0.40	0.45	0.45	0.50	0.50
	5	0.10	0.25	0.30	0.35	0.40	0.40	0.40	0.45	0.45	0.45	0.50	0.50	0.50	0.50
	4	0.30	0.35	0.40	0.40	0.40	0.45	0.45	0.45	0.45	0.45	0.50	0.50	0.50	0.50
	3	0.50	0.45	0.45	0.45	0.45	0.45	0.45	0.45	0.45	0.45	0.50	0.50	0.50	0.50
	2	0.75	0.60	0.55	0.50	0.50	0.50	0.50	0.50	0.50	0.50	0.50	0.50	0.50	0.50
	1	1.20	0.95	0.85	0.80	0.75	0.70	0.70	0.65	0.65	0.65	0.55	0.55	0.55	0.55
8	8	-0.35	-0.15	0.10	0.10	0.25	0.25	0.30	0.30	0.35	0.35	0.40	0.45	0.45	0.45
	7	-0.10	0.15	0.25	0.30	0.35	0.35	0.40	0.40	0.40	0.40	0.45	0.50	0.50	0.50
	6	0.05	0.25	0.30	0.35	0.40	0.40	0.40	0.45	0.45	0.45	0.45	0.50	0.50	0.50
	5	0.20	0.30	0.35	0.40	0.40	0.45	0.45	0.45	0.45	0.45	0.50	0.50	0.50	0.50
	4	0.35	0.40	0.40	0.45	0.45	0.45	0.45	0.45	0.45	0.45	0.50	0.50	0.50	0.50
	3	0.50	0.45	0.45	0.45	0.45	0.45	0.45	0.45	0.50	0.50	0.50	0.50	0.50	0.50
	2	0.75	0.60	0.55	0.55	0.50	0.50	0.50	0.50	0.50	0.50	0.50	0.50	0.50	0.50
	1	1.20	1.00	0.85	0.80	0.75	0.70	0.70	0.65	0.65	0.65	0.55	0.55	0.55	0.55
9	9	-0.40	-0.05	0.10	0.20	0.25	0.25	0.30	0.30	0.35	0.35	0.45	0.45	0.45	0.45
	8	-0.15	0.15	0.25	0.30	0.35	0.35	0.35	0.40	0.40	0.40	0.45	0.45	0.50	0.50
	7	0.05	0.25	0.30	0.35	0.40	0.40	0.40	0.45	0.45	0.45	0.45	0.50	0.50	0.50
	6	0.15	0.30	0.35	0.40	0.40	0.45	0.45	0.45	0.45	0.45	0.50	0.50	0.50	0.50
	5	0.25	0.35	0.40	0.40	0.45	0.45	0.45	0.45	0.45	0.45	0.50	0.50	0.50	0.50
	4	0.40	0.40	0.40	0.45	0.45	0.45	0.45	0.45	0.45	0.45	0.50	0.50	0.50	0.50
	3	0.55	0.45	0.45	0.45	0.45	0.45	0.45	0.45	0.50	0.50	0.50	0.50	0.50	0.50
	2	0.80	0.65	0.55	0.55	0.50	0.50	0.50	0.50	0.50	0.50	0.50	0.50	0.50	0.50
	1	1.20	1.00	0.85	0.80	0.75	0.70	0.70	0.65	0.65	0.65	0.55	0.55	0.55	0.55

n	j	K													
		0.1	0.2	0.3	0.4	0.5	0.6	0.7	0.8	0.9	1.0	2.0	3.0	4.0	5.0
10	10	−0.40	−0.05	0.10	0.20	0.25	0.30	0.30	0.30	0.30	0.35	0.40	0.45	0.45	0.45
	9	−0.15	0.15	0.25	0.30	0.35	0.35	0.40	0.40	0.40	0.40	0.45	0.45	0.50	0.50
	8	0.00	0.25	0.30	0.35	0.40	0.40	0.40	0.45	0.45	0.45	0.45	0.50	0.50	0.50
	7	0.10	0.30	0.35	0.40	0.40	0.40	0.45	0.45	0.45	0.45	0.50	0.50	0.50	0.50
	6	0.20	0.35	0.40	0.40	0.45	0.45	0.45	0.45	0.45	0.45	0.50	0.50	0.50	0.50
	5	0.30	0.40	0.40	0.45	0.45	0.45	0.45	0.45	0.45	0.50	0.50	0.50	0.50	0.50
	4	0.40	0.40	0.45	0.45	0.45	0.45	0.45	0.45	0.45	0.50	0.50	0.50	0.50	0.50
	3	0.55	0.50	0.45	0.45	0.45	0.50	0.50	0.50	0.50	0.50	0.50	0.50	0.50	0.50
	2	0.80	0.65	0.55	0.55	0.55	0.50	0.50	0.50	0.50	0.50	0.50	0.50	0.50	0.50
	1	1.30	1.00	0.85	0.80	0.75	0.70	0.70	0.65	0.65	0.65	0.60	0.55	0.55	0.55
11	11	−0.40	0.05	0.10	0.20	0.25	0.30	0.30	0.30	0.35	0.35	0.40	0.45	0.45	0.45
	10	−0.15	0.15	0.25	0.30	0.35	0.35	0.40	0.40	0.40	0.40	0.45	0.45	0.50	0.50
	9	0.00	0.25	0.30	0.35	0.40	0.40	0.40	0.45	0.45	0.45	0.45	0.50	0.50	0.50
	8	0.10	0.30	0.35	0.40	0.40	0.45	0.45	0.45	0.45	0.45	0.50	0.50	0.50	0.50
	7	0.20	0.35	0.40	0.45	0.45	0.45	0.45	0.45	0.45	0.45	0.50	0.50	0.50	0.50
	6	0.25	0.35	0.40	0.45	0.45	0.45	0.45	0.45	0.45	0.45	0.50	0.50	0.50	0.50
	5	0.35	0.40	0.40	0.45	0.45	0.45	0.45	0.45	0.45	0.50	0.50	0.50	0.50	0.50
	4	0.40	0.45	0.45	0.45	0.45	0.45	0.45	0.50	0.50	0.50	0.50	0.50	0.50	0.50
	3	0.55	0.50	0.50	0.50	0.50	0.50	0.50	0.50	0.50	0.50	0.50	0.50	0.50	0.50
	2	0.80	0.65	0.60	0.55	0.55	0.50	0.50	0.50	0.50	0.50	0.50	0.50	0.50	0.50
	1	1.30	1.00	0.85	0.80	0.75	0.70	0.70	0.65	0.65	0.65	0.60	0.55	0.55	0.55
12 以上	自上 1	−0.40	−0.05	0.10	0.20	0.25	0.30	0.30	0.30	0.35	0.35	0.40	0.45	0.45	0.45
	2	−0.15	0.15	0.25	0.30	0.35	0.35	0.40	0.40	0.40	0.40	0.45	0.45	0.50	0.50
	3	0.00	0.25	0.30	0.35	0.40	0.40	0.40	0.45	0.45	0.45	0.50	0.50	0.50	0.50
	4	0.10	0.30	0.35	0.40	0.40	0.45	0.45	0.45	0.45	0.45	0.50	0.50	0.50	0.50
	5	0.20	0.35	0.40	0.40	0.45	0.45	0.45	0.45	0.45	0.45	0.50	0.50	0.50	0.50
	6	0.25	0.35	0.40	0.45	0.45	0.45	0.45	0.45	0.45	0.45	0.50	0.50	0.50	0.50
	7	0.30	0.40	0.40	0.45	0.45	0.45	0.45	0.45	0.50	0.50	0.50	0.50	0.50	0.50
	8	0.35	0.40	0.45	0.45	0.45	0.45	0.45	0.50	0.50	0.50	0.50	0.50	0.50	0.50
	中间	0.40	0.40	0.45	0.45	0.45	0.45	0.50	0.50	0.50	0.50	0.50	0.50	0.50	0.50
	4	0.45	0.45	0.45	0.45	0.50	0.50	0.50	0.50	0.50	0.50	0.50	0.50	0.50	0.50
	3	0.60	0.50	0.50	0.50	0.50	0.50	0.50	0.50	0.50	0.50	0.50	0.50	0.50	0.50
	2	0.80	0.65	0.60	0.55	0.55	0.50	0.50	0.50	0.50	0.50	0.50	0.50	0.50	0.50
	自下 1	1.30	1.00	0.85	0.80	0.75	0.70	0.70	0.65	0.65	0.55	0.55	0.55	0.55	0.55

表 3-18　倒三角荷载下各层柱标准反弯点高度比 y_0

n	j	K													
		0.1	0.2	0.3	0.4	0.5	0.6	0.7	0.8	0.9	1.0	2.0	3.0	4.0	5.0
1	1	0.80	0.75	0.70	0.65	0.65	0.60	0.60	0.60	0.60	0.55	0.55	0.55	0.55	0.55
2	2	0.50	0.45	0.40	0.40	0.40	0.40	0.40	0.40	0.40	0.45	0.45	0.45	0.45	0.50
	1	1.00	0.85	0.75	0.70	0.70	0.65	0.65	0.65	0.60	0.60	0.55	0.55	0.55	0.55
3	3	0.25	0.25	0.25	0.30	0.30	0.35	0.35	0.35	0.40	0.40	0.45	0.45	0.45	0.50
	2	0.60	0.50	0.50	0.50	0.50	0.45	0.45	0.45	0.45	0.45	0.50	0.50	0.55	0.50
	1	1.15	0.90	0.80	0.75	0.75	0.70	0.70	0.65	0.65	0.65	0.60	0.55	0.55	0.55
4	4	0.10	0.15	0.20	0.25	0.30	0.30	0.35	0.35	0.35	0.40	0.45	0.45	0.45	0.45
	3	0.35	0.35	0.35	0.40	0.40	0.40	0.40	0.45	0.45	0.45	0.45	0.50	0.50	0.50
	2	0.70	0.60	0.55	0.50	0.50	0.50	0.50	0.50	0.50	0.50	0.50	0.50	0.50	0.50
	1	1.20	0.95	0.85	0.80	0.75	0.70	0.70	0.70	0.65	0.65	0.55	0.55	0.55	0.55
5	5	−0.05	0.10	0.20	0.25	0.30	0.30	0.35	0.35	0.35	0.35	0.40	0.45	0.45	0.45
	4	0.20	0.25	0.35	0.35	0.40	0.40	0.40	0.40	0.40	0.45	0.45	0.50	0.50	0.50
	3	0.45	0.40	0.45	0.45	0.45	0.45	0.45	0.45	0.45	0.45	0.50	0.50	0.50	0.50
	2	0.75	0.60	0.55	0.55	0.50	0.50	0.50	0.50	0.50	0.50	0.50	0.50	0.50	0.50
	1	1.30	1.00	0.85	0.80	0.75	0.70	0.70	0.65	0.65	0.65	0.65	0.55	0.55	0.55
6	6	−0.15	0.05	0.15	0.20	0.25	0.30	0.30	0.35	0.35	0.35	0.40	0.45	0.45	0.45
	5	0.10	0.25	0.30	0.35	0.35	0.40	0.40	0.40	0.45	0.45	0.45	0.50	0.50	0.50
	4	0.30	0.35	0.40	0.40	0.45	0.45	0.45	0.45	0.45	0.45	0.50	0.50	0.50	0.50
	3	0.50	0.45	0.45	0.45	0.45	0.45	0.45	0.45	0.45	0.50	0.50	0.50	0.50	0.50
	2	0.80	0.65	0.55	0.55	0.55	0.55	0.50	0.50	0.50	0.50	0.50	0.50	0.50	0.50
	1	1.30	1.00	0.85	0.80	0.75	0.70	0.70	0.65	0.65	0.65	0.60	0.55	0.55	0.55
7	7	−0.20	0.05	0.15	0.20	0.25	0.30	0.30	0.35	0.35	0.35	0.45	0.45	0.45	0.45
	6	0.05	0.20	0.30	0.35	0.35	0.40	0.40	0.40	0.40	0.45	0.45	0.50	0.50	0.50
	5	0.20	0.30	0.35	0.40	0.40	0.45	0.45	0.45	0.45	0.45	0.50	0.50	0.50	0.50
	4	0.35	0.40	0.40	0.45	0.45	0.45	0.45	0.45	0.45	0.45	0.50	0.50	0.50	0.50
	3	0.55	0.50	0.50	0.50	0.50	0.50	0.50	0.50	0.50	0.50	0.50	0.50	0.50	0.50
	2	0.80	0.65	0.60	0.55	0.55	0.55	0.50	0.50	0.50	0.50	0.50	0.50	0.50	0.50
	1	1.30	1.00	0.90	0.80	0.75	0.70	0.70	0.70	0.65	0.65	0.60	0.55	0.55	0.55

n	j	K													
		0.1	0.2	0.3	0.4	0.5	0.6	0.7	0.8	0.9	1.0	2.0	3.0	4.0	5.0
8	8	−0.20	0.05	0.15	0.20	0.25	0.30	0.30	0.35	0.35	0.35	0.45	0.45	0.45	0.45
	7	0.00	0.20	0.30	0.35	0.35	0.40	0.40	0.40	0.40	0.45	0.45	0.50	0.50	0.50
	6	0.15	0.30	0.35	0.40	0.40	0.45	0.45	0.45	0.45	0.45	0.50	0.50	0.50	0.50
	5	0.30	0.45	0.40	0.45	0.45	0.45	0.45	0.45	0.45	0.45	0.50	0.50	0.50	0.50
	4	0.40	0.45	0.45	0.45	0.45	0.45	0.45	0.50	0.50	0.50	0.50	0.50	0.50	0.50
	3	0.60	0.50	0.50	0.50	0.50	0.50	0.50	0.50	0.50	0.50	0.50	0.50	0.50	0.50
	2	0.85	0.65	0.60	0.55	0.55	0.55	0.50	0.50	0.50	0.50	0.50	0.50	0.50	0.50
	1	1.30	1.00	0.90	0.80	0.75	0.70	0.70	0.70	0.65	0.65	0.60	0.55	0.55	0.55
9	9	−0.25	0.00	0.15	0.20	0.25	0.30	0.30	0.35	0.35	0.40	0.45	0.45	0.45	0.45
	8	−0.00	0.20	0.30	0.35	0.35	0.40	0.40	0.40	0.40	0.45	0.45	0.50	0.50	0.50
	7	0.15	0.30	0.35	0.40	0.40	0.45	0.45	0.45	0.45	0.45	0.50	0.50	0.50	0.50
	6	0.25	0.35	0.40	0.40	0.45	0.45	0.45	0.45	0.45	0.50	0.50	0.50	0.50	0.50
	5	0.35	0.40	0.45	0.45	0.45	0.45	0.45	0.45	0.50	0.50	0.50	0.50	0.50	0.50
	4	0.45	0.45	0.45	0.45	0.45	0.50	0.50	0.50	0.50	0.50	0.50	0.50	0.50	0.50
	3	0.65	0.50	0.50	0.50	0.50	0.50	0.50	0.50	0.50	0.50	0.50	0.50	0.50	0.50
	2	0.80	0.65	0.65	0.55	0.55	0.55	0.55	0.50	0.50	0.50	0.50	0.50	0.50	0.50
	1	1.35	1.00	1.00	0.80	0.75	0.75	0.70	0.70	0.65	0.65	0.60	0.55	0.55	0.55
10	10	−0.25	0.00	0.15	0.20	0.25	0.30	0.30	0.35	0.35	0.40	0.45	0.45	0.45	0.45
	9	−0.05	0.20	0.30	0.35	0.35	0.40	0.40	0.40	0.40	0.45	0.45	0.50	0.50	0.50
	8	0.10	0.30	0.35	0.40	0.40	0.40	0.45	0.45	0.45	0.45	0.50	0.50	0.50	0.50
	7	0.20	0.35	0.40	0.40	0.45	0.45	0.45	0.45	0.45	0.50	0.50	0.50	0.50	0.50
	6	0.30	0.40	0.40	0.45	0.45	0.45	0.45	0.45	0.45	0.50	0.50	0.50	0.50	0.50
	5	0.40	0.45	0.45	0.45	0.45	0.45	0.45	0.50	0.50	0.50	0.50	0.50	0.50	0.50
	4	0.50	0.45	0.45	0.45	0.50	0.50	0.50	0.50	0.50	0.50	0.50	0.50	0.50	0.50
	3	0.60	0.55	0.50	0.50	0.50	0.50	0.50	0.50	0.50	0.50	0.50	0.50	0.50	0.50
	2	0.85	0.65	0.60	0.55	0.55	0.55	0.55	0.50	0.50	0.50	0.50	0.50	0.50	0.50
	1	1.35	1.00	0.90	0.80	0.75	0.75	0.70	0.70	0.65	0.65	0.60	0.55	0.55	0.55

n	j	K													
		0.1	0.2	0.3	0.4	0.5	0.6	0.7	0.8	0.9	1.0	2.0	3.0	4.0	5.0
11	11	−0.25	0.00	0.15	0.20	0.25	0.30	0.30	0.30	0.35	0.35	0.45	0.45	0.45	0.45
	10	−0.05	0.20	0.25	0.30	0.35	0.40	0.40	0.40	0.40	0.45	0.45	0.50	0.50	0.50
	9	0.10	0.30	0.35	0.40	0.40	0.40	0.45	0.45	0.45	0.45	0.50	0.50	0.50	0.50
	8	0.20	0.35	0.40	0.40	0.45	0.45	0.45	0.45	0.45	0.45	0.50	0.50	0.50	0.50
	7	0.25	0.40	0.40	0.45	0.45	0.45	0.45	0.45	0.45	0.50	0.50	0.50	0.50	0.50
	6	0.35	0.40	0.45	0.45	0.45	0.45	0.45	0.50	0.50	0.50	0.50	0.50	0.50	0.50
	5	0.40	0.45	0.45	0.45	0.45	0.50	0.50	0.50	0.50	0.50	0.50	0.50	0.50	0.50
	4	0.50	0.50	0.50	0.50	0.50	0.50	0.50	0.50	0.50	0.50	0.50	0.50	0.50	0.50
	3	0.65	0.55	0.50	0.50	0.50	0.50	0.50	0.50	0.50	0.50	0.50	0.50	0.50	0.50
	2	0.85	0.65	0.60	0.55	0.55	0.55	0.55	0.50	0.50	0.50	0.50	0.50	0.50	0.50
	1	1.35	1.50	0.90	0.80	0.75	0.75	0.70	0.70	0.65	0.65	0.60	0.55	0.55	0.55
12 以 上	自上 1	−0.30	0.00	0.15	0.20	0.25	0.30	0.30	0.30	0.35	0.35	0.40	0.45	0.45	0.45
	2	−0.10	0.20	0.25	0.30	0.35	0.40	0.40	0.40	0.40	0.40	0.45	0.45	0.45	0.50
	3	0.05	0.25	0.35	0.40	0.40	0.40	0.45	0.45	0.45	0.45	0.45	0.50	0.50	0.50
	4	0.15	0.30	0.40	0.40	0.45	0.45	0.45	0.45	0.45	0.45	0.45	0.50	0.50	0.50
	5	0.25	0.30	0.40	0.45	0.45	0.45	0.45	0.45	0.45	0.45	0.50	0.50	0.50	0.50
	6	0.30	0.40	0.40	0.45	0.45	0.45	0.45	0.50	0.50	0.50	0.50	0.50	0.50	0.50
	7	0.35	0.40	0.40	0.45	0.45	0.45	0.50	0.50	0.50	0.50	0.50	0.50	0.50	0.50
	8	0.35	0.45	0.45	0.45	0.50	0.50	0.50	0.50	0.50	0.50	0.50	0.50	0.50	0.50
	中间	0.45	0.45	0.45	0.45	0.45	0.50	0.50	0.50	0.50	0.50	0.50	0.50	0.50	0.50
	4	0.55	0.50	0.50	0.50	0.50	0.50	0.50	0.50	0.50	0.50	0.50	0.50	0.50	0.50
	3	0.65	0.55	0.50	0.50	0.50	0.50	0.50	0.50	0.50	0.50	0.50	0.50	0.50	0.50
	2	0.70	0.70	0.60	0.55	0.55	0.55	0.55	0.50	0.50	0.50	0.50	0.50	0.50	0.50
	自下 1	1.35	1.05	0.70	0.80	0.75	0.70	0.70	0.70	0.65	0.65	0.60	0.55	0.55	0.55

表 3-19 　上下梁相对刚度变化时修正值 y_1

α_1	K													
	0.1	0.2	0.3	0.4	0.5	0.6	0.7	0.8	0.9	1.0	2.0	3.0	4.0	5.0
0.4	0.55	0.40	0.30	0.25	0.20	0.20	0.20	0.15	0.15	0.15	0.05	0.05	0.05	0.05
0.5	0.45	0.30	0.20	0.20	0.15	0.15	0.15	0.10	0.10	0.10	0.05	0.05	0.05	0.05
0.6	0.30	0.20	0.15	0.15	0.10	0.10	0.10	0.10	0.05	0.05	0.05	0.00	0.00	0.00
0.7	0.20	0.15	0.10	0.10	0.10	0.05	0.05	0.05	0.05	0.05	0.05	0.00	0.00	0.00
0.8	0.15	0.10	0.05	0.05	0.05	0.05	0.05	0.05	0.05	0.00	0.00	0.00	0.00	0.00
0.9	0.05	0.05	0.05	0.05	0.00	0.00	0.00	0.00	0.00	0.00	0.00	0.00	0.00	0.00

注：对于底层柱不考虑 α_1 值，所以不作此项修正。

表 3-20 　上下层柱高度变化时的修正值 y_2 和 y_3

α_2	α_3	K													
		0.1	0.2	0.3	0.4	0.5	0.6	0.7	0.8	0.9	1.0	2.0	3.0	4.0	5.0
2.0		0.25	0.15	0.15	0.10	0.10	0.10	0.10	0.10	0.05	0.05	0.05	0.05	0.0	0.0
1.8		0.20	0.15	0.10	0.10	0.10	0.05	0.05	0.05	0.05	0.05	0.05	0.0	0.0	0.0
1.6	0.4	0.15	0.10	0.10	0.05	0.05	0.05	0.05	0.05	0.05	0.05	0.0	0.0	0.0	0.0
1.4	0.6	0.10	0.05	0.05	0.05	0.05	0.05	0.05	0.05	0.05	0.05	0.0	0.0	0.0	0.0
1.2	0.8	0.05	0.05	0.05	0.0	0.0	0.0	0.0	0.0	0.0	0.0	0.0	0.0	0.0	0.0
1.0	1.0	0.0	0.0	0.0	0.0	0.0	0.0	0.0	0.0	0.0	0.0	0.0	0.0	0.0	0.0
0.8	1.2	−0.05	−0.05	−0.05	0.0	0.0	0.0	0.0	0.0	0.0	0.0	0.0	0.0	0.0	0.0
0.6	1.4	−0.10	−0.05	−0.05	−0.05	−0.05	−0.05	−0.05	−0.05	−0.05	−0.05	0.0	0.0	0.0	0.0
0.4	1.6	−0.15	−0.10	−0.10	−0.05	−0.05	−0.05	−0.05	−0.05	−0.05	−0.05	0.0	0.0	0.0	0.0
	1.8	−0.20	−0.15	−0.10	−0.10	−0.10	−0.05	−0.05	−0.05	−0.05	−0.05	0.0	0.0	0.0	0.0
	2.0	−0.25	−0.15	−0.15	−0.10	−0.10	−0.10	−0.10	−0.05	−0.05	−0.05	−0.05	−0.05	0.0	0.0

注：y_2——按 α_2 查表求得，上层较高时为正值。但对于最上层，不考虑 y_2 修正值。
　　　y_3——按 α_3 查表求得，对于最下层，不考虑 y_3 修正值。

【例 3-5】 图 3-34 为 3 层框架结构的平面及剖面示意图。受横向水平力作用时，全部 5 榀框架参与受力。用 D 值法求图 3-34 的弯矩图，图 3-34（b）中给出了楼层标高处的总水平力及各杆线刚度相对值。

解： 计算各层柱 D 值。因为该框架是对称的，所以右边柱与左边柱的 D 值是一样的。由图 3-34（a）可知，每层有 10 根边柱和 5 根中柱，所有柱刚度之和为 ΣD，并计算每根柱分配到的剪力。由表 3-18 ~ 表 3-20 查得反弯点高度比的值。全部计算过程均示于图 3-35 中。

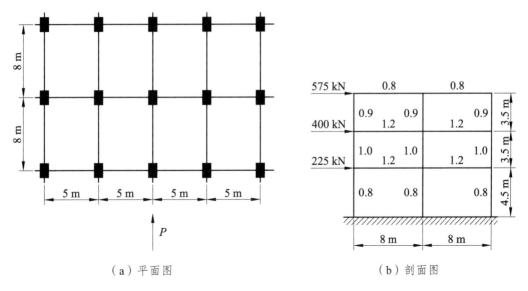

（a）平面图   （b）剖面图

图 3-34　例 3-5 平面图及剖面图

575 kN　边柱　　　　　　　　　　　　　　　　　中柱

$n=3$, $j=3$ $\Sigma P=575$ $\Sigma D=5.47$	$K=\dfrac{0.8+1.2}{2\times0.9}=1.11$ $D=\dfrac{1.11}{2+1.11}\times0.9\times\dfrac{12}{3.5^2}=0.315$ $V=\dfrac{0.315}{5.47}\times575=33.1\ \text{kN}$	$y_0=0.4055$ $\alpha_1=\dfrac{0.8}{1.2}=0.67$ $y_1=0.05$ $y=0.405+0.05$ $=0.455$	$K=\dfrac{2(0.8+1.2)}{2\times0.9}=2.22$ $D=\dfrac{2.22}{2+2.22}\times0.9\times\dfrac{12}{3.5^2}=0.464$ $V=\dfrac{0.464}{5.47}\times575=48.8\ \text{kN}$	$y_0=0.45$ $\alpha_1=\dfrac{0.8}{1.2}=0.67$ $y_1=0.05$ $y=0.45+0.05$ $=0.5$
400 kN				
$n=3$, $j=2$ $\Sigma P=975$ $\Sigma D=6.34$	$K=\dfrac{1.2+1.2}{2\times1}=1.2$ $D=\dfrac{1.2}{2+1.2}\times1\times\dfrac{12}{3.5^2}=0.367$ $V=\dfrac{0.367}{6.34}\times975=56.4\ \text{kN}$	$y_0=0.46$ $\alpha_3=\dfrac{4.5}{3.5}=1.28$ $y_3=0$ $y=0.46$	$K=\dfrac{4\times1.2}{2\times1.0}=2.4$ $D=\dfrac{2.4}{2+2.4}\times1\times\dfrac{12}{3.5^2}=0.534$ $V=\dfrac{0.534}{6.34}\times975=82.1\ \text{kN}$	$y_0=0.5$ 同边柱 $y_3=0$ $y=0.5$
225 kN				
$n=3$, $j=1$ $\Sigma P=1200$ $\Sigma D=4.37$	$K=\dfrac{1.2}{0.8}=1.5$ $D=\dfrac{0.5+1.5}{2+1.5}\times0.8\times\dfrac{12}{4.5^2}=0.271$ $V=\dfrac{0.271}{4.37}\times1200=74.4\ \text{kN}$	$y_0=0.625$ $\alpha_2=\dfrac{3.5}{4.5}=0.78$ $y_1=0$ $y=0.625$	$K=\dfrac{1.2+1.2}{0.8}=3$ $D=\dfrac{0.5+3}{2+3}\times0.8\times\dfrac{12}{4.5^2}=0.332$ $V=\dfrac{0.332}{4.37}\times1200=91.2\ \text{kN}$	$y_0=0.55$ 同边柱 $y_2=0$ $y=0.55$

图 3-35　例 3-5 计算过程

　　图 3-36 给出了柱反弯点位置和根据柱剪力及反弯点位置求出的柱端弯矩、根据结点平衡求出的梁端弯矩。还可根据梁端弯矩可进一步求出梁剪力（省略）。

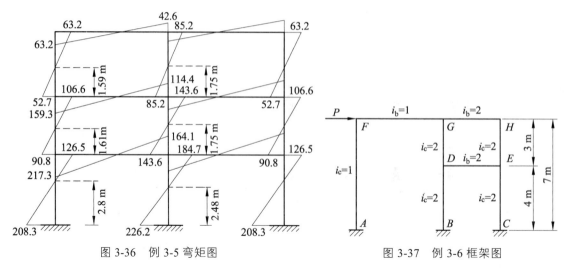

图 3-36 例 3-5 弯矩图

图 3-37 例 3-6 框架图

【例 3-6】用 D 值法作图 3-37 所示框架的 M 图。

解:（1）D 值计算和剪力分配。

柱 AF：

（最下层）
$$K = \frac{i_b}{i_c} = \frac{1}{1} = 1, \quad \alpha = \frac{0.5+1}{2+1} = 0.5$$

$$D_{AF} = \alpha \frac{12i_c}{h^2} = 0.5 \times \frac{12 \times 1}{7^2} = \frac{6}{49} = 0.122$$

柱 DG：

（一般层）
$$K = \frac{1+2+2}{2 \times 2} = 1.25, \quad \alpha = \frac{1.25}{2+1.25} = 0.38$$

$$D_{DG} = 0.38 \times \frac{12 \times 2}{3^2} = 1.013$$

柱 EH：

（一般层）
$$K = \frac{2+2}{2 \times 2} = 1, \quad \alpha = \frac{1}{2+1} = 0.33$$

$$D_{EH} = 0.33 \times \frac{12 \times 2}{3^2} = 0.800$$

柱 BD：

（最下层）
$$K = \frac{2}{2} = 1, \quad \alpha = \frac{0.5+1}{2+1} = 0.5$$

$$D_{BD} = 0.5 \times \frac{12 \times 2}{4^2} = 0.750$$

柱 CE：

（最下层）
$$K = \frac{2}{2} = 1, \quad \alpha = \frac{0.5+1}{2+1} = 0.5$$

$$D_{CE} = 0.5 \times \frac{12 \times 2}{4^2} = 0.750$$

柱 DG、EH 并联得：$D_{D'G'} = D_{DG} + D_{EH} = 1.013 + 0.800 = 1.813$

（2）反弯点高比计算见图 3-38。其中，y_0 按等均布集中荷载查表 3-17。

（3）柱子弯矩 $M_{\text{上}}$ 及 $M_{\text{下}}$ 计算见图 3-39。

（4）梁的弯矩（绝对值）。

$$M_{FG} = 0.41P, \quad M_{GF} = 0.96P \times \frac{1}{1+2} = 0.32P$$

$$M_{GH} = (0.96 - 0.32)P = 0.64P, \quad M_{HG} = 0.68P$$

$$M_{DE} = (0.51 + 0.71)P = 1.22P, \quad M_{ED} = (0.46 + 0.71)P = 1.17P$$

（5）弯矩图见图 3-40。图中圆括号内的数字为精确值。从这里看出，D 值法的精度比反弯点法要高些。

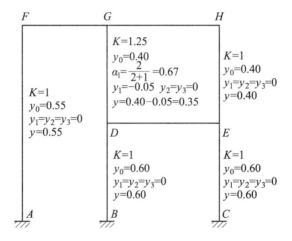

图 3-38　反弯点高比计算

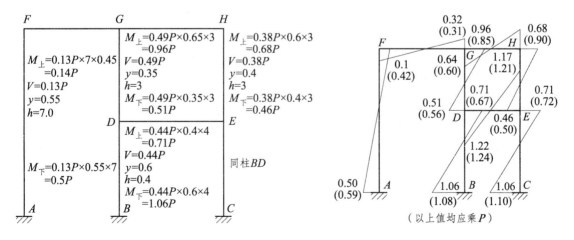

图 3-39　柱、梁端弯矩计算　　　　　　图 3-40　弯矩图

3.4　框架结构位移近似计算

框架侧移主要是由水平荷载引起的。本节介绍框架侧移的近似计算方法。由于设计时需要分别对层间位移及顶点侧移加以限制，因此需要计算层间位移及顶点侧移。

一根悬臂柱在均布荷载作用下，可以分别计算弯矩作用和剪力作用引起的变形曲线，两者形状不同，如图 3-41 虚线所示。

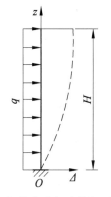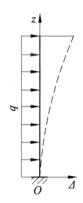

（a）剪力引起（剪切型）　　　　（b）弯矩引起（弯曲型）

图 3-41　悬壁柱的侧向位移

由剪切引起的变形形状越到底层，相邻两点间的相对变形越大，当 q 向右时，曲线凹向左。由弯矩引起的变形越到顶层，变形越大，当 q 向右时，曲线凹向右。

现在再看框架的变形情况。图 3-42 表示单跨 9 层框架，承受楼层处集中水平荷载。如果只考虑梁柱杆件弯曲产生的侧移，则侧移曲线如图 3-42（b）虚线所示，它与悬臂柱剪切变形的曲线形状相似，可称为剪切型变形曲线。如果只考虑柱轴向变形形成的侧移曲线，如图 3-42（c）虚线所示，它与悬臂柱弯曲变形形状相似，可称为弯曲型变形曲线。为了便于理解，可以把图 3-42 的框架看成一根空腹的悬臂柱，它的截面高度为框架跨度。如果通过反弯点将某层切开，空腹悬臂柱的弯矩 M 和剪力 V 如图 3-42（d）所示。M 是由柱轴向力 N_A、N_B 这一力偶组成，V 是由柱截面剪力 V_A、V_B 组成。梁柱弯曲变形是由剪力 V_A、V_B 引起，相当于悬臂柱的剪切变形，所以变形曲线呈剪切型。柱轴向变形由轴力产生，相当于弯矩 M 产生的变形，所以变形曲线呈弯曲形。

框架的总变形应由这两部分变形组成。但由图 3-42 可见，在层数不多的框架中，柱轴向变形引起的侧移很小，常常可以忽略。在近似计算中，只需计算由杆件弯曲引起的变形，即所谓剪切型变形。在高度较大的框架中，柱轴向力加大，柱轴向变形引起的侧移不能忽略。一般来说，两者叠加以后的侧移曲线仍以剪切型为主。

在近似计算方法中，这两部分变形分别计算。可根据结构的具体情况，决定是否需要计算柱轴向变形引起的侧移。

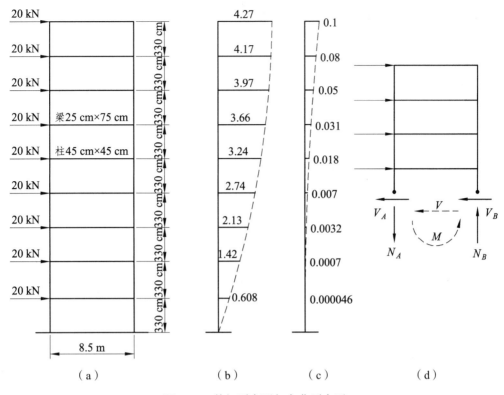

图 3-42 剪切型变形与弯曲型变形

1. 梁柱弯曲变形产生的侧移

（1）用 D 值计算侧移。

一根柱的侧移刚度 D 的定义是柱上下由单位侧移差所产生的剪力。框架某层侧移刚度的定义是单位层间侧移所需的层剪力（这里的层间侧移是由梁柱弯曲变形引起的）。已知框架结构第 j 层所有柱的 D 值及层剪力，可近似计算得层间侧移为：

$$\delta_j^M = \frac{V_{pj}}{\sum D_{ij}} \qquad (3-34)$$

各层楼板标高处侧移绝对值是该层以下各层层间侧移之和。顶点侧移即所有层（n 层）层间侧移之总和。

j 层侧移 $\left. \begin{aligned} \Delta_j^M &= \sum_{j=1}^{j} \delta_j^M \\ \\ \Delta_n^M &= \sum_{j=1}^{n} \delta_j^M \end{aligned} \right\}$

顶点侧移

（2）用连续化方法计算顶点侧移。

下面介绍一种将框架侧移连续化，利用积分求顶点侧移的简化方法。

为此，将框架在 h 高度之间的层间侧移：

$$\delta = \frac{V}{D} = \frac{V}{a 12 i_c / h^2} = \frac{V h^2}{12 i_c}\left(1 + \frac{2}{K}\right)$$

沿层高连续化，化成在 dz 高度的 $d\delta$，即：

$$d\delta = \frac{\delta}{h}dz = \frac{Vh}{12i_c}\left(1 + \frac{2}{K}\right)dz = \frac{h}{12}\left(\frac{V}{i_c} + \frac{V}{i_b}\right)dz$$

上式中的 V、i_c、i_b 都是 z 的函数。

在推导该公式时，利用了 $K = \frac{i_1 + i_2}{i_c} = \frac{2i_b}{i_c}$ 的关系；同时，i_c、i_b 应为同层各梁、柱线刚度之和。

设截面惯性矩沿高度为线性变化，令：

$$S = \frac{i_{c顶}}{i_{c底}}$$

$$g = \frac{i_{b顶}}{i_{b底}}$$

其中，下标"顶、底"表示顶层和底层，则如图 3-43 所示，在 z 高度处有：

$$i_c = \left(1 - \frac{1-S}{H}z\right)i_{c底}$$

$$i_b = \left(1 - \frac{1-g}{H}z\right)i_{b底}$$

这样顶点的最大侧移为：

$$\Delta_n = \frac{h}{12}\left[\int_0^H \frac{Vdz}{\left(1 + \frac{S-1}{H}z\right)i_{c底}} + \int_0^H \frac{Vdz}{\left(1 + \frac{g-1}{H}z\right)i_{b底}}\right] \tag{3-35}$$

对于不同形式分布的水平荷载，式（3-35）中的 V 也是 z 的不同函数。把 V 代入该式积分即可求出 Δ_n。

① 沿高度均布水平荷载。

如图 3-44 所示，此时有：

$$V = q(H - z)$$

而式（3-35）中第一项积分为：

$$\int_0^H \frac{Vdz}{\left(1 + \frac{S-1}{H}z\right)i_{c底}} = \frac{q}{i_{c底}}\left[\int_0^H \frac{H}{1 + \frac{S-1}{H}z}dz - \int_0^H \frac{z}{1 + \frac{S-1}{H}z}dz\right]$$

$$= \frac{qH^2}{I_{c底}}\left[\frac{1}{1-S} + \frac{S\ln S}{(1-S)^2}\right]$$

第二项积分为：

$$\int_0^H \frac{Vdz}{\left(1 + \frac{g-1}{H}z\right)i_b} = \frac{qH^2}{i_{b底}}\left[\frac{1}{1-g} + \frac{g\ln g}{(1-g)^2}\right]$$

因此
$$\Delta_n = \frac{V_0 Hh}{12}\left(\frac{F_s}{i_{c底}} + \frac{F_g}{i_{b底}}\right) \qquad (3-36)$$

式中：V——沿 H 全部水平荷载的总和，$V_0 = qH$；

F_s——S 的函数；当 $0<S<1$ 时，$F_s = \dfrac{1}{1-S} + \dfrac{S\ln S}{(1-S)^2}$；当 $S=1$ 时，$F_s = \dfrac{1}{2}$；当 $S=0$ 时，

$\quad F_s = 1$；

F_g——g 的函数，$F_g = \dfrac{1}{1-g} + \dfrac{g\ln g}{(1-g)^2}$。

从上式看出，F_s 对 S、F_g 对 g 的函数式是完全一样的。

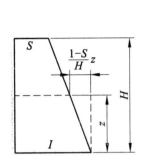

图 3-43 梁柱刚度沿高度线性变化

图 3-44 均布荷载

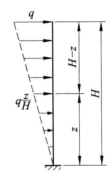

图 3-45 倒三角分布荷载

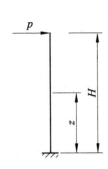

图 3-46 顶部集中力

② 沿高度倒三角分布的水平荷载。

如图 3-45 所示，此时有：

$$V = \frac{qH}{2}\left(1 - \frac{z^2}{H^2}\right)$$

把它代入式（3-35）积分，同样可得式（3-36），不过这里 $V_0 = \dfrac{qH}{2}$，也为沿 H 全部水平荷载的总和。

当 $0<S<1$ 时，$\qquad F_s = \dfrac{\ln S}{S-1} + \dfrac{2S - \dfrac{S^2}{2} - \ln S - \dfrac{3}{2}}{(S-1)^2}$

当 $S=1$ 时，$\qquad F_s = \dfrac{2}{3}$

当 $S=0$ 时，$\qquad F_s = \dfrac{3}{2}$ $\qquad\qquad\qquad\qquad (3-37)$

$\qquad\qquad\qquad\qquad F_g = \dfrac{\ln g}{g-1} + \dfrac{2g - \dfrac{g^2}{2} - \ln g - \dfrac{3}{2}}{(g-1)^2}$

F_s、F_g 对 S、g 的函数式也完全一样。

③ 顶部受有水平集中力 P。

如图 3-46 所示，此时 V 为常数，即：

$$V = P$$

代入式（3-35），同样可得式（3-36），不过这里 $V_0 = P$，也为沿 H 全部水平荷载的总和。

$$\left.\begin{array}{ll} 当 0 < S < 1 时， & F_S = \dfrac{\ln S}{S-1} \\[2mm] 当 S = 1 时， & F_S = 1 \\[2mm] 当 S = 0 时， & F_S = \infty \\[2mm] & F_g = \dfrac{\ln g}{g-1} \end{array}\right\} \tag{3-38}$$

F_S、F_g 对 S、g 的函数式也完全一样。

总之，对上述三种水平荷载，当只考虑框架梁柱弯曲变形时，其顶部最大侧移均可按下式计算：

$$\Delta_n = \frac{V_0 H h}{12}\left(\frac{F_S}{\sum i_{c底}} + \frac{F_g}{\sum i_{b底}}\right) \tag{3-39}$$

式中：V_0——沿 H 全部水平荷载总和；

h——层高；

H——框架总高度；

$\sum i_{c底}$——框架底层各柱线刚度总和；

$\sum i_{b底}$——框架底层各梁线刚度总和。

F_S、F_g 为 S、g 的函数，对三种常用荷载可分别按式（3-36）、式（3-37）和式（3-38）计算，其中：

$$S = \frac{\sum i_{c顶}}{\sum i_{c底}}, \quad g = \frac{\sum i_{b顶}}{\sum i_{b底}}$$

F_S、F_g 可从图 3-47 直接查得。

【例 3-7】求图 3-48 所示三跨 12 层框架由杆件弯曲产生的顶点侧移 Δ_n 及最大层间侧移 δ_j。层高 $h = 400$ cm，总高 $H = 400 \times 2 = 4800$ cm，弹性模量 $E = 2.0 \times 10^4$ MPa。各层梁截面尺寸相同，柱截面尺寸有两种，7 层以上柱断面尺寸减小，内柱、外柱尺寸不同，详见图中所注。

解： 按两种方法计算，以便比较。

（1）按 D 值计算。

各层 i_c、K、α、D、$\sum D_{ij}$ 及相对侧移 δ_j、绝对侧移 Δ_j 计算见表 3-21，计算结果绘于图 3-49 中。从图中可看出此框架侧移曲线呈剪切型。

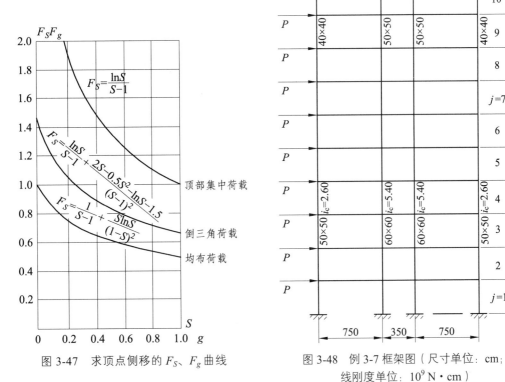

图 3-47　求顶点侧移的 F_S、F_g 曲线

图 3-48　例 3-7 框架图（尺寸单位：cm；线刚度单位：$10^9\,\text{N}\cdot\text{cm}$）

表 3-21　例 3-7 计算表

层数 j	i_c /（$10^{10}\,\text{N}\cdot\text{mm}$）		K		α		D /（$10^3\,\text{N}\cdot\text{mm}$）		$\sum D_{ij}$ /10^4	V_j （$\times P$）	$\delta_j^M \times 10^{-3}$ P/mm	$\Delta_j^M \times 10^{-3}$ P/mm
	边柱	中柱	边柱	中柱	边柱	中柱	边柱	中柱				
12										1	0.035	2.04
11										2	0.069	2.001
10										3	0.104	1.932
9	1.06	2.6	2.69	2.09	0.57	0.51	4.53	9.94	28.9	4	0.138	1.828
8										5	0.173	1.69
7										6	0.207	1.517
6										7	0.173	1.31
5										8	0.198	1.137
4	2.6	5.4	1.10	1.0	0.35	0.33	6.82	13.4	0.4	9	0.223	0.939
3										10	0.247	0.716
2										11	0.272	0.469
1	2.6	5.4	1.10	1.0	0.53	0.5	10.1	20.3	60.9	12	0.197	0.197

（2）按连续化方法计算。

$$\sum i_{c\text{顶}} = 7.32 \times 10^9 \,(\text{N} \cdot \text{cm}), \quad \sum i_{c\text{底}} = 16 \times 10^9 \,(\text{N} \cdot \text{cm}), \quad S = \frac{7.32}{16} = 0.46, \quad F_S = 0.62。$$

$$\sum i_{b\text{顶}} = \sum i_{b\text{底}} = 8.27 \times 10^9 \,(\text{N} \cdot \text{cm}), \quad g = 1, \quad F_g = 0.5, \quad V_c = 12P \,(P = 10\,\text{N})$$

顶层最大侧移：

$$\Delta_n = \frac{V_0 Hh}{12}\left(\frac{F_S}{\sum i_{c\text{底}}} + \frac{F_g}{\sum i_{b\text{底}}}\right) = \frac{12P \times 4800 \times 400}{12 \times 10^9} \times \left(\frac{0.62}{16} + \frac{0.5}{8.27}\right) = 1.91 \times 10^{-3} \,(\text{cm})$$

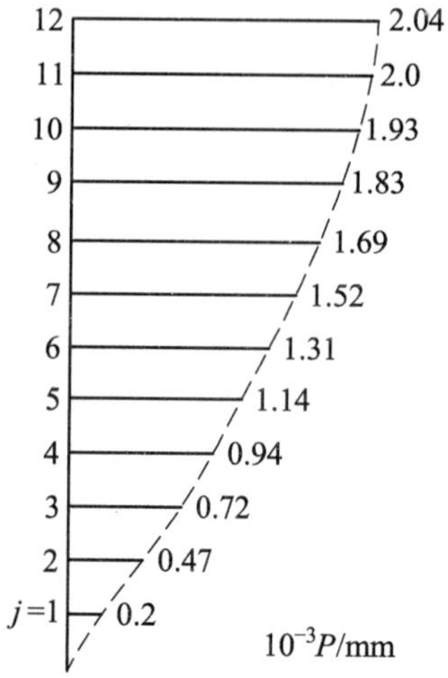

图 3-49 例 3-7 侧移

比较上述方法（1）、（2）所算出的 Δ_n 的结果，两者差别不大。因此，如果只要求顶层最大侧移，则用式（3-34）计算较为方便。

2. 柱轴向变形产生的侧移

对于很高的高层框架，水平荷载产生的柱轴力较大，柱轴向变形产生的侧移也较大，不容忽视。

在水平荷载作用下，对于一般框架，只有两根边柱轴力（一拉一压）较大，中柱因其两边梁的剪力相互抵消，轴力很小。这样我们考虑柱轴向变形产生的侧移时，假定在水平荷载作用下中柱轴力为零，两边柱受轴力为（见图 3-50）：

$$N = \pm \frac{M(z)}{B}$$

式中：$M(z)$——上部水平荷载对坐标 z 处的力矩总和；

B——两边柱轴线间的距离。

由于一柱伸长，一柱缩短，正如悬臂柱在水平荷载作用下左边纤维伸长、右边纤维缩短产生弯曲变形一样，这时框架将产生弯曲型侧移。

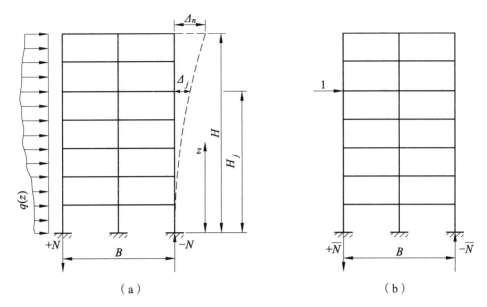

图 3-50 框架柱轴向变形产生的侧移

下面研究框架在任意水平荷载 $q(z)$ 作用下由柱轴向变形产生的第 j 层处的侧移 Δ_j^N。把图 3-48 所示框架连续化，根据单位荷载法，有：

$$\Delta_j^N = 2\int_0^{H_j}(\overline{N}N / EA)\mathrm{d}z \tag{3-40}$$

式中：$\overline{N}$——单位水平集中力作用在第 j 层时在边柱产生的轴力[见图 3-50（b）]；

$$\overline{N} = \pm(H_j - z)/ B$$

N—— $q(z)$ 对坐标 z 处的力矩 $M(z)$ 引起的边柱轴力，是 z 的函数[见图 3-49（a）]；

H_j——j 层楼板距底面高度；

A——边柱截面面积，是 z 的函数。

假设边柱截面面积沿 z 线性变化，即：

$$A(z) = A_{底}\left(1 - \frac{1-n}{H}z\right)$$

式中：$A_{底}$——底层边柱截面面积；

n——顶层与底层边柱截面面积的比值，即：

$$n = \frac{A_{顶}}{A_{底}} \tag{3-41}$$

把以上各量值代入式（3-40），得：

$$\Delta_j^N = \frac{2}{EB^2 A_{底}}\int_0^{H_j}\frac{(H_j - z)M(z)}{1 - (1-n)z / H}\mathrm{d}z \tag{3-42}$$

$M(z)$ 与外荷载有关，积分后得到的计算公式如下：

$$\Delta_j^N = \frac{V_0 H^3}{EB^2 A_{\text{底}}} F_n \tag{3-43}$$

式中：V_0——基底剪力，即水平荷载的总和；

F_n——系数。

在不同荷载形式下，V_0 及 F_n 不同，V_0 可根据荷载计算。

F_n 是由式（3-42）积分得到的常数，它与荷载形式有关，在几种常用荷载形式下，F_n 的表达式为：

① 顶点集中力。

$$F_n = \frac{2}{(1-n)^3}\left\{\left(1+\frac{H_j}{H}\right)\left(n^2\frac{H_j}{H}-2n\frac{H_j}{H}+\frac{H_j}{H}\right)-\frac{3}{2}-\frac{R_j^2}{2}+\right.$$
$$\left. 2R_j-\left[N^2\frac{H_j}{H}+n\left(1-\frac{H_j}{H}\right)\right]\ln R_j\right\} \tag{3-44}$$

② 均布荷载。

$$F_n = \frac{1}{(1-n)^4}\left\{\left[(n-1)^3\frac{H_j}{H}+(n-1)^2\left(1+2\frac{H_j}{H}\right)+(n-1)\left(2+\frac{H_j}{H}\right)+1\right]\ln R_j-\right.$$
$$(n-1)^3\frac{H_j}{H}\left(1+2\frac{H_j}{H}\right)-\frac{1}{3}(R_j^3-1)+\left[n\left(1+\frac{H_j}{2H}\right)-\frac{H_j}{2H}+\frac{1}{2}\right](R_j^2-1)-$$
$$\left.\left[2n\left(2+\frac{H_j}{H}\right)-\frac{2H_j}{H}-1\right](R_j-1)\right\} \tag{3-45}$$

③ 倒三角荷载。

$$F_n = \frac{2}{3}\left\{\frac{1}{n-1}\left[\frac{2H_j}{H}\ln R_j-\left(\frac{3H_j}{H}+2\right)\frac{H_j}{H}\right]+\frac{1}{(n-1)^2}\left[\left(\frac{3H_j}{H}+2\right)\ln R_j\right]+\right.$$
$$\frac{3}{2(n-1)^3}\left[(R_j^2-1)-4(R_j-1)+2\ln R_j\right]+$$
$$\frac{1}{(n-1)^4}\frac{H_j}{H}\left[\frac{1}{3}(R_j^3-1)-\frac{3}{2}(R_j^2-1)-3(R_j-1)-\ln R_j\right]+$$
$$\left.\frac{1}{(n-1)^5}\left[\frac{1}{4}(R_j^4-1)-\frac{4}{3}(R_j^3-1)+3(R_j^2-1)-4(R_j-1)+\ln R_j\right]\right\} \tag{3-46}$$

式中：

$$R_j = \frac{H_j}{H}n+\left(1-\frac{H_j}{H}\right) \tag{3-47}$$

n 由式（3-41）得到。F_n 可直接由图 3-51 查出，图中变量为 n 及 H_j/H。

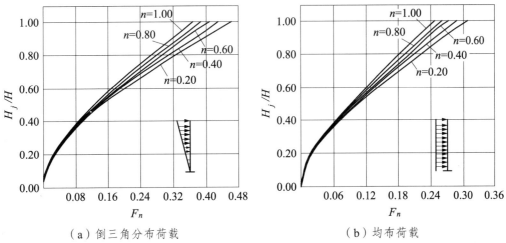

(a) 倒三角分布荷载 (b) 均布荷载

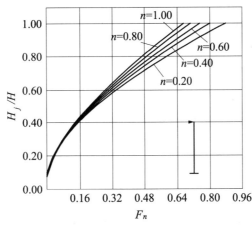

(c) 顶点集中力

图 3-51 侧移系数 F_n

由式（3-43）计算得到 Δ_j^{N} 后，用下式计算第 j 层的层间变形：

$$\delta_j^{\mathrm{N}} = \Delta_j^{\mathrm{N}} - \Delta_{j-1}^{\mathrm{N}} \tag{3-48}$$

考虑柱轴向变形后，框架的总侧移为：

$$\Delta_j = \Delta_j^{\mathrm{M}} - \Delta_j^{\mathrm{N}} \tag{3-49}$$

$$\delta_j = \delta_j^{\mathrm{M}} + \delta_j^{\mathrm{N}} \tag{3-50}$$

【例 3-8】求图 3-48 所示 12 层框架由于柱轴向变形产生的侧移。

解：

$$A_{\text{顶}} = 40 \times 40 = 1600\,(\mathrm{cm}^2)$$

$$A_{\text{底}} = 50 \times 50 = 2500\,(\mathrm{cm}^2)$$

$$n = A_{\text{顶}}/A_{\text{底}} = 1600/2500 = 0.64$$

$$V_0 = 12P\,(\mathrm{N})，H = 4800\ \mathrm{cm}$$

$$E = 2.0 \times 10^4\ \mathrm{N/mm}^2，B = 1850\ \mathrm{cm}$$

F_n 及 Δ_j^N、δ_j^N 列于表 3-22，F_n 查图 3-51（b）（均布荷载）。

$$\frac{V_0 H_3}{EB^2 A_{底}} = \frac{12P \times 48000^3}{2 \times 10^4 \times 18500^2 \times 250000} = 7.755 \times 10^{-4} P（mm）$$

表 3-22　例 3-8 计算表

层数	$\dfrac{H_j}{H}$	F_n	$\Delta_j^N \times 10^{-3} P / mm$	$\delta_j^N \times 10^{-3} P / mm$
12	1	0.273	0.212	0.025
11	0.916	0.241	0.187	0.024
10	0.833	0.210	0.163	0.024
9	0.750	0.180	0.139	0.023
8	0.667	0.150	0.116	0.023
7	0.583	0.121	0.094	0.022
6	0.500	0.094	0.073	0.020
5	0.417	0.068	0.053	0.019
4	0.333	0.044	0.034	0.015
3	0.250	0.025	0.019	0.009
2	0.167	0.013	0.010	0.006
1	0.083	0.005	0.004	0.004

由计算结果可见，柱轴向变形产生的侧移与梁、柱弯曲变形产生的侧移相比，前者占的比例较小。在本例中，总顶点位移为：

$$\Delta_{12} = \Delta_{12}^M + \Delta_{12}^N = (2.04 + 0.21) \times 10^{-3} P = 2.25 \times 10^{-3} P（mm）$$

最大层间侧移产生在第 1 层，其值为：

$$\delta_{max} = \delta_1^M + \delta_1^N = (0.272 + 0.004) \times 10^{-3} P = 0.276 \times 10^{-3} P（mm）$$

Δ_{12}^N 在总位移中仅占 9.3%，δ_1^N 在 δ_{max} 中所占比例更小。

柱轴向变形产生的侧移是弯曲型的，顶层层间变形最大，向下逐渐减小。而梁、柱弯曲变形产生的侧移则是剪切型的，底层最大，向上逐渐减小。由于后者变形是主要成分，两者综合后仍以底层的层间变形最大，故仍表现为剪切型变形特征。

3.5　地震作用计算

3.5.1　抗震设防类别

（1）建筑抗震设防类别划分，应根据下列因素综合分析确定：
① 建筑破坏造成的人员伤亡、直接和间接经济损失及社会影响的大小。

② 城镇的大小、行业的特点、工矿企业的规模。

③ 建筑使用功能失效后，对全局的影响范围大小、抗震救灾影响及恢复的难易程度。

④ 建筑各区段的重要性有显著不同时，可按区段划分抗震设防类别。下部区段的类别不应低于上部区段。

⑤ 不同行业的相同建筑，当所处地位及地震破坏所产生的后果和影响不同时，其抗震设防类别可不相同。

注：区段指由防震缝分开的结构单元、平面内使用功能不同的部分，或上下使用功能不同的部分。

（2）建筑工程应分为以下四个抗震设防类别：

① 特殊设防类：指使用上有特殊设施，涉及国家公共安全的重大建筑工程和地震时可能发生严重次生灾害等特别重大灾害后果，需要进行特殊设防的建筑。简称甲类。

② 重点设防类：指地震时使用功能不能中断或需尽快恢复的相关建筑，以及地震时可能导致大量人员伤亡等重大灾害后果，需要提高设防标准的建筑。简称乙类。

③ 标准设防类：指除①、②、④款以外按标准要求进行设防的建筑。简称丙类。

④ 适度设防类：指使用上人员稀少且震损不致产生次生灾害，允许在一定条件下适度降低要求的建筑。简称丁类。

（3）各抗震设防类别建筑的抗震设防标准，应符合下列要求：

① 标准设防类，应按本地区抗震设防烈度确定其抗震措施和地震作用，达到在遭遇高于当地抗震设防烈度的预估罕遇地震影响时不致倒塌或发生危及生命安全的严重破坏的抗震设防目标。

② 重点设防类，应按高于本地区抗震设防烈度一度的要求加强其抗震措施；但抗震设防烈度为 9 度时应按比 9 度更高的要求采取抗震措施；地基基础的抗震措施，应符合有关规定。同时，应按本地区抗震设防烈度确定其地震作用。

③ 特殊设防类，应按高于本地区抗震设防烈度一度的要求加强其抗震措施；但抗震设防烈度为 9 度时应按比 9 度更高的要求采取抗震措施。同时，应按批准的地震安全性评价的结果且高于本地区抗震设防烈度的要求确定其地震作用。

④ 适度设防类，允许参照本地区抗震设防烈度的要求适当降低其抗震措施，但抗震设防烈度为 6 度时不应降低。一般情况下，仍应按本地区抗震设防烈度确定其地震作用。

注：对于划为重点设防类而规模很小的工业建筑，当改用抗震性能较好的材料且符合抗震设计规范对结构体系的要求时，允许按标准设防类设防。

3.5.2 抗震设防烈度

抗震设防烈度（seismic precautionary intensity）一般情况下取基本烈度，但还须根据建筑物所在城市的大小、建筑物的类别和高度以及当地的抗震设防小区规划进行确定。

按国家规定的权限批准作为一个地区抗震设防的地震烈度称为抗震设防烈度。一般情况下，抗震设防烈度可采用中国地震参数区划图的地震基本烈度。

抗震设防简单地说，就是为达到抗震效果，在工程建设时对建筑物进行抗震设计并采取抗震设施。抗震措施是指除地震作用计算和抗力计算以外的抗震设计内容，包括抗震构造措施。《建筑抗震设计规范（2016 年版）》（GB 50011—2010）规定，抗震设防烈度在 6 度及以上地区的建筑，必须进行抗震设防。

抗震设防要求是指经国务院地震行政主管部门制定或审定的，对建设工程制定的必须达到的抗御地震破坏的准则和技术指标。它是在综合考虑地震环境、建设工程的重要程度、允许的风险水平及要达到的安全目标和国家经济承受能力等因素的基础上确定的，主要以地震烈度或地震动数表述，新建、扩建、改建建设工程所应达到的抗御地震破坏的准则和技术指标。

当前，我国的抗震设计仍然是以概念设计为主。只有少数工程结构才使用抗震验算或模型实验等辅助设计手段。在概念设计中的抗震措施要求，是根据国内外震害经验的总结而规定的。所以，我国现行的各抗震设计规范大都是以"设防烈度"或"设计烈度"为依据的。特别是地基处理、选材选型和结构抗震措施等，均要求按烈度分档进行设计。在大型水利枢纽工程或核电厂的地震安评工作中，甲方也都要求有"地震基本烈度复核"的内容。在《核电厂抗震设计规范》（GB 50267）中还规定，对安全壳等结构和构件的抗震措施，应符合现行国家标准《建筑抗震设计规范》对 9 度抗震设防时的有关要求。可以说，当今中国的抗震设计还离不开烈度，只有少数需要进行抗震验算或模型实验的工程才用到加速度。

抗震设防烈度是建筑物设计时要满足不低于当地地震基本烈度的设计要求。例如：当地的地震基本烈度为 6 度，那么建筑物的抗震设防烈度至少为 6 度。当然，有些建筑要求可能是 7 度或 8 度。

3.5.3 抗震等级

抗震等级是设计部门依据国家有关规定，按《建筑物重要性分类与设防标准》，根据设防类别、结构类型、烈度和房屋高度四个因素确定。以钢筋混凝土框架结构为例，抗震等级划分为一级至四级，以表示其很严重、严重、较严重及一般的四个级别。在中国建筑业中，已经开始严格执行这个等级标准。

各抗震设防类别的高层建筑结构，其抗震措施应符合下列要求：

甲类、乙类建筑：当该地区的抗震设防烈度为 6~8 度时，应符合该地区抗震设防烈度提高一度的要求；当该地区的设防烈度为 9 度时，应符合比 9 度抗震设防更高的要求。当建筑场地为 I 类时，应允许仍按该地区抗震设防烈度的要求采取抗震构造措施。

框架结构中梁、柱的要求：

（1）框架梁应符合下列要求：

① 梁端剪力增大系数应增大 20%；

② 梁端加密区箍筋构造最小配箍率应增大 10%。

（2）框架柱应符合下列要求：

① 宜采用型钢混凝土柱或钢管混凝土柱；

② 柱端弯矩增大系数 η_c、柱端剪力增大系数 η_{vc} 应增大 20%。

（3）框支柱应符合下列要求：

① 宜采用型钢混凝土柱或钢管混凝土柱；

② 底层柱下端及与转换层相连的柱上端的弯矩增大系数取 1.8，其余层柱端弯矩增大系数 η_c 应增大 20%；柱端剪力增大系数 η_{vc} 应增大 20%；地震作用产生的柱剪力增大系数取 1.8，但计算柱轴压比时可不计该项增大。

3.5.4　基本规定

1. 结构体系

结构体系应根据建筑的抗震设防类别、抗震设防烈度、建筑高度、场地条件、地基、结构材料和施工等因素，经技术、经济和使用条件综合比较确定。

通常结构体系应符合下列各项要求：① 应具有明确的计算简图和合理的地震作用传递途径；② 应避免因部分结构或构件破坏而导致整个结构丧失抗震能力或对重力荷载的承载能力；③ 应具备必要的抗震承载力、良好的变形能力和消耗地震能量的能力；④ 对可能出现的薄弱部位，应采取措施提高其抗震能力；⑤ 宜有多道抗震防线；⑥ 宜具有合理的刚度和承载力分布，避免因局部削弱或突变形成薄弱部位，产生过大的应力集中或塑性变形集中；⑦ 结构在两个主轴方向的动力特性宜相近。

2. 结构分析

（1）建筑结构应进行多遇地震作用下的内力和变形分析。此时，可假定结构与构件处于弹性工作状态，内力和变形分析可采用线性静力方法或线性动力方法。

（2）不规则且具有明显薄弱部位可能导致重大地震破坏的建筑结构，应按有关规定进行罕遇地震作用下的弹塑性变形分析。此时，可根据结构特点采用静力弹塑性分析或弹塑性时程分析方法。

3. 结构材料

建筑抗震设计中，结构材料性能指标，应符合下列最低要求：

（1）砌体结构材料应符合下列规定：

① 普通砖和多孔砖的强度等级不应低于 MU10，其砌筑砂浆强度等级不应低于 M5。

② 混凝土小型空心砌块的强度等级不应低于 MU7.5，其砌筑砂浆强度等级不应低于 Mb7.5。

（2）混凝土结构材料应符合下列规定：

① 混凝土的强度等级，框支梁、框支柱及抗震等级为一级的框架梁、柱、节点核心区，不应低于 C30；构造柱、芯柱、圈梁及其他各类构件不应低于 C20。

② 抗震等级为一、二、三级的框架和斜撑构件（含梯段），其纵向受力钢筋采用普通钢筋时，钢筋的抗拉强度实测值与屈服强度实测值的比值不应小于 1.25；钢筋的屈服强度实测值与屈服强度标准值的比值不应大于 1.3，且钢筋在最大拉力下的总伸长率实测值不应小于 9%。

（3）钢结构的钢材应符合下列规定：

① 钢材的屈服强度实测值与抗拉强度实测值的比值不应大于 0.85。

② 钢材应有明显的屈服台阶，且伸长率不应小于 20%。

③ 钢材应有良好的焊接性和合格的冲击韧性。

4. 建筑抗震性能化设计

建筑结构的抗震性能化设计的计算应符合下列要求：

（1）分析模型应正确、合理地反映地震作用的传递途径和楼盖在不同地震动水准下是否整体或分块处于弹性工作状态。

（2）弹性分析可采用线性方法，弹塑性分析可根据性能目标所预期的结构弹塑性状态，分别采用增加阻尼的等效线性化方法以及静力或动力非线性分析方法。

（3）结构非线性分析模型相对于弹性分析模型可有所简化，但两者在多遇地震下的线性分析结果应基本一致；应计入重力二阶效应、合理确定弹塑性参数，应依据构件的实际截面、配筋等计算承载力，可通过与理想弹性假定计算结果的对比分析，着重发现构件可能破坏的部位及其弹塑性变形程度。

3.5.5 地震作用与结构抗震验算的一般规定

1. 各类建筑结构地震作用计算规定

（1）一般情况下，应至少在建筑结构的两个主轴方向分别计算水平地震作用，各方向的水平地震作用应由该方向抗侧力构件承担。

（2）有斜交抗侧力构件的结构，当相交角度大于 15°时，应分别计算各抗侧力构件方向的水平地震作用。

（3）质量和刚度分布明显不对称的结构，应计入双向水平地震作用下的扭转影响；其他情况，应允许采用调整地震作用效应的方法计入扭转影响。

（4）8、9 度时的大跨度和长悬臂结构及 9 度时的高层建筑，应计算竖向地震作用。

根据第（4）条规定，一般情况下，多层框架结构不需计算竖向地震作用，只需要计算水平地震作用。

2. 多层框架结构地震作用计算方法

《建筑抗震设计规范（2016 年版）》（GB 50011—2010）第 5.1.2 条规定：高度不超过 40 m、以剪切变形为主且质量和刚度沿高度分布比较均匀的结构，以及近似于单质点体系的结构，可采用底部剪力法等简化方法。

一般的多层框架结构符合此条规定的要求，因此可采用底部剪力法进行抗震计算。不符合此条规定要求的建筑结构，视具体情况采用振型分解反应谱法或时程分析法进行计算。

3. 重力荷载代表值

计算地震作用时，建筑的重力荷载代表值应取结构和构件自重标准值和可变荷载组合值之和。各可变荷载的组合值系数，应按表 3-23 采用。

表 3-23　组合值系数

可变荷载种类		组合值系数
雪荷载		0.5
屋面积灰荷载		0.5
屋面活荷载		不计入
按实际情况计算的楼面活荷载		1.0
按等效均布荷载计算的楼面活荷载	藏书库、档案库	0.8
	其他民用建筑	0.5

4. 地震影响系数和特征周期

建筑结构的地震影响系数应根据烈度、场地类别、设计地震分组和结构自振周期以及阻尼比确定。水平地震影响系数最大值按表 3-24 采用；特征周期根据场地类别和设计地震分组按表 3-25 采用，计算罕遇地震作用时，特征周期应增加 0.05 s。

表 3-24　水平地震影响系数最大值

地震影响	6 度	7 度	8 度	9 度
多遇地震	0.04	0.08（0.12）	0.16（0.24）	0.32
罕遇地震	0.28	0.50（0.72）	0.90（1.20）	1.40

注：括号中数值分别用于设计基本地震加速度为 0.15g 和 0.30g 的地区。

表 3-25　特征周期值

设计地震分组	场地类别				
	I_0	I_1	II	III	IV
第一组	0.20	0.25	0.35	0.45	0.65
第二组	0.25	0.30	0.40	0.55	0.75
第三组	0.30	0.35	0.45	0.65	0.90

5. 建筑结构地震影响系数曲线

建筑结构地震影响系数曲线如图 3-52 所示，其阻尼调整和形状参数应符合下列要求：

（1）除有专门规定外，建筑结构的阻尼比应取 0.05，地震影响系数曲线的阻尼调整系数应按 1.0 采用，形状参数应符合下列规定：

① 直线上升段，周期小于 0.1 s 的区段。

② 水平段，自 0.1 s 至特征周期区段，应取最大值（a_{max}）。

③ 曲线下降段，自特征周期至 5 倍特征周期区段，衰减指数应取 0.9。

④ 直线下降段，自 5 倍特征周期至 6 s 区段，下降斜率调整系数应取 0.02。

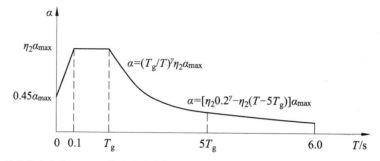

α—地震影响系数；α_{max}—地震影响系数最大值；η₁—直线下降段的下降斜率调整系数；
γ—衰减系数；Tg—特征周期；η₂—阻尼调整系数；T—结构自振周期。

图 3-52　地震影响系数曲线

（2）当建筑结构的阻尼比按有关规定不等于 0.05 时，地震影响系数曲线的阻尼调整系数和形状参数应符合以下规定：

①曲线下降段的衰减指数应按下式确定：

$$\gamma = 0.9 + \frac{0.05 - \zeta}{0.3 + 6\zeta} \tag{3-51}$$

式中：γ——曲线下降段的衰减指数；

　　　ζ——阻尼比。

②直线下降段的斜率调整系数应按下式确定：

$$\eta_1 = 0.02 + \frac{0.05 - \zeta}{4 + 32\zeta} \tag{3-52}$$

式中：η_1——直线下降段的下降斜率调整系数，小于 0 时取 0。

③阻尼调整系数应按下式确定：

$$\eta_2 = 1 + \frac{0.05 - \zeta}{0.08 + 1.6\zeta} \tag{3-53}$$

式中：η_2——阻尼调整系数，当小于 0.55 时，应取 0.55。

6. 结构及截面抗震验算规定

建筑结构在不同地震烈度下的结构及截面抗震验算按照以下规定进行：

（1）抗震验算时，结构任一楼层的水平地震剪力应符合下式要求：

$$V_{EKi} > \lambda \sum_{j=1}^{n} G_j \tag{3-54}$$

式中：V_{EKi}——第 i 层对应于水平地震作用标准值的楼层剪力；

　　　λ——剪力系数，不应小于表 3-26 规定的楼层最小地震剪力系数值，对竖向不规则结构的薄弱层，尚应乘以 1.15 的增大系数；

　　　G_j——第 j 层的重力荷载代表值。

表 3-26　楼层最小地震剪力系数值

类别	6 度	7 度	8 度	9 度
扭转效应明显或基本周期小于 3.5 s 的结构	0.008	0.016（0.024）	0.032（0.048）	0.064
基本周期大于 5.0 s 的结构	0.006	0.012（0.018）	0.024（0.036）	0.048

注：① 基本周期介于 3.5～5 s 之间的结构，按插入法取值；
　　② 括号内数值分别用于设计基本地震加速度为 0.15g 和 0.30g 的地区。

（2）6 度时的建筑（不规则建筑及建造于Ⅳ类场地上较高的高层建筑除外），以及生土房屋和木结构房屋等，应符合有关的抗震措施要求，但应允许不进行截面抗震验算。

（3）6 度时不规则建筑、建造于Ⅳ类场地上较高的高层建筑，7 度和 7 度以上的建筑结构（生土房屋和木结构房屋除外），应进行多遇地震作用下的截面抗震验算。

7. 抗震变形验算

多遇地震作用下的多层框架结构楼层内最大的弹性层间位移应符合下式要求：

$$\Delta u_e \leqslant [\theta_e] h \qquad (3-55)$$

式中：Δu_e——多遇地震作用标准值产生的楼层内最大的弹性层间位移；

　　　$[\theta_e]$——弹性层间位移角限值，对于钢筋混凝土框架取 1/550，多层钢结构取 1/250；

　　　h——计算楼层层高。

8. 钢筋混凝土框架结构房屋适用的最大高度

房屋适用的最大高度与房屋的结构类型和设防烈度有关，对于现浇钢筋混凝土框架，其最大的适用高度见表 3-27，其他结构类型现浇钢筋混凝土房屋适用的最大高度见《建筑抗震设计规范》（GB 50011—2010）表 6.1.1。

表 3-27　现浇钢筋混凝土框架适用的最大高度

结构类别	烈度				
	6	7	8（0.2g）	8（0.3g）	9
框架	60	50	40	35	24

注：房屋高度指室外地面到主要屋面板板顶的高度（不包括局部突出屋顶部分）。

9. 框架结构房屋的抗震等级

抗震等级是确定结构构件抗震计算和抗震措施的标准。房屋结构的抗震等级应根据抗震设防类别、烈度、结构类型和房屋高度采用不同的抗震等级，共分四个等级。丙类现浇钢筋混凝土框架其抗震等级见表 3-28，其他结构类型现浇钢筋混凝土房屋的抗震等级见《建筑抗震设计规范》（GB 50011—2010）表 3.1.2。

表 3-28　现浇钢筋混凝土框架的抗震等级

结构类别		设防烈度						
		6		7		8		9
	高度/m	≤24	>24	≤24	>24	≤24	>24	≤24
框架结构	框架	四	三	三	二	二	一	一
	大跨度框架	三		二		一		一

注：①建筑场地为Ⅰ类时，除6度外应允许按表内降低一度所对应的抗震等级采取抗震构造措施，但相应的计算要求不应降低；
　　②接近或等于高度分界时，应允许结合房屋不规则程度及场地、地基条件确定抗震等级；
　　③大跨度框架指跨度不小于18 m的框架。

3.5.6　底部剪力法

采用底部剪力法计算多层框架结构的水平地震作用时，各楼层可仅取一个自由度，结构水平地震作用计算简图如图3-53所示。

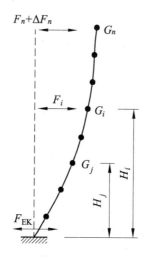

图 3-53　结构水平地震作用计算简图

1. 结构总水平地震作用标准值

结构总水平地震标准值，按下式计算：

$$F_{EK} = \alpha_1 G_{eq} \tag{3-56}$$

式中：F_{EK}——结构总水平地震作用标准值；

　　　α_1——相应于结构基本自振周期的水平地震影响系数值；

　　　G_{eq}——结构等效总重力荷载，单质点应取总重力荷载代表值，多质点可取总重力荷载代表值的85%。

2. 质点 i 水平地震作用标准值

质点 i 水平地震作用标准值按下式计算：

$$F_i = \frac{G_i H_i}{\sum_{j=1}^{n} G_j H_j} F_{Ek}(1-\delta_n) \quad (i=1,2,\cdots,n) \tag{3-57}$$

式中：F_i——质点 i 的水平地震作用标准值；

G_i、G_j——分别为集中于质点 i、j 的重力荷载代表值；

H_i、H_j——分别为质点 i、j 的计算高度；

δ_n——顶部附加地震作用系数，多层钢筋混凝土和钢结构房屋可按表 3-29 采用，其他房屋可采用 0.0。

表 3-29 顶部附加地震作用系数

T_g/s	$T_1 > 1.4 T_g$	$T_1 \leq 1.4 T_g$
$T_g \leq 0.35$	$0.08 T_1 + 0.07$	
$0.35 < T_g \leq 0.55$	$0.08 T_1 + 0.01$	0.0
$T_g > 0.55$	$0.08 T_1 - 0.02$	

注：T_1 为结构基本自振周期。

3. 顶部附加水平地震作用标准值

主体结构顶层附加水平地震作用标准值可按下式计算：

$$\Delta F_n = \delta_n F_{Ek} \tag{3-58}$$

式中：ΔF_n——顶部附加水平地震作用标准值。

4. 突出屋面部分对地震作用效应的影响

采用底部剪力法时，为考虑鞭梢效应，突出屋面的屋顶间、女儿墙、烟囱等地震作用效应宜乘以增大系数 3，此增大部分不往下传递，但与该突出部分相连的构件应予计入。

【例 3-9】某主体 6 层的钢筋混凝土框架，顶部有凸出屋面的屋顶间（见图 3-54）。集中于各楼层及屋面和屋顶间顶部的重力荷载代表值分别为：$G_1 = 10050$ kN，$G_2 = G_3 = G_4 = G_5 = 9350$ kN，$G_6 = 6150$ kN，$G_7 = 800$ kN；底层高为 4.5 m，其余各层高为 3.0 m；结构的基本自振周期 $T = 0.615$ s；设防烈度为 8 度，Ⅱ类场地，设计地震分组为第一组。试用底部剪力法求多遇地震作用下各层质点的水平地震作用标准值及各楼层剪力标准值。

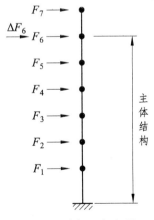

图 3-54 例 3-9 框架图

解： 由Ⅱ类场地、设计地震分组第一组，可查得 $T_g = 0.35$ s，由设防烈度 8 度、多遇地震，查得 $a_{max} = 0.16$。

（1）底部剪力标准值 F_{Ek}。

除有专门规定外，建筑结构的阻尼比应取 0.05，故由地震影响系数曲线（见图 3-52），$T_g < T_1 < T_{5g}$，则：

$$a_1 = \left(\frac{T_g}{T_1}\right)^{0.9} a_{max} = \left(\frac{0.35}{0.615}\right)^{0.9} \times 0.16 = 0.0963$$

$$\sum G_i = 10050 + 4 \times 9350 + 6150 + 800 = 54400 \text{ kN}$$

$$F_{Ek} = a_1 G_{eq} = 0.0963 \times 0.85 \times 54400 = 4452.9 \text{ kN}$$

（2）求 δ_n 及 ΔF_6。

由表 3-29 可得顶部附加地震作用系数：

$$T_1 > 1.4 T_g = 1.4 \times 0.35 = 0.49 \text{ s}$$

$$\delta_n = 0.08 T_1 + 0.07 = 0.1192$$

$$\Delta F_6 = \delta_n F_{Ek} = 0.1192 \times 4452.9 = 530.8 \text{ kN}$$

（3）计算各层质点的水平地震作用标准值。

$$\sum_{j=1}^{7} G_j H_j = 10050 \times 4.5 + 9350 \times (7.5 + 10.5 + 13.5 + 16.5) + 6150 \times 19.5 + 800 \times 22.5$$
$$= 631950 \text{ kN} \cdot \text{m}$$

由 $F_i = \dfrac{G_i H_i}{\sum\limits_{j=1}^{7} G_j H_j} F_{Ek}(1 - \delta_n)$ 得：

$$F_1 = 280.7 \text{ kN}, F_2 = 435.2 \text{ kN}, F_3 = 609.3 \text{ kN}, F_4 = 783.4 \text{ kN},$$
$$F_5 = 957.5 \text{ kN}, F_6 = 744.3 \text{ kN}, F_7 = 111.7 \text{ kN}$$

则作用于凸出屋面的屋顶间顶部的水平地震作用标准值应为：

$$3F_7 = 3 \times 111.7 = 335.1 \text{ kN}$$

作用于主体结构顶部即质点 6 的水平地震作用标准值为：

$$\Delta F_6 + F_6 = 530.8 + 744.3 = 1275.1 \text{ kN}$$

（4）计算各楼层剪力标准值。

自上而下为：

$$V_7 = 335.1 \text{ kN}, V_6 = 111.7 + 1275.1 = 1386.8 \text{ kN}, V_5 = 1386.8 + 957.5 = 2344.3 \text{ kN},$$
$$V_4 = 2344.3 + 783.4 = 3127.7 \text{ kN}, V_3 = 3127.7 + 609.3 = 3727 \text{ kN},$$
$$V_2 = 3737 + 435.2 = 4172.2 \text{ kN}, V_1 = 4172.2 + 280.7 = 4452.9 \text{ kN}$$

3.5.7 振型分解反应谱法

除用底部剪力法外的建筑结构，宜采用振型分解反应谱法。采用振型分解反应谱时，不考虑扭转影响的结构，可按下列规定计算地震作用和作用效应。

（1）结构 j 振型 i 质点的水平地震作用标准，应按下列公式确定：

$$F_{ji} = a_j \gamma_j X_{ji} G_i \qquad \gamma_j = \sum_{i=1}^{n} X_{ji} G_i \Big/ \sum_{i=1}^{n} X_{ji}^2 G_i$$

式中： F_{ji} —— j 振型 i 质点的水平地震作用标准值；

a_j —— 相应于 j 振型自振周期的地震影响系数；

108

X_{ji}——j 振型 i 质点的水平相对位移；

γ_j——j 振型的参与系数。

（2）水平地震作用效应（弯矩、剪力、轴向力和变形）按下式确定：

$$S = \sqrt{\sum_{j=1}^{m} S_j^2}$$

式中：S——水平地震作用效应；

S_j——j 振型水平地震作用产生的作用效应，可只取前 2～3 个振型，当基本自振周期大于 1.5 s 或房屋高宽比大于 5 时，振型个数可适当增加。

【例 3-10】按振型分解反应谱法求图 3-55 所示钢筋混凝土框架的多遇地震作用 F_{ji}，并绘出地震剪力图和弯矩图。已知：$G_1 = G_2 = 1000\ \text{kN}$，柱截面尺寸为 400 mm×400 mm，混凝土强度等级为 C20，场地类别为 II 类，设防烈度为近震 7 度。

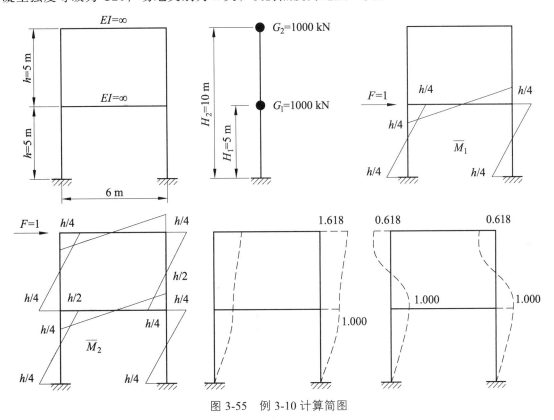

图 3-55 例 3-10 计算简图

解：（1）求柔度系数 δ_{ik}。

根据 $\overline{M_1}$、$\overline{M_2}$ 图，由图乘法得：

$$\delta_{11} = \int \frac{\overline{M_1^2}}{EI} \mathrm{d}x = \frac{1}{EI}\left(4 \times \frac{1}{2} \times \frac{h}{2} \times \frac{h}{4} \times \frac{2}{3} \times \frac{h}{4}\right) = \frac{h^3}{24EI} = \delta$$

$$\delta_{12} = \delta_{21} = \delta \qquad \qquad \delta_{22} = 2\delta$$

其中 $E = 25.5\,\text{kN}/\text{mm}^2$ ，$I = \dfrac{1}{12}bh^3 = \dfrac{1}{12} \times 0.4^4 = 2.13 \times 10^{-3}\,\text{m}^4$

（2）求频率。

$$\omega_{1,2}^2 = \frac{(m\delta + 2m\delta) \mp \sqrt{(m\delta + 2m\delta)^2 - 4m^2(2\delta^2 - \delta^2)}}{2m^2(2\delta^2 - \delta^2)} = \frac{3 \mp \sqrt{5}}{2m\delta}$$

$$\omega_1 = 6.26\,\text{s}^{-1} \qquad \omega_2 = 16.37\,\text{s}^{-1}$$

（3）求主振型。

第一主振型　$\dfrac{A_{21}}{A_{11}} = \dfrac{-\left(m_1\delta_1 - \dfrac{1}{\omega_1^2}\right)}{m_2\delta_{12}} = \dfrac{-\left(m\delta - \dfrac{m\delta}{0.38^2}\right)}{m\delta} = \dfrac{1.618}{1.000}$

第二主振型　$\dfrac{A_{22}}{A_{12}} = \dfrac{-\left(m\delta - \dfrac{m\delta}{2.618}\right)}{m\delta} = \dfrac{-0.618}{1.000}$

（4）求水平地震作用。

$$T_1 = \frac{2\pi}{\omega_1} = 1.004\,\text{s} \qquad T_2 = \frac{2\pi}{\omega_2} = 0.384\,\text{s}$$

$$X_{11} = 1.000,\ X_{21} = 1.618,\quad X_{12} = 1.000,\ X_{22} = -0.618$$

查表 $T_g = 0.40\,\text{s}, \alpha_{\max} = 0.08$。

$$\alpha_1 = \left(\frac{T_g}{T_1}\right)^{0.9}\alpha_{\max} = \left(\frac{0.40}{1.004}\right)^{0.9} \times 0.08 = 0.035$$

$$\gamma_1 = \frac{\sum\limits_{i=1}^{m} X_{ji}G_i}{\sum\limits_{i=1}^{m} X_{ji}^2 G_i} = \frac{1000 \times 1.000 + 1000 \times 1.618}{1000 \times 1.000 + 1000 \times 1.618^2} = 0.724$$

$$F_{11} = 0.035 \times 0.724 \times 1.000 \times 1000 = 25.34\,\text{kN}$$

$$F_{21} = 0.033 \times 0.724 \times 1.618 \times 1000 = 41.00\,\text{kN}$$

因 $0.10\,\text{s} < T_2 < T_g = 0.40\,\text{s}$ ，故取 $\alpha_2 = \alpha_{\max} = 0.08$。

$$\gamma_2 = 0.276$$

$$F_{12} = 0.08 \times 0.276 \times 1.000 \times 1000 = 22.08\,\text{kN}$$

$$F_{22} = -13.65\,\text{kN}$$

（5）绘制地震内力图。

相应于第一、第二振型的地震作用和剪力图以及组合地震剪力图和弯矩图如图 3-56 所示。

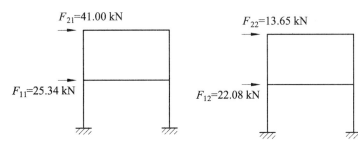
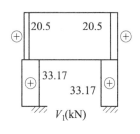

（a）第一振型地震作用　　　（b）第二振型地震作用　　　（c）第一振型地震剪力

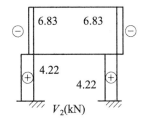
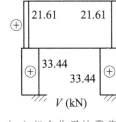
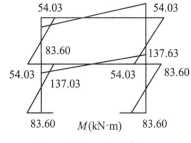

（d）第二振型地震剪力　　（e）组合作用地震剪力　　（f）组合作用地震弯矩

图 3-56　地震内力图

组合地震剪力　第 2 层　$V_2 = \sqrt{\sum_{j=1}^{2} V_j^2} = \sqrt{20.5^2 + (-6.83)^2} = 21.61 \text{ kN}$

第 1 层　$V_1 = \sqrt{\sum_{j=1}^{2} V_j^2} = \sqrt{33.17^2 + 4.22^2} = 33.44 \text{ kN}$

3.5.8　竖向地震作用计算

9 度时的高层建筑，8、9 度时的大跨度和长悬臂结构，应计算竖向地震作用。

3.6　框架的内力组合

3.6.1　控制截面

1. 横　梁

对于横梁，梁内力控制截面一般取两端支座截面及跨中截面，如图 3-57 所示。其两端支座截面常常是最大负弯矩及最大剪力作用处，在水平荷载作用下，梁端截面还有正弯矩。而跨中控制截面常常是最大正弯矩作用处，在梁端截面（指柱边缘处的梁截面），要

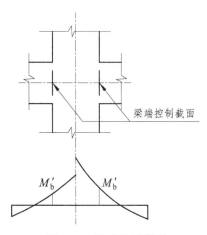

图 3-57　梁端控制截面

组合最大负弯矩及最大剪力，也要组合可能出现的正弯矩。应当注意的是，由于内力分析结果往往是轴线位置处的梁弯矩和剪力，因而在组合前应经过换算求得柱边截面的弯矩和

剪力值。计算公式如下：

$$\left.\begin{array}{l} M' = M - b \times \dfrac{V}{2} \\ V' = V - \dfrac{b}{2}\tan\alpha \end{array}\right\}$$

式中：M'、V'——柱边处梁截面的弯矩和剪力；

　　　M、V——柱轴线处梁截面的弯矩和剪力；

　　　b——柱宽；

　　　α——剪力与水平线夹角。

2. 柱

对于柱子，由弯矩图可知，弯矩最大值在柱两端，剪力和轴力值在同一楼层内变化很小。因此，柱的设计控制截面为上、下两个端截面，并且在轴线处计算的内力也应换算到梁上、下边缘处的柱截面内力。柱可能出现大偏压破坏，此时 M 越大越不利；也可能出现小偏压破坏，此时，N 越大越不利。此外，还应选择正弯矩或负弯矩中绝对值最大的弯矩进行截面配筋，因为柱子多数都设计成对称配筋。

3.6.2　活荷载的最不利布置

作用于框架结构上的竖向荷载包括恒荷载和活荷载。恒荷载是长期作用在结构上的荷载，任何时候必须全部考虑。在计算内力时，恒荷载必须满布，但是活荷载却不同，它有时作用有时不作用。各种不同的布置就会产生不同的内力，因此应该由最不利布置方式计算内力以求得截面最不利内力。

1. 逐层逐跨布置法

恒载一次布置，将楼（屋）面活荷载逐跨单独地作用在各层上，分别计算其内力，然后再针对各控制截面组合出其可能出现的最大内力，此方法不适合手算，如图 3-58 所示。

2. 最不利荷载布置法

该方法根据影响线和虚位移原理直接确定产生最不利内力的活载布置方式，可直接确定框架梁中跨内最大正弯矩、梁端负弯矩和柱端弯矩对应的活载布置方式，此法手算也很困难，如图 3-59 所示。

3. 分层或分跨布置法

为简化计算，近似将活载一层（或一跨）做一次布置，有多少层（或跨）便布置多少次，分别进行计算，然后进行最不利内力组合。梁仅考虑本层活载的影响，计算方法同连续梁活载最不利布置，柱的弯矩仅考虑相邻上下层活载的影响，柱的轴力考虑以上各层相邻范围满布活载，如图 3-60 所示。

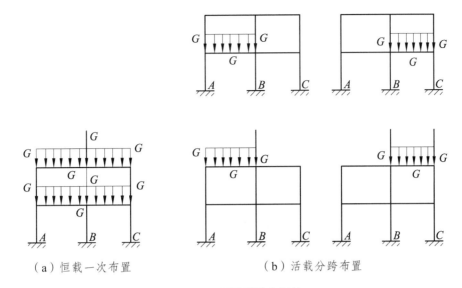

（a）恒载一次布置　　　　　　　（b）活载分跨布置

图 3-58　逐层逐跨布置法

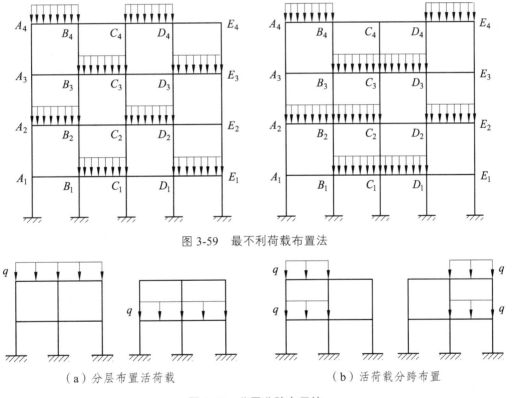

图 3-59　最不利荷载布置法

（a）分层布置活荷载　　　　　　（b）活荷载分跨布置

图 3-60　分层分跨布置法

4. 满布荷载法

多、高层建筑中，按上述方式布置活荷载计算工作量大，手算困难。考虑到一般的民用及公共、高层建筑，竖向活荷载的标准值仅为 $1.5 \sim 2.0 \ \text{kN/m}^2$，与恒载及水平作用产生的内力相比，其产生的内力较小，进行活载作用的内力分析时，可把活荷载满布在框架上。

计算表明，由满布荷载法得到的支座内力与按最不利布置的极为接近，但梁中弯矩比按最不利布置的小，应乘以 1.1 ~ 1.2 的增大系数。对于楼面活载标准值不超过 5 kN/m² 的一般框架结构，此法的精度和安全度均可满足工程设计要求。

当活荷载与恒载的比值不大于 1 时，也可不考虑活载的最不利布置，而把活载同时作用于所有的框架上，所得支座内力同样与按最不利布置的极为接近，但梁中弯矩应乘以 1.1 ~ 1.2 的增大系数。

3.6.3　内力组合

对于框架梁，组合支座截面的 $-M_{max}$ 和 V_{max} 以及跨中截面的 M_{max}。

对于框架柱，组合柱端截面最不利的内力可归结为下列四种形式：

（1）$|M|_{max}$ 及相应的 N。

（2）N_{max} 及相应的 M。

（3）N_{min} 及相应的 M。

（4）M 比较大（不是绝对最大），但 N 比较小或 N 比较大（不是绝对最小或绝对最大），柱子还要组合最大剪力 V_{max}。

根据《建筑结构荷载规范》（GB 50009—2010）和《建筑抗震设计规范（2016 年版）》（GB 50011—2010）进行荷载组合，得到四种内力的最不利情况，进行配筋计算，取最大配筋值作为设计值。

3.6.4　弯矩调幅

1. 梁端弯矩调幅的目的

按照框架结构的预期破坏形式，在梁端出现塑性铰是合理的；为了施工方便，也往往希望节点处的负钢筋放得少一些；对于装配式或装配整体式框架，节点并非绝对刚性，梁端实际弯矩将小于其弹性计算值。因此，在进行框架结构设计时，一般均对梁端弯矩进行调幅。

支座弯矩降低后，必须按照平衡条件加大跨中设计弯矩，这样，在支座出现塑性铰后不会导致跨中截面承载力不足。梁端弯矩调幅就是把竖向荷载作用下的梁端负弯矩按一定的比例下调的过程。

2. 梁端弯矩调幅的方法

梁端弯矩的调幅只对竖向荷载作用下的弯矩进行，水平荷载作用下的弯矩不参加调幅。弯矩的调幅应在内力组合之前进行，调幅后再与风荷载或水平地震作用产生的弯矩进行组合。柱的弯矩主要受水平力的控制，因此，柱端弯矩没有必要进行调幅。梁端剪力一般也不随梁端弯矩调整。

梁端弯矩的调幅按以下方法进行：

设某框架梁 AB 在竖向荷载作用下，梁端最大负弯矩分别为 M_{ao}、M_{bo}，则调幅后梁端弯矩可取：

$$M_a = \beta M_{ao}$$
$$M_b = \beta M_{bo}$$

式中：β——弯矩调幅系数，对于现浇框架，可取 0.8 ~ 0.9；对于装配式框架，可取 0.7 ~ 0.8。

梁端弯矩调幅后，在相应荷载作用下的跨中弯矩必将增加。跨中弯矩的增加值为：

$$\Delta M = (1 - \beta)(M_{ao} + M_{bo})/2$$

则调幅后的跨中弯矩为：

$$M_c = M_{co} + \Delta M$$

若此时跨中弯矩未知，则调幅后的跨中弯矩等于按简支梁计算的跨中弯矩值（$M_a + M_b$）/2。

为保证梁的安全，梁端弯矩调幅后，还应校核该梁的静力平衡条件，即调幅后梁端弯矩 M_a、M_b 的平均值（取绝对值）与跨中最大正弯矩 M_c 之和，应不小于按简支梁计算的跨中弯矩值。

为了使跨中正钢筋的数量不至于过少，通常在梁截面设计时所采用的跨中设计弯矩值不应小于按简支梁计算的跨中弯矩值的一半。

3.7 构件截面设计

由荷载计算到构件截面设计的流程如图 3-61 所示。

图 3-61 构件截面设计流程

框架结构构件设计包括梁、柱及节点的配筋计算。通过内力组合求得梁、柱构件各控制截面的最不利内力设计值并进行必要的调整后，即可对其进行截面配筋计算和采取构造措施。

1. 梁正截面受弯承载力计算

根据非抗震设计时结构构件截面承载力设计表达式，梁受弯承载力的设计表达式可写为：

$$\gamma_0 M \leqslant M_u$$

式中：M——非抗震设计时梁截面组合的弯矩设计值；

γ_0——结构重要性系数；

M_u——梁截面承载力设计值，分别按下列公式计算：

矩形截面梁承载力计算公式：

$$M_u = \alpha_1 f_c b x \left(h_0 - \frac{x}{2} \right) + f_y' A_s' (h_0 - a_s')$$

$$\alpha_1 f_c b x + f_y' A_s' = f_y A_s$$

第一类 T 形截面梁承载力计算公式：

$$\alpha_1 f_c b_f' x = f_y A_s$$

$$M_u = \alpha_1 f_c b_f' x \left(h_0 - \frac{x}{2} \right)$$

第二类 T 形截面梁承载力计算公式：

$$f_y A_s = \alpha_1 f_c b x + \alpha_1 f_c (b_f' - b) h_f'$$

$$M_u = \alpha_1 f_c b x \left(h_0 - \frac{x}{2} \right) + \alpha_1 f_c (b_f' - b) h_f' \left(h_0 - \frac{h_f'}{2} \right)$$

其中：b、h_0——梁截面宽度和有效高度；

x——受压区混凝土计算高度；

a_s'——纵向受压钢筋合力点至截面近边缘的距离；

f_y、f_y'——纵筋的抗拉和抗压强度设计值；

b_f'、h_f'——混凝土受压区翼缘的宽度与高度；

A_s——纵筋的全部截面面积。

设计时，跨中截面的计算弯矩，应取该跨的跨间最大正弯矩或支座正弯矩与 1/2 简支梁弯矩之中的较大者。

按非抗震设计时，梁跨中截面受压区相对高度应满足，梁支座截面受压区相对高度应满足。设计时可先按跨中弯矩计算梁下部的纵向受拉钢筋面积，然后将其伸入支座，作为支座截面承受负弯矩的受压钢筋面积 A_s'，再按双筋矩形截面计算梁上部纵筋面积 A_s。

2. 梁斜截面受剪承载力计算

非抗震设计时，对于矩形、T 形和工字形截面一般梁，梁斜截面抗剪承载力按下式计算：

$$V \leqslant 0.7 f_t b h_0 + 1.0 f_{yv} A_{sv} h_0 / s$$

式中：b、h_0——梁截面宽度和有效高度；

f_{yv}——箍筋抗拉强度设计值；

f_t——混凝土抗拉强度设计值；

A_{sv}——配置在同一截面内箍筋各肢的全部截面面积；

s——箍筋间距。

框架梁和连梁，其截面组合的剪力设计值应符合下列要求：当 $h_w / b \leqslant 4$ 时，斜截面抗剪承载力按 $V \leqslant 0.25 \beta_c f_c b h_0$ 计算。

3. 框架柱设计

柱截面尺寸宜满足剪跨比及轴压比的要求。柱的剪跨比 λ 宜大于 2，柱的轴压比是指柱组合的轴压力设计值与柱的全截面面积和混凝土轴心抗压强度设计值乘积的比值。轴压比较小时，在水平地震作用下，柱将发生大偏心受压的弯曲型破坏，柱具有较好的位移和延性；轴压比较大时，柱将发生小偏心受压的压溃型破坏，柱几乎没有位移和延性。因此，为保证柱具有一定的延性，使框架柱处于大偏心受压状态，必须合理确定柱的截面尺寸。

剪跨比按下式计算：

$$\lambda = M_c / V_c h_0$$

式中：M_c、V_c——分别为柱端或墙端截面组合的弯矩计算值和剪力计算值，M_c 取上、下端弯矩的较大者。

框架结构的中间层可按柱净高与 2 倍柱截面有效高度的比值计算。

4. 柱正截面承载力计算

根据柱端截面组合的内力设计值及其调整值，按正截面偏心受压计算柱的纵向受力钢筋。一般可采用对称配筋，抗震设计与非抗震设计采用相同的承载力计算公式。

计算中采用的柱计算长度 l_0 可按下列规定取用：

（1）一般多层房屋中梁柱为刚接的框架结构的各层柱段，在采用现浇楼盖时，底层柱取 1.0H，其余各层柱取 1.25H；在采用装配式楼盖时，底层柱取 1.25H，其余各层取 1.5H。其中，H 为底层柱从基础顶面到一层楼盖顶面的高度，其余各层柱为上下两层楼盖顶面之间的高度。

（2）水平荷载产生的弯矩设计值占总弯矩设计值的 75%以上时，框架柱的计算长度 l_0 可按下列两个公式计算，并取其中较小值。

$$l_0 = [1 + 0.15(\psi_u + \psi_l)]H$$
$$l_0 = (2 + 0.2\psi_{min})H$$

式中：ψ_u、ψ_l——分别为柱的上端、下端节点处交汇的各柱线刚度之和与交汇的各梁线刚度之和的比值；

ψ_{min}——ψ_u、ψ_l 中的较小值；

H——柱的高度。

矩形截面偏心受压构件正截面受压承载力计算公式：

$$N = a_1 f_c bx + f_y' A_s' - \sigma_s A_s$$
$$Ne \leq a_1 f_c bx(h_0 - 0.5x) + f_y' A_s'(h_0 - a_s')$$

式中：b、h_0——柱截面宽度和有效高度；

e——轴向力作用点至远离轴力一侧纵筋合力点之间的距离；

f_y'——纵筋的抗压强度设计值；

A_s、A'——远离轴力一侧纵筋和靠近轴力一侧纵筋的全部截面面积；

σ_s——受拉或受压较小边的纵筋应力。

5. 柱斜截面受剪承载力计算

柱斜截面受剪承载力按下式计算：

$$V_c \leq \frac{1.75}{\lambda + 1.0} f_t bh_0 + 1.0 f_{yv} \frac{A_{sv}}{s} h_0 + 0.07N$$

式中：V_c——内力调整后柱端组合的剪力设计值；

N——与剪力设计值相应的柱轴向压力设计值，当 N 大于 $0.3f_cA$ 时取 $0.3f_cA$；

λ——框架柱的计算剪跨比，其值取上、下端弯矩较大值 M 与对应的剪力 V 和柱截面有效高度 h_0 的比值。当框架柱的反弯点在柱层高范围时也可取 $H_n/2h_0$（H_n 为柱净高），当 λ 小于 1 时取 1，当 λ 大于 3 时取 3。

3.8　楼梯结构设计

3.8.1　板式楼梯设计

1. 内力计算

斜板的计算简图如图 3-62 所示。其跨中最大弯矩为：

$$M_{\max}=1/8P'_xl'^2_0$$

因为 $l'_0=l_0/\cos\alpha$、$p'_x=p_x\cos\alpha$、$p_x=p\cos\alpha$，所以 $M_{\max}=1/8pl_0^2$。

式中：l'_0——斜板的斜向计算长度；

l_0——斜板的水平投影计算长度；

p_x——沿斜向每米长的垂直均布荷载；

p——斜板在水平投影面上的垂直均布荷载。

当将斜板和休息平台板合并设计成折板时，计算简图如图 3-63 所示。

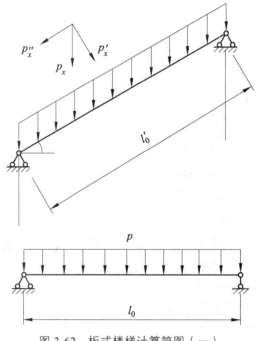

图 3-62　板式楼梯计算简图（一）

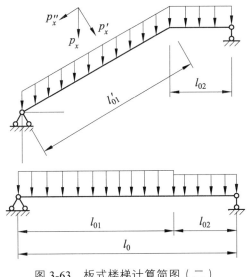

图 3-63　板式楼梯计算简图（二）

验算斜板挠度时，应取斜长及荷载 p'_x。

当楼梯斜板与平台板（梁）整体连接时（见图 3-64），考虑到支座的部分嵌固作用，板式楼梯的跨中弯矩可近似取 $M=1/10pl_0^2$，支座应配置承受负弯矩钢筋。当楼梯需要满足抗震要求时，可设置滑动支座，如图 3-65 所示。

2. 配筋构造

板式楼梯配筋有弯起式[见图 3-64（a）]与分离式[见图 3-64（b）]两种。

横向构造钢筋通常在每一踏步下放置 1 根 $\phi6$ 或 $\phi6@200$。当梯板 $t \geqslant 150$ mm 时，横向构造筋宜采用 $\phi8@200$。

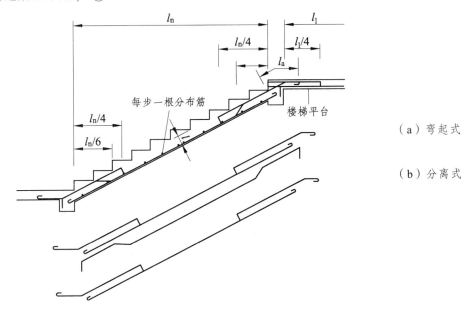

（a）弯起式

（b）分离式

图 3-64　板式楼梯配筋构造

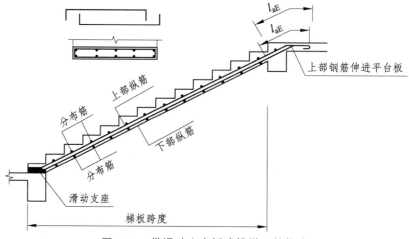

图 3-65　带滑动支座板式楼梯配筋构造

板的跨中配筋按计算确定，支座配筋一般取跨中配筋量的 1/4，配筋范围为 $l_n/4$。支座负筋可锚固入平台梁内。

带有平台板的板式楼梯，当为上折板式时[见图 3-66（a）]，在折角处由于节点的约束作用应配置承受负弯矩的钢筋，其配筋范围可取 $l_1/4$。其下部受力筋①、②在折角处应伸入受压区，并满足锚固要求。

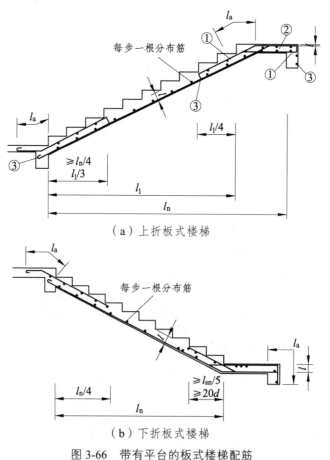

（a）上折板式楼梯

（b）下折板式楼梯

图 3-66　带有平台的板式楼梯配筋

120

3.8.2 梁式楼梯设计

1. 双梁楼梯

双梁楼梯的踏步斜板支承在边梁上，是一块斜向支承的单向板，计算时取一个踏步作为计算单元。踏步板的截面为图 3-67 所示的 $ABCDE$ 的面积，为简化计算可近似地按截面宽度为 b_1，截面高度 $h_0=h_1/2$ 的矩形截面计算，其中 $h_1=d\cos\alpha+t$。

跨步板两端与边梁整体连接时，考虑支座的嵌固作用，踏步板的跨中弯矩可近似取 $M=l/10pl_n^2$。双梁楼梯踏步板的配筋构造见图 3-67。

2. 单梁楼梯

单梁楼梯是一根斜梁承受由踏步板传递来的竖向荷载，斜梁设置在踏步板中间或一侧。梯段板按悬臂板计算。梯段梁除按一般单跨梁计算外，尚应考虑当活荷载在梁翼缘一侧布置时产生的扭矩，如图 3-68 所示。图中，q_1 为活荷载设计值（kN/m²），g_1 为恒载设计值（$\gamma_g=1.2\,\text{kN/m}^2$），$g_2$ 为恒载设计值（$\gamma_G=1.0\,\text{kN/m}^2$）。

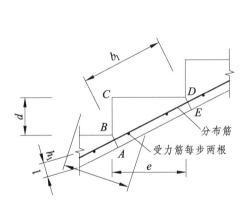

图 3-67　踏步板有效计算高度

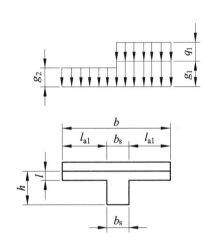

图 3-68　梯段梁荷载示意图

3.9　基础设计

3.9.1　地基基础设计等级

地基与基础设计内容和要求与建筑物地基基础的设计等级有关，《建筑地基基础设计规范》（GB 50007—2011）根据地基复杂程度、建筑物规模和功能特征以及由于地基问题可能造成建筑物破坏或影响正常使用的程度，将地基基础设计分为三个设计等级，设计时应根据具体情况按表 3-30 选用。

表 3-30　地基基础设计等级

设计等级	建筑和地基类型
甲级	重要的工业与民用建筑物； 30 层以上的高层建筑； 体型复杂，层数相差超过 10 层的高低层连成一体建筑物； 大面积的多层地下建筑物（如地下车库、商场、运动场等）； 对地基变形有特殊要求的建筑物； 复杂地质条件下的坡上建筑物（包括高边坡）； 对原有工程影响较大的新建建筑物； 场地和地基条件复杂的一般建筑物； 位于复杂地质条件及软土地区的二层及二层以上地下室的基坑工程； 开挖深度大于 15 m 的基坑工程； 周边环境条件复杂、环境保护要求高的基坑工程
乙级	除甲级、丙级以外的工业与民用建筑物； 除甲级、丙级以外的基坑工程
丙级	场地和地基条件简单，荷载分布均匀的七层及七层以下民用建筑及一般工业建筑物，次要的轻型建筑物； 非软土地区且场地地质条件简单、基坑周边环境条件简单、环境保护要求不高且开挖深度小于 5 m 的基坑工程

3.9.2　场地分类与场地土分类

1．场地土的分类

场地土指构造物所在地的土层，可分为以下四类：

（1）Ⅰ类场地土：岩石，紧密的碎石土。

（2）Ⅱ类场地土：中密、松散的碎石土，密实、中密的砾及粗、中砂；地基土容许承载力 $[\sigma_0]>150$ kPa 的黏性土。

（3）Ⅲ类场地土：松散的砾及粗、中砂，密实、中密的细、粉砂，地基土容许承载力 $[\sigma_0] \leqslant 150$ kPa 的黏性土和 $[\sigma_0] \geqslant 130$ kPa 的填土。

（4）Ⅳ类场地土：淤泥质土，松散的细、粉砂，新近沉积的黏性土；地基土容许承载力 $[\sigma_0]<130$ kPa 的填土。

2．场地的分类

（1）根据《建筑抗震设计规范》（GB 50011—2010）第 4.1.6 条，建筑场地的类别划分应以土层等效剪切波速和场地覆盖层厚度为准。同时，该条具体规定了根据"土层等效剪切波速"和"场地覆盖层厚度"双参数划分为Ⅰ类、Ⅱ类、Ⅲ类、Ⅳ类等四个类别的定值范围，其中Ⅰ类可分为 I_0、I_1 两个亚类（见表 3-31）。当有可靠的剪切波速和覆盖层厚度且其值处于表 3-31 所列场地类别的分界线附近时，应允许按插值方法确定地震作用计算所用的特征周期。建筑场地为 I 类时，对甲、乙类的建筑应允许仍按本地区抗震设防烈度的要求采取抗震构造措施；对丙类建筑应允许按本地区抗震设防烈度降低一度的要求采取抗震构造措施，但抗震设防烈度为 6 度时仍应按本地区抗震设防烈度的要求采取抗震构造措施。

（2）建筑场地覆盖层厚度的确定，应符合下列要求：

① 一般情况下，应按地面至剪切波速大于 500 m/s 且其下卧各层岩土的剪切波速均不小于 500 m/s 的土层顶面的距离确定。

② 当地面 5 m 以下存在剪切波速大于其上部各土层剪切波速 2.5 倍的土层，且该层及其下卧各层岩土的剪切波速均不小于 400 m/s 时，可按地面至该土层顶面的距离确定。

③ 剪切波速大于 500 m/s 的孤石、透镜体，应视同周围土层。

④ 土层中的火山岩硬夹层，应视为刚体，其厚度应从覆盖土层中扣除。

表 3-31　各类建筑场地的覆盖层厚度

岩石的剪切波速或土的等效剪切波速/（m/s）	场地类别				
	I_0	I_1	II	III	IV
$v_s > 800$	0				
$800 \geqslant v_s > 500$		0			
$500 \geqslant v_{se} > 250$		<5	≥5		
$250 \geqslant v_{se} > 150$		<3	3 ~ 50	>50	
$v_{se} \leqslant 250$		<3	3 ~ 15	15 ~ 80	>80

注：表中 v_s 为岩石的剪切波速。

3.9.3　对地基基础设计的要求

为了保证建筑物的安全与正常使用，根据建筑物的基础设计等级及长期荷载作用下地基变形对上部结构的影响程度，地基基础设计应符合下列规定：

（1）所有建筑物的地基计算均应满足承载力计算的有关规定。

（2）设计等级为甲级、乙级的建筑物，均应按地基变形设计。

（3）表 3-32 所列范围内设计等级为丙级的建筑物可不作变形验算，如有下列情况之一时，仍应作变形验算：

① 地基承载力特征值小于 130 kPa，且体型复杂的建筑；

② 在基础上及其附近有地面堆载或相邻基础荷载差异较大，可能引起地基产生过大的不均匀沉降时；

③ 软弱地基上的建筑物存在偏心荷载时；

④ 相邻建筑距离过近，可能发生倾斜时；

⑤ 地基内有厚度较大或厚薄不均的填土，其自重固结未完成时。

（4）对经常受水平荷载作用的高层建筑、高耸结构和挡土墙等，以及建造在斜坡上或边坡附近的建筑物和构筑物，尚应验算其稳定性。

（5）基坑工程应进行稳定验算。

（6）当地下水埋藏较浅，建筑地下室或地下构筑物存在上浮问题时，尚应进行抗浮验算。

表 3-32　可不作地基变形计算设计等级为丙级的建筑物范围

地基主要受力层情况	地基承载力特征值 f_{ak}/kPa	$80 \leqslant f_{ak} < 100$	$100 \leqslant f_{ak} < 130$	$130 \leqslant f_{ak} < 160$	$160 \leqslant f_{ak} < 200$	$200 \leqslant f_{ak} < 300$
	各土层坡度/%	≤5	≤10	≤10	≤10	≤10
建筑类别	砌体承重结构、框架结构（层数）	≤5	≤5	≤6	≤6	≤7

注：① 地基主要受力层系指条形基础底面下深度为 $3b$（b 为基础底面宽度），独立基础下为 $1.5b$，且厚度均不小于 5 m 的范围（二层以下一般的民用建筑除外）；

② 地基主要受力层中如有承载力标准值小于 130 kPa 的土层时，表中砌体承重结构的设计，应符合软弱地基的有关要求；

③ 表中砌体承重结构和框架结构均指民用建筑；

④ 烟囱高度和水塔容积的数值系指最大值；

⑤ 排架结构详见《建筑地基基础设计规范》（GB 50007—2011）。

3.9.4　荷载取值

地基基础设计时，所采用的作用效应最不利组合与相应的抗力限值应符合下列规定：

（1）地基承载力确定基础底面积及埋深或按单桩承载力确定桩数时，传至基础或承台底面上的荷载应按正常使用极限状态下荷载效应的标准组合。相应的抗力应采用地基承载力特征值或单桩承载力特征值。

（2）计算地基变形时，传至基础底面上的荷载效应应按正常使用极限状态下荷载效应的准永久组合，不应计入风荷载和地震作用。相应的限值应为地基变形允许值。

（3）计算挡土墙、地基或滑坡稳定以及基础抗浮稳定时，作用效应应按承载能力极限状态下荷载效应的基本组合，但其分项系数均为 1.0。

（4）在确定基础或桩台高度、支挡结构截面、计算基础或支挡结构内力、确定配筋和验算材料强度时，上部结构传来的作用效应和相应的基底反力、挡土墙土压力以及滑坡推力，应按承载能力极限状态下荷载效应的基本组合，采用相应的分项系数。当需要验算基础裂缝宽度时，应按正常使用极限状态作用的标准组合。

（5）基础设计安全等级、结构设计使用年限、结构重要性系数应按有关规范的规定采用，但结构重要性系数 γ_0 不应小于 1.0。

3.9.5　基础埋置深度的选择

基础的埋置深度一般指室外地面至基础底面或桩基承台底面的距离。

基础埋置深度的大小，对工程造价、施工工期、保证结构安全都有密切的关系。在选择基础的埋置深度时，应该详细分析工程地质条件、建筑物荷载大小、使用要求以及建筑周边环境的影响，按技术和经济的最佳方案确定，一般的原则是，在满足地基稳定和变形要求的前提下，基础宜浅埋，除岩石地基外，基础埋深不宜小于 0.5 m。

影响基础埋置深度的主要因素，大致可归纳为以下几个方面：

1. 建筑场地的地质条件和地下水的影响

显然，基础的埋置深度与场地的工程地质与水文条件有密切的关系，一般选用较好的土层作为基础的持力层，浅基础底面进入持力层的深度不小于 300 mm。如果上层土的承载力大于下层土且上层土有足够的厚度时，可以取上层土作为基础的持力层，这样基础的埋深和底面积都可以减小，当然此时应验算地基软弱下卧层承载力和变形；当上层软弱层较厚时，可以考虑采用桩基或人工地基。采用何种基础方案，应从结构安全、施工难易和工程造价等因素综合比较确定。

一般基础底面宜设置在地下水位以上，如必须置于地下水位以下时，则应采取地基土在施工时不受扰动的措施，同时考虑地下水对基础是否有侵蚀性的影响，以及施工时基坑排水及基坑支护等问题。

位于稳定边坡坡顶的建筑物，当坡高不大于 8 m、坡角不大于 45°，且垂直于坡顶边缘线的基础底边长度小于等于 3 m 时，其基础埋深可按下式计算：

条形基础：$d \geqslant (3.5b-a)\tan\beta$

矩形基础：$d \geqslant (2.5b-a)\tan\beta$

式中：a——基础外边缘线至坡顶的水平距离，不得小于 2.5 m；

$\quad\quad b$——垂直于坡顶边缘线的基础底边长；

$\quad\quad \beta$——坡角。

2. 建筑物的用途及基础构造的影响

当有地下室、电梯基坑、地下管线或设备基础时，常需要将基础整体或局部加深以满足建筑物使用功能的需求。为了保护基础不至露出地面，构造要求基础顶面至室外地面的距离不得小于 100 mm。

3. 基础上荷载大小及性质的影响

上部结构荷载较大时，一般要求基础置于承载力较高的土层上；对于承受较大水平荷载的基础，为了保证结构的稳定性，常将基础埋深加大；对于承受上拔力的基础，也需要有足够的基础埋深，以保证必要的抗拔阻力。

4. 相邻建筑物基础埋深的影响

当存在相邻建筑物时，新建建筑物的基础埋深不宜大于原有建筑基础，同时应考虑新建建筑物基础荷载对原有建筑物的影响。当埋深大于原有建筑基础时，两基础间应保持一定净距，其数值应根据原有建筑荷载大小、基础形式和土质情况确定，其净距一般为 1～2 倍两相邻基础底面标高差，即 $l \geqslant (1～2)h$。当上述要求不能满足时，应采取分段施工、设临时加固支撑、打板桩、地下连续墙等施工措施，或加固原有建筑物地基，以保证原有建筑物的安全。

5. 季节性冻土的影响

季节性冻土指一年内冻结与解冻交替出现的土层，有的厚度可达 3 m。

当土层温度降至摄氏零度时，土中的自由水首先结冰，随着土层温度继续下降，结合水的外层也开始冻结，因而结合水膜变薄，附近未冻结区土颗粒较厚的水膜便会迁移至水膜较薄的冻结区，并参与冻结。如地下水位较高，不断向冻结区补充积累，使冰晶体增大，形成冻胀。如果冻胀产生的上抬力大于作用于基底的竖向力，会引起建筑物开裂甚至破坏；当土层解冻时，土中的冰晶体融化，使土软化，含水量增加，强度降低，将产生附加沉降，称为融陷。

季节性冻土的冻胀性与融陷性是互相关联的，故常以冻胀性加以概括。土的冻胀性大小与土颗粒大小、含水量和地下水位高低有密切关系，《建筑地基基础设计规范》（GB 50007—2011）（以下简称《规范》）根据土的类别、冻前天然含水量和冻结期间地下水位距冻结面的最小距离将地基土分为不冻胀、弱冻胀、冻胀、强冻胀和特强冻胀五类。

当建筑基础底面之下允许有一定厚度的冻土层，可用下式计算基础的最小埋深：

$$d_{\min} = z_d - h_{\max}$$

式中：$h_{\max}$——基础底面下允许残留冻土层的最大厚度，按《规范》附录 G.0.2 查取；

z_d——设计冻深。

季节性冻土地基的设计冻深 z_d 应按下式计算：

$$z_d = z_0 \cdot \psi_{zs} \cdot \psi_{zw} \cdot \psi_{ze}$$

式中：Z_0——标准冻深，系采用在地表平坦、裸露、城市之外的空旷场地中不少于 10 年实测最大冻深的平均值。当无实测资料时，按《规范》附录 F 采用。

ψ_{zs}——土的类别对冻深的影响系数，按表 3-33 采用。

ψ_{zw}——土的冻胀性对冻深的影响系数，按表 3-34 采用。

ψ_{ze}——环境对冻深的影响系数，按表 3-35 采用。

表 3-33　土的类别对冻深的影响系数

土的类别	影响系数 ψ_{zs}	土的类别	影响系数 ψ_{zs}
黏性土	1.00	中、粗、砾砂	1.30
细砂、粉砂、粉土	1.20	碎石土	1.40

表 3-34　土的冻胀性对冻深的影响系数

冻胀性	影响系数 ψ_{zw}	冻胀性	影响系数 ψ_{zw}
不冻胀	1.00	强冻胀	0.85
弱冻胀	0.95	特强冻胀	0.80
冻胀	0.90		

表 3-35　环境对冻深的影响系数

周围环境	影响系数 ψ_{ze}
村、镇、旷野	1.00
城市近郊	0.95
城市市区	0.90

注：环境影响系数一项，当城市市区人口为 20 万～50 万时，按城市近郊取值；当城市市区人口大于 50 万小于或等于 100 万时，只计入市区影响；当城市市区人口超过 100 万时，除计入市区影响外，尚应考虑 5 km 以内的郊区近郊影响系数。

3.9.6　地基承载力计算

确定基础底面尺寸时，需要首先确定地基承载力特征值。在工程地质勘察报告中已经提供了由载荷试验或其他原位测试、公式计算，并结合工程实践经验等方法综合确定的建筑场地各层土的地基承载力特征值。在基础设计时，当基础宽度大于 3 m 或埋置深度大于 0.5 m 时，以载荷试验或其他原位测试、经验值等方法确定的地基承载力特征值，尚应按下式修正：

$$f_a = f_{ak} + n_b y(b-3) + n_d y_m(d-0.5)$$

式中：f_a——修正后的地基承载力特征值；

f_{ak}——地基承载力特征值；

n_b、n_d——基础宽度和埋深的地基承载力修正系数，按基底下土的类别查表 3-36 取值；

y——基础底面以下土的重度（kN/m³），地下水位以下取浮重度；

b——基础底面宽度（m），当基宽小于 3 m 按 3 m 取值，大于 6 m 按 6 m 取值；

y_m——基础底面以上土的加权平均重度（kN/m³），位于地下水位以下的土层取有效重度；

d——基础埋置深度（m），宜自室外地面标高算起。在填方整平地区，可自填土地面标高算起，但填土在上部结构施工后完成时，应从天然地面标高算起。对于地下室，如采用箱形基础或筏形基础时，基础埋置深度自室外地面标高算起；当采用独立基础或条形基础时，应从室内地面标高算起。

表 3-36　承载力修正系数

土的类别		η_b	η_d
淤泥和淤泥质土		0	1.0
人工填土 e 或 I_L 大于等于 0.85 的黏性土		0	1.0
红黏土	含水比 $\alpha_w > 0.8$	0	1.2
	含水比 $\alpha_w \leq 0.8$	0.15	1.4
大面积压实填土	压实系数大于 0.95，黏粒含量 $\rho_c \geq 10\%$ 的粉土	0	1.5
	最大干密度大于 2.1 t/m³ 的级配砂石	0	2.0
粉土	黏粒含量 $\rho_c \geq 10\%$ 的粉土	0.3	1.5
	黏粒含量 $\rho_c < 10\%$ 的粉土	0.5	2.0

土的类别	η_b	η_d
e 或 I_L 均小于 0.85 的黏性土	0.3	1.6
粉砂、细砂（不包括很湿与饱和时的稍密状态）	2.0	3.0
中砂、粗砂、砾砂和碎石土	3.0	4.4

注：① 强风化和全风化的岩石，可参照所风化成的相应土类取值，其他状态下的岩石不修正；
② 地基承载力特征值按《规范》附录 D 深层平板载荷试验确定时，n_d 取 0；
③ 含水比是指土的天然含水量与液压的比值；
④ 大面积压实填土是指填土范围大于两倍基础宽度的填土。

当偏心距 e 小于或等于 0.033 倍基础底面宽度时，根据土的抗剪强度指标确定地基承载力特征值可按下式计算，并应满足变形要求。

$$f_a = M_b \gamma_b + M_d \gamma_m d + M_c C_k$$

式中：f_a——由土的抗剪强度指标确定的地基承载力特征值；

M_b、M_d、M_c——承载力系数，按表 3-37 确定；

b——基础底面宽度，大于 6 m 时按 6 m 取值，对于砂土小于 3 m 时按 3 m 取值；

C_k——基底下一倍短边宽深度内土的黏聚力标准值。

表 3-37　承载力系数 M_b、M_d、M_c

土的内摩擦角标准值 φ_k /（°）	M_b	M_d	M_c
0	0	1.00	3.14
2	0.03	1.12	3.32
4	0.06	1.25	3.51
6	0.10	1.39	3.71
8	0.14	1.55	3.93
10	0.18	1.73	4.17
12	0.23	1.94	4.42
14	0.29	2.17	4.69
16	0.36	2.43	5.00
18	0.43	2.72	5.31
20	0.51	3.06	5.66
22	0.61	3.44	6.04
24	0.80	3.87	6.45
26	1.10	4.37	6.90
28	1.40	4.93	7.40
30	1.90	5.59	7.95
32	2.60	6.35	8.55
34	3.40	7.21	9.22

土的内摩擦角标准值 φ_k / (°)	M_b	M_d	M_c
36	4.20	8.25	9.97
38	5.00	9.44	10.80
40	5.80	10.84	11.73

注：φ_k 为基底下一倍短边宽深度内土的内摩擦角标准值。

在确定地基承载力特征值后，应计算基础底面的压力，可按下列公式确定：

（1）当轴心荷载作用时：

$$P_k = \frac{F_k + G_k}{A}$$

式中：F_k——相应于荷载效应标准组合时，上部结构传至基础顶面的竖向力值；

G_k——基础自重和基础上的土重；

A——基础底面面积。

（2）当偏心荷载作用时：

$$p_{kmax} = \frac{F_k + G_k}{A} + \frac{M_k}{W}$$

$$p_{kmin} = \frac{F_k + G_k}{A} - \frac{M_k}{W}$$

式中：M_k——相应于荷载效应标准组合时，作用于基础底面的力矩值；

W——基础底面的抵抗矩；

p_{kmin}——相应于荷载效应标准组合时，基础底面边缘的最小压力值。

当偏心距 $e > b/6$ 时，p_{kmax} 应按下式计算：

$$p_{kmax} = \frac{2(F_k + G_k)}{3la}$$

式中：l——垂直于力矩作用方向的基础底面边长；

a——合力作用点至基础底面最大压力边缘的距离。

基础底面的压力，应符合下列公式要求：

（1）当轴心荷载作用时：

$$P_k \leqslant f_a$$

式中：P_k——相应于作用的标准组合时，基础底面处的平均压力值；

f_a——修正后的地基承载力特征值。

（2）当偏心荷载作用时，除符合上式要求外，尚应符合下式要求：

$$P_{kmax} \leqslant 1.2 f_a$$

式中：p_{kmax}——相应于作用的标准组合时，基础底面边缘的最大压力值。

当地基受力层范围内有软弱卧层时，应按下式进行下卧层强度验算：

$$p_z + P_{cz} \leqslant f_{az}$$

式中：p_z——相应于作用的标准组合时，软弱下卧层顶面处的附加压力值；

  p_{cz}——软卧下卧层顶面处土的自重压力值；

  f_{az}——软卧下卧层顶面处经深度修正后地基承载力特征值。

对条形基础和矩形基础，式中的 p_z 值可按下列公式简化计算：

条形基础：$p_z = \dfrac{b(p_k - p_c)}{b + 2z \tan\theta}$

矩形基础：$p_z = \dfrac{lb(p_k - p_c)}{(b + 2z \tan\theta)(1 + 2z \tan\theta)}$

式中：b——矩形基础或条形基础底边的宽度；

  l——矩形基础底边的长度；

  p_c——基础底面处土的自重压力值；

  z——基础底面至软弱下卧层顶面的距离；

  θ——地基压力扩散线与垂直线的夹角，可按表 3-38 采用。

表 3-38　地基压力扩散角 θ

E_{s1}/E_{s2}	z/b	
	0.25	0.50
3	6°	23°
5	10°	25°
10	20°	30°

注：① E_{s1} 为上层土压缩模量，E_{s2} 为下层土压缩模量。

  ② $z/b<0.25$ 时取 $\theta=0°$，必要时，宜由试验确定；$z/b>0.50$ 时 θ 值不变。

  ③ z/b 在 0.25 至 0.50 之间时可插值使用。

3.9.7　天然地基浅基础的设计内容与步骤

（1）初步选定基础的结构形式、材料和平面布置；

（2）确定基础的埋置深度；

（3）根据地质勘察报告提供的地基承载力特征值 f_{ak}，计算经深度和宽度修正后的地基承载力特征值 f_a；

（4）根据作用在基础顶面的按正常使用极限状态下荷载效应的标准组合值和经深度和宽度修正后的地基承载力特征值，计算基础的底面积；

（5）初步选择基础高度和基础剖面形状，并做冲切承载力验算，确定基础高度；

（6）若地基持力层下部存在软弱下卧层，则需要验算软弱下卧层的承载力；

（7）地基基础设计等级为甲、乙级建筑物和部分丙级建筑物应计算地基的变形；

（8）基础的细部结构和构造设计；

（9）绘制基础施工图。

3.9.8 柱下独立基础及双柱联合基础设计

柱下独立基础是毕业设计及实际工程中最常用的基础形式之一，属于扩展基础中的一种，适用于上部结构荷载较大，承受有较大弯矩、水平荷载的建筑物基础。

1. 构造要求

（1）锥形基础的边缘高度，不宜小于 200 mm，且两个方向的坡度不宜大于 1∶3；阶梯形基础的每阶高度一般为 300~500 mm，当基础高度大于或等于 600 mm 而小于 900 mm 时，阶梯形基础分二阶；当基础高度大于或等于 900 mm 时，阶梯形基础分为三阶。

（2）基础下垫层的厚度不宜小于 70 mm，每边伸出基础 50~100 mm，垫层混凝土强度为 C10。

（3）底板受力钢筋的最小直径不宜小于 10 mm，间距不宜大于 200 mm，也不宜小于 100 mm，施工时长向钢筋放在下层，短向钢筋放在上层；基础底板受拉钢筋的最小配筋率不应小于 0.15%。

（4）钢筋保护层的厚度，有垫层时不宜小于 40 mm，无垫层时不宜小于 70 mm。

（5）混凝土强度等级不应低于 C20。

（6）现浇柱的纵向钢筋可通过插筋锚入基础中。插筋的数量、直径和钢筋种类与柱纵向钢筋相同，插入基础的钢筋，上下至少应有两道箍筋固定，插筋的下端宜做成直钩放在基础底板钢筋网上。当符合下列条件之一时，可仅将四角的插筋伸至底板钢筋网上，其余插筋伸入基础的长度按锚固长度确定：① 柱为轴心受压或小偏心受压，基础高度大于或等于 1200 mm；② 柱为大偏心受压，基础高度大于或等于 1400 mm。

（7）杯口基础的构造详见《建筑地基基础设计规范》。

2. 柱下独立基础计算

（1）基础底面面积。

设计时可首先按下式估算基础底面面积：

$$A \geqslant \frac{F_k}{f_a - \gamma_G d}$$

式中：γ_G——基础及其以上填土的平均重度，通常取 20 kN/m²。

考虑到偏心荷载的不利影响，对上式得出的基础底面积放大 1.1~1.4 倍，偏心距小时取小值，偏心距大时取大值，然后验算地基承载力，若满足要求则可以确定基础底面积，若不满足则要加大基础底面积后重新验算，直至满足要求。

（2）基础高度。

基础高度由冲切承载力、剪切承载力和柱内纵向钢筋在基础内的锚固长度的要求确定，一般取 100 mm 的倍数。矩形底板基础一般沿柱短边一侧首先产生冲切破坏，只需根据短边一侧的冲切破坏条件确定基础高度，即要求：

$$F_l \leqslant 0.7 \beta_{hp} f_t b_m h_0$$

上式右边部分为混凝土抗冲切能力，左边部分为冲切力。

$$F_l = p_i A_l$$

式中：p_i——相应于荷载效应基本组合的地基净反力，轴心荷载作用时，取 $p_{i\max} = \dfrac{F}{bl}\left(1 + \dfrac{6e_0}{l}\right)$

或 $p_{i\max} = \dfrac{F}{bl} + \dfrac{6M}{bl^2}$。

A_l——冲切力的作用面积。

β_{hp}——受冲切承载力截面高度影响系数。当基础高度 $h \le 800$ mm 时，β_{hp} 取 1.0；当 $h \ge 2000$ mm 时，β_{hp} 取 0.9，其间按线性内插法取用。

f_t——混凝土轴心抗拉强度设计值。

b_m——冲切破坏锥体斜裂面上、下（顶、底）边长 b_t、b_b 的平均值。

h_0——基础有效高度。

如柱截面长边、短边分别用 a_c、b_c 表示，当冲切破坏锥体的底边落在基础底面积之内[见图 3-69（b）]，则冲切力的作用面积为：

$$b_m = \frac{b_t + b_b}{2} = b_c + h_0$$

$$A_l = \left(\frac{l}{2} - \frac{a_c}{2} - h_0\right)b - \left(\frac{b}{2} - \frac{b_c}{2} h_0\right)^2$$

当冲切破坏锥体的底边落在基础底面积之外[见图 3-69（c）]，则冲切力的作用面积为：

$$A_l = \left(\frac{l}{2} - \frac{a_c}{2} - h_0\right)b$$

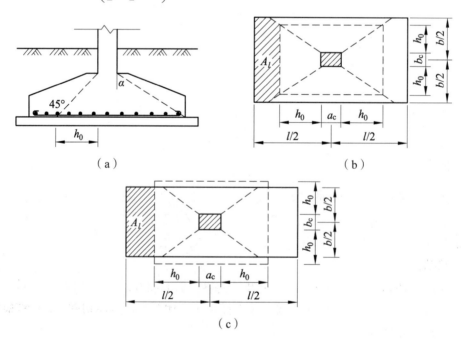

图 3-69　基础冲切计算

对于阶梯形基础，除了对柱边进行冲切验算外，还应对上一阶底边变阶处进行下阶的冲切验算。验算方法与上面柱边冲切验算相同，只是柱截面长边、短边分别换为上阶的长边和短边，h_0 换为下阶的有效高度便可。

（3）基础底板配筋。

在地基净反力作用下，基础沿柱的周边向上弯曲。一般矩形基础的长宽比小于 2，故为双向受弯，当弯曲应力超过基础抗弯强度时，就会发生弯曲破坏，其破坏特征是裂缝沿柱脚至基础角部将基础底板分成四块梯形，故基础底板配筋计算时，可将基础底板看成四块固定于柱边的梯形悬臂板。对于矩形基础，当台阶的高宽比小于或等于 2.5 和偏心距小于或等于 1/6 基础宽度时，地基净反力对柱边Ⅰ—Ⅰ和Ⅱ—Ⅱ截面产生的弯矩为（见图 3-70）：

$$M_{\mathrm{I}} = \frac{1}{48}[(p_{j\mathrm{max}} + p_j)(2b + b_c) + (p_{j\mathrm{max}} - p_j)b](l - a_c)^2$$

$$M_{\mathrm{II}} = \frac{1}{24}p_j(b - b_c)^2(2l + a_c)$$

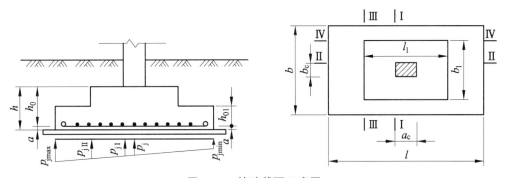

图 3-70　基础截面示意图

基础底板的配筋计算，根据底板弯矩，各计算截面所需的钢筋面积为：

$$A_s = \frac{M}{0.9 f_y h_0}$$

对于阶梯形基础，在变阶处由于混凝土有效高度变小，相应地在基础变阶处（即图 3-70 右图中的Ⅲ—Ⅲ和Ⅳ—Ⅳ截面）也应验算基础底板的抗弯承载力，此时只要将以上各式中的 a_c、b_c 换成上阶的长边和短边，将 h_0 换为下阶的有效高度即可。

3. 柱联合基础设计

当柱距较小时，按柱下独立基础设计可能出现两个柱下基础底板相互交叉的现象，此时就需要将柱下独立基础改为双柱联合基础。双柱联合基础一般可以分为三种类型：矩形联合基础、梯形联合基础和梁式联合基础。

矩形和梯形联合基础一般用于柱距较小的情况，以避免板的厚度及配筋过大。为使得联合基础的基底压力分布较为均匀，应使基础底面的形心与两柱传下的内力准永久组合值的合力点尽可能一致。

联合基础的设计通常做如下假定：

（1）基础是刚性的。一般认为，当基础高度不小于柱距的 1/6 时，基础可视为刚性的。

（2）基底压力为线性分布。

（3）地基主要受力层范围内土质均匀。

（4）不考虑上部结构刚度的影响。

矩形联合基础的设计步骤如下：

（1）计算柱荷载的合力作用点（荷载重心）位置。

（2）确定基础长度，使基础底面形心尽可能与柱荷载重心重合。

（3）按地基土承载力确定基础底面宽度。

（4）按反力线性分布假定计算基底净反力设计值，并用静定分析法计算基础内力，画出弯矩图和剪力图。

（5）根据受冲切和受剪承载力确定基础高度。一般可先假设基础高度，再代入进行验算。

① 受冲切承载力。

$$F_l \leqslant 0.7\beta_{hp}f_tu_mh_0$$

式中：F_l——相应于荷载效应基本组合时的冲切力设计值，取柱轴心荷载设计值减去冲切破坏锥体范围内的基底净反力；

u_m——临界截面的周长，取距离柱周边 $h_0/2$ 处板垂直截面的最不利周长。

② 受剪承载力验算。

由于基础高度较大，无需配置受剪钢筋。验算公式为：

$$V \leqslant 0.7\beta_{hs}f_tbh_0$$

式中：V——验算截面处相应于荷载效应基本组合时的剪力设计值，验算截面按宽梁可取在冲切破坏锥体底面边缘处；

β_{hs}——截面高度影响系数，$\beta_{hs}=(800/h_0)/4$，当 $h_0<800$ mm 时，取 $h_0=800$ mm；当 $h_0>2000$ mm 时，取 $h_0=2000$ mm；

b——基础底面宽度。

其余符号意义同前。

（6）按弯矩图中的最大正负弯矩进行纵向配筋计算。

（7）按等效梁概念进行横向配筋计算。矩形联合基础为等厚度的平板，在两柱间的板受力方式如同一块单向板，靠近柱位的区段，基础的横向刚度很大，可认为在柱边以外各取 0.75h_0 的宽度加上柱宽作为"等效梁"宽度。基础的横向受力钢筋按等效梁的柱边弯矩计算，等效梁以外区段按构造要求配置。

3.9.9 柱下条形基础

当需要较大的底面积去满足地基承载力要求时，可将柱下独立基础的底板连接成条，则形成柱下条形基础。柱下条形基础主要用于柱距较小的框架结构，也可用于排架结构，它可以是单向设置的，也可以是十字交叉形的。单向条形基础一般沿房屋的纵向柱列布置。当单向条形基础不能满足地基承载力的要求，或者由于调整地基变形的需要，可以采用十字交叉条形基础。柱下条形基础承受柱子传下的集中荷载，其基底反力的分布受基础和上部结构刚度的影响，是非线性的。柱下条形基础的内力应通过计算确定。当条形基础截面高度很大时，例如达到柱距 1/3 ~ 1/2 时，具有极大的刚度和调整地基变形的能力。

1．构造要求

柱下条形基础的截面形状一般为倒 T 形，由翼板和肋梁组成。其构造除应满足柱下独立基础的要求外，尚应符合下列要求：

（1）肋梁高度一般取 1/8 ~ 1/4 的柱距，这样的高度一般能满足截面的抗剪要求。柱荷载较大时，可取 1/6 ~ 1/4 柱距；在建筑物次要部位和柱荷载较小时，可取不小于 1/8 ~ 1/7 柱距。肋梁宽度可取柱宽加 100 mm，且大于等于翼板宽度的 1/4。

（2）翼板厚度不宜小于 200 mm。当翼板厚度为 200 ~ 250 mm 时，宜用等厚度翼板；当翼板厚度大于 250 mm 时，宜采用变厚度翼板，其坡度小于或等于 1 : 3。

（3）一般情况下，条形基础的端部应向外伸出悬臂，悬臂长度一般为第一跨跨距的 1/4 ~ 1/3。悬臂的存在有利于降低第一跨变矩，减少配筋，也可以用悬臂调整基础形心。

（4）现浇柱与条形基础肋梁的交接处，其平面尺寸满足图 3-71 的要求。

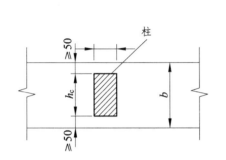
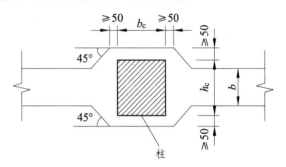

（a）与肋梁轴线垂直的柱边长
h_e<600 mm 且 h_e<b 时

（b）与肋梁轴线垂直的柱边长
h_e≥600 mm 且 h_e≥b 时

图 3-71　现浇柱与条形基础肋梁交接处平面尺寸

（5）混凝土强度等级不低于 C20。

（6）肋梁顶、底部纵向受力钢筋除满足计算要求外，顶部钢筋按计算配筋全部贯通，底部通长钢筋不少于底部受力钢筋纵截面总面积的 1/3。这是考虑使基础拉、压区的配筋量较为适中，并考虑了基础可能受到的整体弯曲影响。

（7）当梁高大于 450 mm 时，应在梁的两侧设置不小于 14 的纵向构造钢筋。该纵向构造钢筋的上下间距不宜大于 200 mm，其截面面积不应小于腹板截面面积的 0.1%。

（8）考虑柱下条形基础可能承受扭矩，肋梁内的箍筋应做成封闭式，直径不小于 8 mm。
间距按计算确定，但不应大于 15d（ d 为纵向受力钢筋直径），也不应大于 400 mm，在距支座 0.25 ~ 0.3 柱距范围内应加密配置。

（9）肋宽 b≤350 mm 时，采用双肢箍筋；350 mm<b≤800 mm 时，采用四肢箍筋；b>800 mm 时，采用六肢箍筋。

（10）翼板的横向受力钢筋由计算确定，但直径不应小于 12 mm，间距为 100 ~ 200 mm。分布钢筋的直径为 8 ~ 10 mm，间距不大于 250 mm。

（11）在柱下钢筋混凝土条形基础的 T 形和十字形交接处，翼板横向受力钢筋仅沿一个主要受力轴方向通长放置，而另一轴向的横向受力钢筋，伸入受力轴方向底板宽度 1/4 即可。

（12）当条形基础底板在 L 形拐角处，其底板横向受力钢筋应沿两个轴向通长放置，分布钢筋在主要受力轴向通长放置，而另一轴向的分布钢筋可在交接边缘处断开。

2. 计算方法

柱下条形基础的内力计算原则上应同时满足静力平衡和变形协调的共同作用条件。在毕业设计中一般采用简化计算方法，简化计算方法采用基底压力呈直线分布假设，用倒梁法或静定分析法计算。简化计算方法仅满足静力平衡条件，是最常用的设计方法。简化方法适用于柱荷载比较均匀、柱距相差不大，基础对地基的相对刚度较大，以致可忽略柱间的不均匀沉降的影响的情况。

倒梁法假定上部结构是刚性的，柱子之间不存在差异沉降，柱脚可以作为基础的不动铰支座，因而可以用倒连续梁的方法分析基础内力。这种假定在地基和荷载都比较均匀、上部结构刚度较大时才能成立，要求梁截面高度大于 1/6 柱距，以符合地基反力呈直线分布的刚度要求。

倒梁法的内力计算步骤如下：

（1）按柱的平面布置和构造要求确定条形基础长度 L，根据地基承载力特征值确定基础底面积 A，基础翼板宽度 B。

（2）按直线分布假设计算基底净反力：

$$P_n = \frac{\sum F_i}{A} + \frac{\sum M_i}{W}$$

式中：$\sum F_i$、$\sum M_i$——相应于荷载效应标准组合时，上部结构作用在条形基础上的竖向力（不包括基础和回填土的重力）总和，以及对条形基础形心的力矩值总和。

（3）确定柱下条形基础的计算简图如图 3-72 所示，即将柱脚作为不动铰支座的倒连续梁。基底净线反力 P、B 和扣除掉柱轴力以外的其他外荷载（柱传下的力矩、柱间分布荷载等）是作用在梁上的荷载。

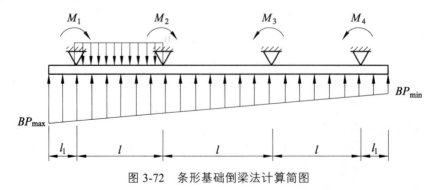

图 3-72　条形基础倒梁法计算简图

（4）进行连续梁分析，可用弯矩分配法、连续梁系数表等方法。

（5）按求得的内力进行梁截面设计。

（6）翼板的内力和截面设计与扩展式基础相同。

由于未考虑基础梁与地基变形协调条件，且采用了地基反力直线分布的假定，倒连续梁分析得到的支座反力与柱轴力一般不相等。为此，需要将柱荷载 F 和相应支座反力的差值均匀地分配在该支座各 1/3 跨度范围内，再解此连续梁的内力，并将计算结果叠加（见图 3-73）。当柱荷载分布和地基较不均匀时，支座会产生不相等的沉陷，较难估计其影响趋势，此时可采用所谓"经验系数法"，即修正连续梁的弯矩系数，使跨中弯矩与支座弯矩之和大于 $ql^2/8$，从而保证了安全，但基础配筋量也相应增加。经验系数有不同的取值，一般支座采用（1/14 ~ 1/10）ql^2，跨中则采用（1/16 ~ 1/10）ql^2。

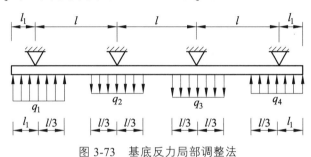

图 3-73　基底反力局部调整法

3.10　结构平法施工图简介

《混凝土结构施工图平面整体表示方法制图规则和构造详图（现浇混凝土框架、剪力墙、梁、板）》（图集号：22G101-1，以下简称《图集》）是混凝土结构施工图采用建筑结构施工图平面整体设计方法的国家建筑标准设计图集。

平法的表达形式，概括来讲，是把结构构件的尺寸和配筋等，按照平面整体表示方法制图规则，整体直接表达在各类构件的结构平面布置图上，再与标准构造详图相配合，即构成一套完整的结构设计。

该图集适用于非抗震和抗震设防烈度为 6 ~ 9 度地区的现浇混凝土框架、剪力墙、框架-剪力墙和部分框支剪力墙等主体结构施工图的设计，以及各类结构中的现浇混凝土板（包括有梁楼盖和无梁楼盖）、地下室结构部分现浇混凝土墙体、柱、梁、板结构施工图的设计。

平面整体表示方法制图规则，既是设计者完成平法施工图的依据，也是施工、监理人员准确理解和实施平法施工图的依据。以下摘录该图集的部分内容，以便于对平面整体表示方法制图规则有所了解。

3.10.1　混凝土结构施工图平面整体表示方法制图规则总则

（1）为了规范使用建筑结构施工图平面整体设计方法，保证按平法设计绘制的结构施工图实现全国统一，确保设计、施工质量，特制定本制图规则。

（2）本图集制图规则适用于基础顶面以上各种现浇混凝土结构的框架、剪力墙、梁、板（有梁楼盖和无梁楼盖）等构件的结构施工图设计。楼板部分也适用于砌体结构。

（3）当采用本制图规则时，除遵守本图集有关规定外，还应符合国家现行有关标准。

（4）按平法设计绘制的施工图，一般是由各类结构构件的平法施工图和标准构造详图两大部分构成，但对于复杂的工业与民用建筑，尚需增加模板、开洞和预埋件等平面图。只有在特殊情况下才需增加剖面配筋图。

（5）按平法设计绘制结构施工图时，必须根据具体工程设计，按照各类构件的平法制图规则，在按结构（标准）层绘制的平面布置图上直接表示各构件的尺寸、配筋。出图时，宜按基础、柱、剪力墙、梁、板、楼梯及其他构件的顺序排列。

（6）在平面布置图上表示各构件尺寸和配筋的方式，分平面注写方式、列表注写方式和截面注写方式三种。

（7）按平法设计绘制结构施工图时，应将所有柱、剪力墙、梁和板等构件进行编号，编号中含有类型代号和序号等。其中，类型代号的主要作用是指明所选用的标准构造详图；在标准构造详图上，已经按其所属构件类型注明代号，以明确该详图与平法施工图中该类型构件的互补关系，使两者结合构成完整的结构设计图。

（8）按平法设计绘制结构施工图时，应当用表格或其他方式注明包括地下和地上各层的结构层楼（地）面标高、结构层高及相应的结构层号。

结构层楼面标高和结构层高在单项工程中必须统一，以保证基础、柱与墙、梁、板、楼梯等用同一标准竖向定位。为施工方便，应将统一的结构层楼面标高和结构层高分别放在柱、墙、梁等各类构件的平法施工图中。

注：结构层楼面标高系指将建筑图中的各层地面和楼面标高值扣除建筑面层及垫层做法厚度后的标高，结构层号应与建筑楼层号对应一致。

（9）为了确保施工人员准确无误地按平法施工图进行施工，在具体工程施工图中必须写明以下与平法施工图密切相关的内容：

① 注明所选用平法标准图的图集号，以免图集升版后在施工中用错版本。

② 写明混凝土结构的设计使用年限。

③ 当抗震设计时，应写明抗震设防烈度及抗震等级，以明确选用相应抗震等级的标准构造详图；当非抗震设计时，也应注明，以明确选用非抗震的标准构造详图。

④ 写明各类构件在不同部位所选用的混凝土的强度等级和钢筋级别，以确定相应纵向受拉钢筋的最小锚固长度及最小搭接长度等。

当采用机械锚固形式时，设计者应指定机械锚固的具体形式、必要的构件尺寸以及质量要求。

⑤ 当标准构造详图有多种可选择的构造做法时，应写明在何部位选用何种构造做法。当未写明时，则为设计人员自动授权施工人员任选一种构造做法进行施工。而某些节点要求设计者必须写明在何部位选用何种构造做法。

⑥ 写明柱（包括墙柱）纵筋、墙身分布筋、梁上部贯通筋等在具体工程中需接长时所采用的连接形式及有关要求。必要时，尚应注明对接头的性能要求。

轴心受拉及小偏心受拉构件的纵向受力钢筋不得采用绑扎搭接，设计者应在平法施工图中注明其平面位置及层数。

⑦ 写明结构不同部位所处的环境类别。

⑧ 注明上部结构的嵌固部位位置。

⑨ 设置后浇带时，注明后浇带的位置、浇筑时间和后浇混凝土的强度等级以及其他特殊要求。

⑩ 当柱、墙或梁与填充墙需要拉结时，其构造详图应由设计者根据墙体材料和规范要求选用相关国家建筑标准设计图集或自行绘制。

⑪ 当具体工程需要对本图集的标准构造详图做局部变更时，应注明变更的具体内容。

⑫ 当具体工程中有特殊要求时，应在施工图中另加说明。

（10）钢筋的混凝土保护层厚度、钢筋搭接和锚固长度，除在结构施工图中另有注明者外，均需按本图集标准构造详图中的有关构造规定执行。

3.10.2 柱平法施工图制图规则

1. 柱平法施工图的表示方法

（1）柱平法施工图系在柱平面布置图上采用列表注写方式或截面注写方式表达。

（2）柱平面布置图，可采用适当比例单独绘制，也可与剪力墙平面布置图合并绘制。

（3）在柱平法施工图中，应按《图集》第1.0.8条的规定注明各结构层的楼面标高、结构层高及相应的结构层号，尚应注明上部结构嵌固部位位置。

2. 列表注写方式

（1）列表注写方式，系在柱平面布置图上（一般只需采用适当比例绘制一张柱平面布置图，包括框架柱、框支柱、梁上柱和剪力墙上柱），分别在同一编号的柱中选择一个（有时需要选择几个）截面标注几何参数代号；在柱表中注写柱编号、柱段起止标高、几何尺寸（含柱截面对轴线的偏心情况）与配筋的具体数值，并配以各种柱截面形状及其箍筋类型图的方式，来表达柱平法施工图（如《图集》第11页图所示）。

（2）柱表注写内容规定如下：

① 注写柱编号，柱编号由类型代号和序号组成，应符合表3-39的规定。

表3-39 柱编码

柱类型	代号	序号
框架柱	KZ	××
框支柱	KZZ	××
芯柱	XZ	××
梁上柱	LZ	××
剪力墙上柱	QZ	××

注：编号时，当柱的总高、分段截面尺寸和配筋均对应相同，仅截面与轴线的关系不同时，仍可将其编为同一柱号，但应在图中注明截面与轴线的关系。

② 注写各段柱的起止标高，自柱根部往上以变截面位置或截面未变但配筋改变处为界分段注写。框架柱和框支柱的根部标高系指基础顶面标高；芯柱的根部标高系指根据结构

实际需要而定的起始位置标高；梁上柱的根部标高系指梁顶面标高；剪力墙上柱的根部标高为墙顶面标高。

③ 对于矩形柱，注写柱截面尺寸 $b \times h$ 及与轴线关系的几何参数代号 b_1、b_2 和 h_1、h_2 的具体数值，需对应于各段柱分别注写。其中 $b=b_1+b_2$，$h=h_1+h_2$。当截面的某一边收缩变化至与轴线重合或偏到轴线的另一侧时，b_1、b_2、h_1、h_2 中的某项为零或为负值。

对于圆柱，表中 $b \times h$ 一栏改用在圆柱直径数字前加 d 表示。为表达简单，圆柱截面与轴线的关系也用 b_1、b_2 和 h_1、h_2 表示，并使 $d=b_1+b_2=h_1+h_2$。对于芯柱，根据结构需要，可以在某些框架柱的一定高度范围内，在其内部的中心位置设置（分别引注其柱编号）。芯柱截面尺寸按构造确定，并按本图集标准构造详图施工，设计不须注写；当设计者采用与本构造详图不同的做法时，应另行注明。芯柱定位随框架柱，不需要注写其与轴线的几何关系。

④ 注写柱纵筋。当柱纵筋直径相同，各边根数也相同时（包括矩形柱、圆柱和芯柱），将纵筋注写在"全部纵筋"一栏中；除此之外，柱纵筋分角筋、截面 b 边中部筋和 h 边中部筋三项分别注写（对于采用对称配筋的矩形截面柱，可仅注写一侧中部筋，对称边省略不注）。

⑤ 注写箍筋类型号及箍筋肢数，在箍筋类型栏内注写按《图集》第 2.2.3 条规定的箍筋类型号与肢数。

⑥ 注写柱箍筋，包括钢筋级别、直径与间距。

当为抗震设计时，用斜线"/"区分柱端箍筋加密区与柱身非加密区长度范围内箍筋的不同间距。施工人员须根据标准构造详图的规定，在规定的几种长度值中取其最大者作为加密区长度。当框架节点核心区内箍筋与柱端箍筋设置不同时，应在括号中注明核心区箍筋直径及间距。

3. 截面注写方式

（1）截面注写方式，系在柱平面布置图的柱截面上，分别在同一编号的柱中选择一个截面，以直接注写截面尺寸和配筋具体数值的方式来表达柱平法施工图。

（2）对除芯柱之外的所有柱截面按《图集》第 2.2.2 条第 1 款的规定进行编号，从相同编号的柱中选择一个截面，按另一种比例原位放大绘制柱截面配筋图，并在各配筋图上继其编号后再注写截面尺寸 $b \times h$、角筋或全部纵筋（当纵筋采用一种直径且能够图示清楚时）、箍筋的具体数值（箍筋的注写方式同《图集》第 2.2.2 条第 6 款），以及在柱截面配筋图上标注柱截面与轴线关系 b_1、b_2、h_1、h_2 的具体数值。

当纵筋采用两种直径时，需再注写截面各边中部筋的具体数值（对于采用对称配筋的矩形截面柱，可仅在一侧注写中部筋，对称边省略不注）。

当在某些框架柱的一定高度范围内，在其内部的中心位设置芯柱时，首先按照《图集》第 2.2.2 条第 1 款的规定进行编号，继其编号之后注写芯柱的起止标高、全部纵筋及箍筋的具体数值（箍筋的注写方式同《图集》第 2.2.2 条第 6 款），芯柱截面尺寸按构造确定，并按标准构造详图施工，设计不注；当设计者采用与本构造详图不同的做法时，应另行注明。芯柱定位随框架柱，不需要注写其与轴线的几何关系。

（3）在截面注写方式中，如柱的分段截面尺寸和配筋均相同，仅截面与轴线的关系不同时，可将其编为同一柱号。但此时应在未画配筋的柱截面上注写该柱截面与轴线关系的具体尺寸。

3.10.3 梁平法施工图制图规则

1. 梁平法施工图的表示方法

（1）梁平法施工图系在梁平面布置图上采用平面注写方式或截面注写方式表达。

（2）梁平面布置图，应分别按梁的不同结构层（标准层），将全部梁和与其相关联的柱、墙、板一起采用适当比例绘制。

（3）在梁平法施工图中，尚应按《图集》第1.0.8条的规定注明各结构层的顶面标高及相应的结构层号。

（4）对于轴线未居中的梁，应标注其偏心定位尺寸（贴柱边的梁可不注）。

2. 平面注写方式

（1）平面注写方式，系在梁平面布置图上，分别在不同编号的梁中各选一根梁，在其上注写截面尺寸和配筋具体数值的方式来表达梁平法施工图。

（2）梁编号由梁类型代号、序号、跨数及有无悬挑代号几项组成，并应符合表3-40的规定。

表 3-40   梁编号

梁类型	代号	序号	跨数及是否带有悬挑
楼层框架梁	KL	××	（××）、（××A）或（××B）
屋面框架梁	WKL	××	（××）、（××A）或（××B）
框支梁	KZL	××	（××）、（××A）或（××B）
非框架梁	L	××	（××）、（××A）或（××B）
悬挑梁	XL	××	
井字梁	JZL	××	（××）、（××A）或（××B）

注：（××A）为一端有悬挑，（××B）为两端有悬挑，悬挑不计入跨数。

（3）梁集中标注的内容，有五项必注值及一项选注值（集中标注可以从梁的任意一跨引出），规定如下：

① 梁编号，见表3-40，该项为必注值。其中，对井字梁编号中关于跨数的规定见《图集》第4.2.5条。

② 梁截面尺寸，该项为必注值。

③ 梁箍筋，包括钢筋级别、直径、加密区与非加密区间距及肢数，该项为必注值。

箍筋加密区与非加密区的不同间距及肢数需用斜线"/"分隔；当梁箍筋为同一种间距及肢数时，则不需用斜线；当加密区与非加密区的箍筋肢数相同时，则将肢数注写一次；箍筋肢数应写在括号内。加密区范围见相应抗震等级的标准构造详图。

④ 梁上部通长筋或架立筋配置（通长筋可为相同或不同直径采用搭接连接、机械连接或焊接的钢筋），该项为必注值。所注规格与根数应根据结构受力要求及箍筋肢数等构造要求而定。当同排纵筋中既有通长筋又有架立筋时，应用加号"+"将通长筋和架立筋相联。注写时需将角部纵筋写在加号的前面，架立筋写在加号后面的括号内，以示不同直径及与通长筋的区别。当全部采用架立筋时，则将其写入括号内。

⑤ 梁侧面纵向构造钢筋或受扭钢筋配置，该项为必注值。当梁腹板高度 $h_w \geqslant 450$ mm 时，需配置纵向构造钢筋，所注规格与根数应符合规范规定。此项注写值以大写字母 G 打头，接续注写设置在梁两个侧面的总配筋值，且对称配置。

⑥ 梁顶面标高高差，该项为选注值。

梁顶面标高高差，系指相对于结构层楼面标高的高差值，对于位于结构夹层的梁，则指相对于结构夹层楼面标高的高差。有高差时，需将其写入括号内，无高差时不注。

第4章 多层框架结构设计算例

4.1 框架结构梁、柱截面设计

4.1.1 工程概况

工程名称：某中学教学楼；

建设地点：某市城区；

层数：四层；

层高：首层 3.6 m，其余层 3.6 m；

房屋高度：$4 \times 3.6 + 0.3$（室内外高差）$= 14.70$ m，房屋长度：47.00 m，房屋宽度：19.40 m；

建筑面积：5500 m^2；

结构形式：现浇钢筋混凝土框架结构；

抗震设防烈度：7 度（0.1g），第一组；

抗震设防分类：乙类（重点设防类）；

抗震计算措施按 7 度，抗震构造措施按 8 度；

抗震等级：二级；

安全等级：一级；

基础设计等级：丙级；

基本风压：0.4 kN/m^2；

地面粗糙度类别：B 类。

4.1.2 设计资料

1. 工程地质条件

本工程持力层为黏性土（$e = 0.75$，$I_L = 0.25$），地基承载力特征值 $f_{ak} = 200$ kPa，不考虑地下水的作用。场地类别为 Ⅱ 类。

2. 气象资料

本工程场地气候为亚热带湿润季风气候类型，冬暖夏热，降水适中，年均气温 17.5 ~ 18 ℃ 之间，一月平均气温 7.4 ℃，七月平均气温 27.2 ℃，极端温度为 -3 ℃ 和 41.4 ℃。年降水量 1100 mm 左右，秋季多绵雨，冬季少雨雪。全年主导风向，夏季西北风，冬季北风，距地 10 m 年最大瞬间风速 34 m/s，夏季平均风速 1.8 m/s，冬季平均风速 1.5 m/s。

3. 材　料

（1）混凝土：梁、板、柱、基础均采用 C30 混凝土，基础垫层采用 C15 混凝土，过梁、构造柱等采用 C25 混凝土。

（2）钢筋：本工程均采用 HPB300 级（A）和 HRB400 级钢筋。

（3）墙体：本工程±0.000 以下采用烧结页岩实心砖（综合容重≤19 kN/m³），±0.000 以上采用烧结页岩多孔砖（综合容重≤12 kN/m³）。

4. 主要装饰工程做法

（1）外墙面做法：200 mm 厚烧结页岩多孔砖，外墙饰面砖（水泥砂浆打底，共厚 25 mm）。

（2）内墙面做法：内墙面，200 mm 厚烧结页岩多孔砖，20 mm 厚水泥砂浆找平层，满刮腻子一道砂磨平，乳胶漆。

（3）屋面做法：屋面结构层，最薄 30 mm 厚 LC5.0 轻集料混凝土 2%找坡层，20 mm 厚 1∶3 水泥砂浆找平层，3+3 mm 厚 SBS 改性沥青防水卷材，70 mm 厚挤塑聚苯乙烯泡沫塑料板保温层，25 mm 厚 1∶2.5 水泥砂浆，防滑地砖面层。

（4）楼面做法（用水房间与无用水房间楼面荷载相差不大，本例结构计算均按无用水房间考虑）：结构层，20 mm 厚 1∶3 水泥砂浆找平层，20 mm 厚 1∶2 干硬性水泥砂浆黏合层，上撒 1~2 mm 厚干水泥并洒清水适量，地砖面层。

（5）顶棚做法：基层清理，刷水泥浆一道（加建筑胶适量），15 mm 厚水泥砂浆打底找平，满刮腻子磨光，刷乳胶漆。

4.1.3　结构形式与布置

1. 结构形式

考虑教学楼建筑功能的要求和特点，需获得较大的使用空间，本结构设计采用钢筋混凝土框架结构体系。

2. 结构布置

根据建筑功能要求，本设计采用纵横向框架承重方案，具体布置见附录。梁、板、柱均整体现浇，基础采用柱下钢筋混凝土独立基础。

3. 初估构件尺寸

（1）梁截面尺寸估算。

框架结构的框架梁截面高度及宽度可由下式估算：

$$h = \left(\frac{1}{8} \sim \frac{1}{12}\right)l, \quad b = \left(\frac{1}{2} \sim \frac{1}{3}\right)h, \quad b \geqslant 200 \text{ mm}$$

次梁截面高度及宽度可由下式估算：

$$h = \left(\frac{1}{12} \sim \frac{1}{20}\right)l, \quad b = \left(\frac{1}{2} \sim \frac{1}{3}\right)h$$

边跨（BC、DE 跨）梁：

$$h = \left(\frac{1}{8} \sim \frac{1}{12}\right)l = \left(\frac{1}{8} \sim \frac{1}{12}\right) \times 7800 = 975 \sim 650 \text{ mm}, \quad 取 h = 700 \text{ mm}, \quad b = 250 \text{ mm}。$$

中跨（CD 跨）梁，与边跨梁相适应，取 $h=500$ mm，$b=250$ mm。

纵向框架梁：$h = \left(\frac{1}{8} \sim \frac{1}{12}\right)l = \left(\frac{1}{8} \sim \frac{1}{12}\right) \times 4800 = 600 \sim 400 \text{ mm}$，取 $h = 500$ mm，$b = 250$ mm。

次梁：取 $h=400$ mm，$b=250$ mm。

（2）柱截面尺寸估算。

估算柱尺寸时，楼面荷载近似取为 12 kN/m² 计算，根据结构平面布置图可知，边柱和中柱的受荷面积区别不大，分别为 4.8 m × 3.9 m 和 4.8 m × 5.7 m，柱截面估算均按中柱受荷面积考虑。

本设计抗震等级为二级，柱轴压比限制要求为：

$$\frac{N}{f_c A_c} \leqslant 0.75$$

求得：$A_c \geqslant \dfrac{N}{0.75 f_c} = \dfrac{\omega \cdot S \cdot \gamma_0 \cdot N_s}{0.75 f_c} = \dfrac{14 \times 10^3 \times 4.8 \times 5.7 \times 1.1 \times 4}{0.75 \times 14.3} = 157144.62 \text{ mm}^2$

其中，f_c 为混凝土轴心抗压强度设计值，本设计柱采用 C30 混凝土，f_c 取 14.3 N/mm²；N_s 为底层柱承受的楼层数量。

综合考虑其他因素，取柱截面尺寸为 450 mm × 450 mm，从底至顶截面不变，则：

$$A_c = 202500 \text{ mm}^2 > 157144.62 \text{ mm}^2$$

截面面积满足要求。

抗震设计时受拉钢筋基本锚固长度 $l_{abE} = 40d$，梁内钢筋伸至边柱内长度 $\geqslant 0.4 l_{abE} = 0.4 \times 40d = 0.4 \times 40 \times 25 = 400$ mm，故柱截面满足此抗震构造要求。

（3）板厚度估算。

板厚度可按跨厚比要求进行估算，单向板不大于 30，双向板不大于 40。

本设计计算单元板长边与短边之比均小于 3.0，均按双向板计算。为简便计算，板厚均按最大板跨 4800/40=120 mm，由于板跨较大（$l_0 > 4$ m），卫生间荷载较大等因素，板适当加厚，因此取为 130 mm。

4.1.4　计算简图及梁柱刚度计算

1. 计算简图

限于篇幅，本设计取第四轴线上的一榀框架计算为例。

本设计基础顶面标高为室内地面-0.600 m，底层计算高度为基础顶面至二层楼面，其余各层计算高度为层高，即首层为 3.6+0.6=4.2 m，其余各层为 3.6 m。

2. 柱线刚度计算

底层柱：$I_1 = \dfrac{1}{12} bh^3 = \dfrac{1}{12} \times 450 \times 450^3 = 3.417 \times 10^9 \text{ mm}^4$

$$i_1 = \frac{EI_1}{l} = \frac{3.417 \times 10^9 E}{4200} = 8.316 \times 10^5 E$$

二~四层柱：$I_2 = I_3 = I_4 = \frac{1}{12} bh^3 = \frac{1}{12} \times 450 \times 450^3 = 3.417 \times 10^9 \text{ mm}^4$

$$i_2 = i_3 = i_4 = \frac{EI_1}{l} = \frac{3.417 \times 10^9 E}{3600} = 9.492 \times 10^5 E$$

3. 梁线刚度计算

求梁截面惯性矩时，宜考虑楼板作为翼缘对梁刚度和承载力的影响。本例为了计算简便，采用梁刚度增大系数法近似考虑，中梁取 $I = 2I_0$，边梁取 $I = 1.5I_0$（$I = 1.5I_0$ 为不考虑楼板翼缘作用的矩形截面梁惯性矩）。

本设计③轴线梁均为中框架梁，$I = 2I_0$，各层梁截面均相同。

BC、*DE* 跨梁：

$$I_{BC} = I_{DE} = \frac{1}{12} bh^3 = \frac{1}{12} \times 250 \times 700^3 = 7.146 \times 10^9 \text{ mm}^4$$

$$i_{BC} = i_{DE} = \frac{2EI}{l} = \frac{2 \times 7.146 \times 10^9 E}{7800} = 18.323 \times 10^5 E$$

CD 跨梁：

$$I_{CD} = \frac{1}{12} bh^3 = \frac{1}{12} \times 250 \times 500^3 = 2.604 \times 10^9 \text{ mm}^4$$

$$i_{CD} = \frac{2EI}{l} = \frac{2 \times 2.604 \times 10^9 E}{3600} = 14.467 \times 10^5 E$$

4. 相对线刚度计算

令二~四层柱线刚度 $i_2 = i_3 = i_4 = 1.00$，则其余各梁、柱的相对线刚度为：

底层柱：

$$i_1 = \frac{8.316 \times 10^5 E}{9.492 \times 10^5 E} = 0.88$$

BC、*DE* 跨梁：

$$i_{BC} = i_{DE} = \frac{18.323 \times 10^5 E}{9.492 \times 10^5 E} = 1.93$$

BC、*DE* 跨梁：

$$i_{BC} = i_{DE} = \frac{14.468 \times 10^5 E}{9.492 \times 10^5 E} = 1.52$$

梁、柱的相对线刚度如图 4-1 所示。

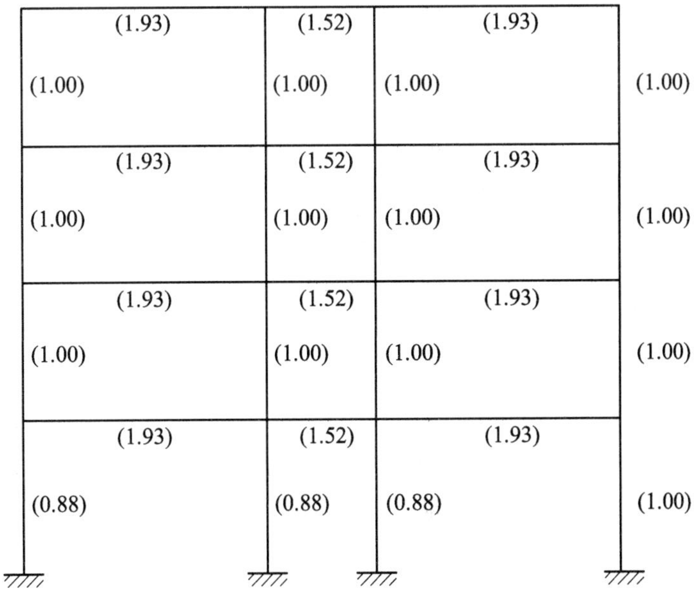

图 4-1　梁、柱的相对线刚度

4.1.5　现浇板设计

本设计计算单元均为双向板，取三层和屋面层 1～5 轴线之间的板作为计算对象，设计资料如下：

混凝土：C30（$f_c = 14.3\ \text{N/mm}^2$，$f_t = 1.43\ \text{N/mm}^2$）。

钢筋：HRB400（$f_y = 360\ \text{N/mm}^2$）。

板厚：130 mm。

1. 荷载计算

（1）恒载计算

地砖面层（包括水泥砂浆 20 厚）	0.60 kN/m²
20 厚水泥砂浆找平层	0.02×20=0.40 kN/m²
130 厚钢筋混凝土板	0.13×25=3.25 kN/m²
15 厚水泥砂浆抹灰层	0.015×20=0.30 kN/m²
合计：	4.55 kN/m²

（2）活载计算

教师办公室：2.0 kN/m²。

教具存放室、教室、盥洗间：2.5 kN/m²。

有分隔的蹲厕公共卫生间（包括填料、隔墙）：8.0 kN/m²。

走廊：3.5 kN/m²。

① 办公室部分荷载设计值。（说明：《建筑结构荷载规范》规定，永久荷载的分项系数：当永久荷载效应对结构不利时，对由可变荷载效应控制的组合应取 1.2，对由永久荷载效应控制的组合应取 1.35；可变荷载的分项系数：对标准值大于 4 kN/m² 的工业房屋楼面结构的

活荷载应取 1.3，其他情况应取 1.4。）

永久荷载控制的组合：$q_G = \gamma_g g + \psi_q \gamma_q q = 1.35 \times 4.55 + 0.7 \times 1.4 \times 2.0 = 8.10 \text{ kN/m}^2$。

可变荷载控制的组合：$q_Q = \gamma_g g + \gamma_q q = 1.2 \times 4.55 + 1.4 \times 2.0 = 8.26 \text{ kN/m}^2$。

由此确定其设计用的荷载为：$q = 8.26 \text{ kN/m}^2$。

② 走廊部分荷载设计值。

永久荷载控制的组合：$q_G = \gamma_g g + \psi_q \gamma_q q = 1.35 \times 4.55 + 0.7 \times 1.4 \times 2.5 = 8.59 \text{ kN/m}^2$。

可变荷载控制的组合：$q_G = \gamma_g g + \gamma_q q = 1.35 \times 4.55 + 1.4 \times 2.5 = 9.64 \text{ kN/m}^2$。

2. 双向板设计

塑性理论方法计算：

中间跨的计算跨度取净跨，即：

$$l_x = 4.8 - 0.2 = 4.6 \text{ m}$$
$$l_y = 7.8 - 0.5 = 7.6 \text{ m}$$

取：$\alpha = \dfrac{m_y}{m_x} = \dfrac{l_x^2}{l_y^2} = \dfrac{4.6^2}{7.6^2} = 0.37$

$$\beta = \frac{m_x'}{m_x} = \frac{m_x''}{m_x} = \frac{m_y'}{m_y} = \frac{m_y''}{m_y} = 2.0$$

由于离板边 $\dfrac{l_x}{4}$ 范围内将跨中钢筋弯起一半，在此范围内 50%的钢筋与跨中塑性铰线不相交，所以：

$$M_x = \left(l_y - \frac{l_x}{4}\right)m_x = \left(7.6 - \frac{4.6}{4}\right)m_x = 6.45 m_x$$

$$M_y = \left(l_x - \frac{l_x}{4}\right)m_y = \frac{3}{4}l_x \alpha m_x = \frac{3}{4} \times 4.6 \times 0.37 \cdot m_x = 1.28 m_x$$

$$M_x' = M_x'' = l_y \cdot m_x' = l_y \cdot \beta \cdot m_x = 7.6 \times 2.0 \times m_x = 15.2 m_x$$

$$M_y' = M_y'' = l_x \cdot m_y' = l_x \cdot \alpha \cdot \beta \cdot m_x = 4.6 \times 0.37 \times 2.0 \times m_x = 3.4 m_x$$

此区格为四周与梁整体连接的板，弯矩可折减 20%，所以：

$$0.8 \times \frac{q \cdot l_x^2}{12} \cdot (3l_y - l_x) = 2M_x + 2M_y + M_x' + M_x'' + M_y' + M_y''$$

代入数据：

$$0.8 \times \frac{7.15 \times 4.6^2}{12} \cdot (3 \times 7.6 - 4.6) = (2 \times 6.45 + 2 \times 1.28 + 15.2 \times 2 + 3.4 \times 2) \cdot m_x$$

解得：$m_x = 3.49 \text{ kN} \cdot \text{m}$

$$m_y = 0.37 \times 3.49 = 1.29 \text{ kN} \cdot \text{m}$$
$$m_x' = m_x'' = \beta m_x = 2 \times 3.49 = 6.98 \text{ kN} \cdot \text{m}$$
$$m_y' = m_y'' = \beta m_y = 2 \times 1.29 = 2.58 \text{ kN} \cdot \text{m}$$

配筋计算：

148

跨中： $A_{sx} = \dfrac{m_x}{0.9 \cdot f_y \cdot h_0} = \dfrac{3.49 \times 10^6}{0.9 \times 360 \times 100} = 107.7 \text{ mm}^2$

$A_{sy} = \dfrac{m_y}{0.9 \cdot f_y \cdot h_0} = \dfrac{1.29 \times 10^6}{0.9 \times 360 \times 100} = 44.23 \text{ mm}^2$

支座： $A'_{sx} = A''_{sx} = \dfrac{m'_x}{0.9 \cdot f_y \cdot h_0} = \dfrac{6.98 \times 10^6}{0.9 \times 360 \times 100} = 215.43 \text{ mm}^2$

$A'_{sy} = A''_{sy} = \dfrac{m'_y}{0.9 \cdot f_y \cdot h_0} = \dfrac{2.58 \times 10^6}{0.9 \times 360 \times 90} = 79.63 \text{ mm}^2$

4.1.6 横向框架的荷载及内力计算

1. 构件自重统计

（1）③轴框架 1～4 层自重计算。

板：

地砖面层（包括水泥砂浆 20 厚）	0.60 kN/m²
20 厚水泥砂浆找平层	0.02 × 20=0.40 kN/m²
130 厚钢筋混凝土板	0.13 × 25=3.25 kN/m²
15 厚水泥砂浆抹灰层	0.015 × 20=0.30 kN/m²
合计：	4.55 kN/m²

横向框架梁以及横向次梁：

边跨 *BC*、*DE*（7800 mm）及中跨 *CD*（3600 mm）。

钢筋混凝土梁（250 mm × 700 mm）	(0.7-0.13) × 0.25 × 25=3.56 kN/m
梁侧粉刷	(0.7-0.13) × 2 × 0.36=0.41 kN/m
合计：	3.97 kN/m

纵向框架梁：

① 边梁。

钢筋混凝土梁（250 mm × 500 mm）	(0.5-0.13) × 0.25 × 25=2.31 kN/m
外墙面砖	0.5 × 0.62=0.31 kN/m
内墙涂料	(0.5-0.13) × 0.28=0.10 kN/m
合计：	2.72 kN/m

② 中梁。

钢筋混凝土梁（250 mm × 500 mm）	(0.5-0.13) × 0.25 × 25=2.31 kN/m
内墙涂料	(0.5-0.13) × 2 × 0.28=0.21 kN/m
合计：	2.52 kN/m

柱：

① 边柱。

钢筋混凝土柱（450 mm × 450 mm）	0.4 × 0.4 × 3.6 × 25=18.225 kN/m

外墙面砖、涂料（平均取比重）	$0.4 \times 3.6 \times 0.45 = 0.648$ kN/m
内墙涂料	$[0.5 + (0.5 - 0.2) \times 2] \times 3.6 \times 0.28 = 1.11$ kN/m

合计：	20 kN/m

② 中柱。

钢筋混凝土柱（450 mm × 450 mm）	$0.45 \times 0.45 \times 3.6 \times 25 = 18.225$ kN/m
内墙涂料	$[0.5 \times 2 + (0.5 - 0.2) \times 2] \times 3.6 \times 0.28 = 1.61$ kN/m

合计：	19.8 kN/m

墙：

① 200 厚烧结页岩多孔砖外墙（500 mm 梁）。

砌体	$(3.6 - 0.5) \times 0.2 \times 18 = 11.16$ kN/m
内墙涂料	$(3.6 - 0.5) \times 0.28 = 0.89$ kN/m
外墙面砖、涂料（平均取比重）	$(3.6 - 0.5) \times 0.45 = 1.4$ kN/m

合计：	13.46 kN/m

② 200 厚烧结页岩多孔砖内墙（700 mm 梁）。

砌体	$(3.6 - 0.7) \times 0.2 \times 18 = 10.44$ kN/m
内墙涂料	$(3.6 - 0.7) \times 0.28 = 0.81$ kN/m
外墙面砖、涂料（平均取比重）	$(3.6 - 0.7) \times 0.45 = 1.31$ kN/m

合计：	12.56 kN/m

（2）④ 轴线框架顶层自重计算。

板：

防滑地砖面层（包括水泥砂浆 25 厚）	0.65 kN/m²
70 厚挤塑聚苯乙烯泡沫塑料板保温层	$0.07 \times 0.5 \approx 0.04$ kN/m²
SBS 改性沥青防水卷材	0.40 kN/m²
20 厚水泥砂浆找平层	$0.02 \times 20 = 0.40$ kN/m²
最薄 30 最厚 220 LC5.0 轻集料混凝土 2% 找坡层	$(0.03 + 0.22)/2 \times 10 = 1.25$ kN/m²
130 厚钢筋混凝土板	$0.13 \times 25 = 3.25$ kN/m²
15 厚水泥砂浆抹灰层	$0.015 \times 20 = 0.30$ kN/m²

合计：	6.29 kN/m²

女儿墙：

砌体（含 0.15 m 混凝土压顶）	$0.9 \times 0.2 \times 25 = 4.5$ kN
女儿墙外侧外墙饰面砖	$0.9 \times 0.62 = 0.56$ kN
女儿墙水泥砂浆内墙面（内侧+顶面）	$0.9 \times 0.02 \times 20 = 0.36$ kN

合计：	5.42 kN/m²

2. 恒载计算

（1）中间层梁、柱恒载计算。

① 边跨梁上线荷载计算。

边跨梁上线荷载=边跨梁自重 + 板重 + 墙重，其中板自重按 45°分配，如图 4-2 所示。

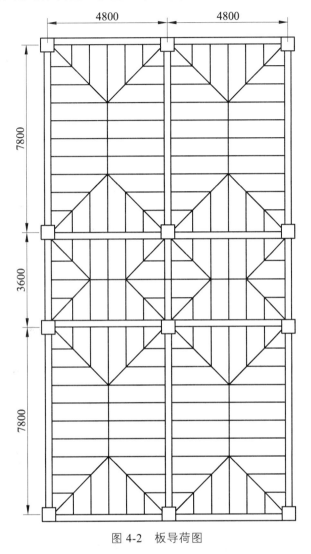

图 4-2　板导荷图

由此可知梁上分布荷载为一均布荷载与一梯形荷载叠加，只要求出控制点的荷载值，就可绘出该梁上荷载分布图。

梁自重：

$$q_{\mathrm{L}} = 250.0 \times (700.0 - 130.0) \times 0.000025 + 2 \times (700.0 - 130.0) \times 0.02 \times 0.017 = 4.0 \text{ kN/m}$$

$$q_1 = \frac{4800}{2000.0} \times (1.3 + 130 \times 0.025) = 10.9 \text{ kN/m}$$

$$q_{\mathrm{r}} = \frac{4800}{2000.0} \times (1.3 + 130 \times 0.025) = 10.9 \text{ kN/m}$$

$$q = q_1 + q_{\mathrm{r}} = 10.9 + 10.9 = 21.8 \text{ kN/m}$$

② 中跨梁上线荷载计算。

151

梁自重：

$$q_L = 250.0 \times (500.0 - 130.0) \times 0.000025 + 2 \times (500.0 - 130.0) \times 0.02 \times 0.017 = 2.6 \text{ kN/m}$$

$$q_1 = \frac{3600}{2000.0} \times (1.3 + 130 \times 0.025) = 8.2 \text{ kN/m}$$

$$q_r = \frac{3600}{2000.0} \times (1.3 + 130 \times 0.025) = 8.2 \text{ kN/m}$$

$$q = q_1 + q_r = 8.2 + 8.2 = 16.4 \text{ kN/m}$$

③ 边柱集中力计算。

边柱集中力=边柱自重+纵向框架梁承受的荷载

纵向框架梁承受的荷载=部分板重+横向次梁自重+纵向框架梁自重+外墙重

$$P_c = \left(\frac{26.2}{2.0} + \frac{15.0}{2.0} + \frac{64.6}{2.0}\right) + \left(\frac{26.2}{2.0} + \frac{15.0}{2.0} + \frac{64.6}{2.0}\right) = 105.8 \text{ kN} \quad （说明：P_c 不包含柱自重）$$

④ 中柱集中力计算。

同理，中柱上集中力：

$$P_c = \left(\frac{50.8}{2.0} + \frac{15.0}{2.0} + \frac{60.5}{2.0}\right) + \left(\frac{50.8}{2.0} + \frac{15.0}{2.0} + \frac{60.5}{2.0}\right) = 126.3 \text{ kN} \quad （说明：P_c 不包含柱自重）$$

⑤ 边柱与梁交点处弯矩。

$$M = (105.8 + 16.46) \times 0.15 = 18.3 \text{ kN·m}（柱内侧受拉）$$

⑥ 中柱与梁交点处弯矩。

$$M = (126.3 + 16.46) \times 0.15 = 21.4 \text{ kN·m}（柱靠室内一侧受拉）$$

（2）顶层梁、柱上恒载计算。

① 边跨梁上线荷载计算。

边跨梁上线荷载=边跨梁自重+板重，其中，板自重按双向板塑性铰线分配，由此可知梁上分布荷载也为一均布荷载与一梯形荷载叠加，只要求出控制点的荷载值，就可绘出该梁上荷载分布图。

梁自重：

$$q_L = 250.0 \times (700.0 - 130.0) \times 0.000025 + 2 \times (700.0 - 130.0) \times 0.02 \times 0.017 = 4.0 \text{ kN/m}$$

$$q_1 = \frac{4800}{2000.0} \times (3.0 + 130 \times 0.025) = 15.1 \text{ kN/m}$$

$$q_r = \frac{4800}{2000.0} \times (3.0 + 130 \times 0.025) = 15.1 \text{ kN/m}$$

$$q = q_1 + q_r = 15.1 + 15.1 = 30.2 \text{ kN/m}$$

② 中跨梁上线荷载计算。

梁自重：

$$q_L = 250.0 \times (500.0 - 130.0) \times 0.000025 + 2 \times (500.0 - 130.0) \times 0.02 \times 0.017 = 2.6 \text{ kN/m}$$

$$q_1 = \frac{3600}{2000.0} \times (3.0 + 130 \times 0.025) = 11.3 \text{ kN/m}$$

$$q_{\mathrm{r}} = \frac{3600}{2000.0} \times (3.0 + 130 \times 0.025) = 11.3 \text{ kN/m}$$

$$q = q_{\mathrm{l}} + q_{\mathrm{r}} = 11.3 + 11.3 = 22.6 \text{ kN/m}$$

③ 边柱集中力计算。

边柱集中力=边柱自重+纵向框架梁的传力

其中：纵向框架梁传来的力=部分板重+横向次梁自重+纵向框架梁自重十女儿墙自重

因此，边柱上集中力：

$$P_{\mathrm{c}} = \left(\frac{36.2}{2.0} + \frac{15.0}{2.0} + \frac{26.0}{2.0} \right) + \left(\frac{36.2}{2.0} + \frac{15.0}{2.0} + \frac{26.0}{2.0} \right) = 77.2 \text{ kN} \quad (\text{说明：} P_{\mathrm{c}} \text{ 不包含柱自重})$$

④ 中柱集中力计算。

同理，中柱上集中力：

$$P_{\mathrm{c}} = \left(\frac{70.2}{2.0} + \frac{15.0}{2.0} \right) + \left(\frac{70.2}{2.0} + \frac{15.0}{2.0} \right) = 85.2 \text{ kN} \quad (\text{说明：} P_{\mathrm{c}} \text{ 不包含柱自重})$$

⑤ 边柱与梁交点处弯矩。

$M = (77.2 + 16.46) \times 0.15 = 14.1 \text{ kN} \cdot \text{m}$（柱内侧受拉）

⑥中柱与梁交点处弯矩。

$M = (85.2 + 16.46) \times 0.15 = 15.3 \text{ kN} \cdot \text{m}$（柱靠室内一侧受拉）

框架恒载受荷如图 4-3 所示。

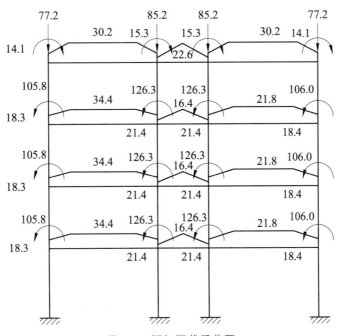

图 4-3 框架恒载受荷图

（3）内力计算。

① 固端弯矩的计算。

将框架梁看成两端固接的梁计算固端弯矩，现以顶层为例：

153

$M_{BC}=-ql^2/12 =-29.3 \times 7.8 \times 7.8/12=-148.55 \text{ kN} \cdot \text{m}$

$M_{CB}=ql^2/12 =29.3 \times 7.8 \times 7.8/12=148.55 \text{ kN} \cdot \text{m}$

$M_{CD}=-ql^2/12 =-16.7 \times 3.6 \times 3.6/12=-18.04 \text{ kN} \cdot \text{m}$

$M_{DC}=ql^2/12 =16.7 \times 3.6 \times 3.6/12=18.04 \text{ kN} \cdot \text{m}$

$M_{DE}=-ql^2/12 =-29.30 \times 7.8 \times 7.8/12=-148.55 \text{ kN} \cdot \text{m}$

$M_{ED}=-ql^2/12 =29.30 \times 7.8 \times 7.8/12=148.55 \text{ kN} \cdot \text{m}$

具体计算见表 4-1。

表 4-1 恒载作用梁固端弯矩计算表

层数	标高	轴线位置	$q/$（kN/m）	跨度/m	$M_左/$（kN·m）	$M_右/$（kN·m）
4	15	B-C	29.30	7.8	-148.55	148.55
		C-D	16.7	3.6	-18.04	18.04
		D-E	29.3	7.8	-148.55	148.55
3	11.4	B-C	34.9	7.8	-176.94	176.94
		C-D	12.8	3.6	-13.82	13.82
		D-E	22.3	7.8	-113.06	113.06
2	7.8	B-C	34.9	7.8	-176.94	176.94
		C-D	12.8	3.6	-13.82	13.82
		D-E	22.3	7.8	-113.06	113.06
1	4.2	B-C	34.9	7.8	-176.94	176.94
		C-D	12.8	3.6	-13.82	13.82
		D-E	22.3	7.8	-113.06	113.06

注：梁端弯矩以梁下侧受拉为正，反之为负。

② 分配系数的计算。

分配系数根据梁、柱相对线刚度计算，由于除底层柱底是固定的以外，其他柱都是弹性支承，为了减少误差，将上层各柱线刚度乘以 0.9 加以修正，并将上层各柱的传递系数修正为 1/3，底层各柱的传递系数为 1/2。但本例采用弯矩二次分配法，其具体计算过程见图 4-12。

分配系数如表 4-2 所示。

表 4-2 分配系数表

节点所在层	B柱节点			C柱节点				D柱节点				E柱节点		
部位	下柱	右梁		左梁	下柱	右梁		左梁	下柱	右梁		左梁	下柱	
顶层	0.341	0.659		0.433	0.224	0.342		0.342	0.224	0.433		0.659	0.341	
部位	上柱	下柱	右梁	左梁	上柱	下柱	右梁	左梁	上柱	下柱	右梁	左梁	上柱	下柱
2~3层	0.254	0.254	0.491	0.354	0.183	0.183	0.279	0.279	0.183	0.183	0.354	0.491	0.254	0.254
底层	0.264	0.226	0.510	0.363	0.188	0.161	0.287	0.287	0.188	0.161	0.363	0.510	0.264	0.226

③ 弯矩分配（见图 4-4）。

第一层（上部节点）

上柱	下柱 0.341	右梁 0.659	左梁 0.433 15.20	下柱 0.224	右梁 0.342	左梁 0.342 15.20	下柱 0.224	右梁 0.433	左梁 0.659 14.10	下柱 0.341
		-148.55	148.55		-18.04	18.04		-148.55	148.55	
77.20	24.35	47.00	-63.14	-32.71	-49.86	39.46	25.89	49.97	-107.14	-55.51
	24.84	-31.57	23.50	-12.99	19.73	-24.93	11.06	-53.57	24.99	-12.06
	2.30	4.44	-13.10	-6.79	-10.35	23.08	15.14	29.23	-8.52	-4.41
	51.49	**-128.69**	**95.80**	**-52.49**	**-58.51**	**55.64**	**52.09**	**-122.93**	**57.87**	**-71.97**

第二层（下部节点）

上柱 0.254	下柱 0.254	右梁 0.491	左梁 0.354 -21.40	上柱 0.183	下柱 0.183	右梁 0.279	左梁 0.279	上柱 0.183	下柱 0.183	右梁 0.354	左梁 0.491 -18.30	上柱 0.254	下柱 0.254
-18.30		-176.94	176.94	-21.40		-13.82	13.82	-21.40		-113.06	113.06	-18.30	
49.68	49.68	95.89	-50.15	-25.98	-25.98	-39.60	33.71	22.12	22.12	42.69	-46.54	-24.11	-24.11
12.17	24.84	-25.08	47.94	-16.36	-12.99	16.86	-19.80	12.94	11.06	-23.27	21.35	-27.75	-12.06
-3.04	-3.04	-5.86	-12.55	-6.50	-6.50	-9.91	5.33	3.50	3.50	6.75	9.07	4.70	4.70
58.81	**71.48**	**-111.99**	**162.19**	**-48.84**	**-45.47**	**-46.48**	**33.06**	**38.56**	**36.67**	**-86.89**	**96.93**	**-47.17**	**-31.47**

上部框架（Upper frame）

项目	0.254	0.254	0.491	0.354	0.183	0.183	0.279	0.279	0.183	0.183	0.354	0.491	0.254	0.254
	-18.30		-176.94	176.94	-21.40	-21.40	-13.82	13.82	-21.40		-113.06	113.06	-18.30	
	49.68	49.68	95.89	-50.15	-25.98	-25.98	-39.60	33.71	22.12	22.12	42.69	-46.54	-24.11	-24.11
	24.84	25.78	-25.08	47.94	-12.99	-13.34	16.86	-19.80	11.06	11.36	-23.27	21.35	-12.06	-12.51
	-6.50	-6.50	-12.54	-13.61	-7.05	-7.05	-10.75	5.77	3.79	3.79	7.31	1.58	0.82	0.82
	68.02	**68.95**	**-118.67**	**161.12**	**-46.03**	**-46.38**	**-47.32**	**33.51**	**36.96**	**37.26**	**-86.33**	**89.45**	**-35.35**	**-35.80**

下部框架（Lower frame）

项目	0.264	0.226	0.510	0.363	0.188	0.188	0.287	0.287	0.188	0.188	0.363	0.510	0.264	0.226
	-18.30		-176.94	176.94	-21.40	-21.40	-13.82	13.82	-21.40		-113.06	113.06	-18.30	
	51.55	44.19	99.51	-51.50	-26.68	-22.87	-40.67	34.62	22.71	19.47	43.84	-48.30	-25.02	-21.45
	24.84	0.00	-25.75	49.75	-12.99	0.00	17.31	-20.33	11.06	0.00	-24.15	21.92	-12.06	0.00
	0.24	0.21	0.47	-19.65	-10.18	-8.73	-15.52	9.59	6.29	5.39	12.15	-5.03	-2.60	-2.23
	76.63	**44.39**	**-102.72**	**155.54**	**-49.85**	**-31.60**	**-52.70**	**37.70**	**40.06**	**24.86**	**-81.22**	**81.66**	**-39.68**	**-23.68**

图 4-4 恒荷载作用下弯矩二次分配

④ 恒荷载作用下内力计算结果见表 4-3～表 4-7 和图 4-5～图 4-7。

表 4-3　恒载作用下梁端及跨中弯矩　　　　　　　　　单位：kN·m

楼层	AB 跨			BC 跨			CD 跨		
	左	跨中	右	左	跨中	右	左	跨中	右
4	−128.686	110.581	95.804	−58.513	−30.022	55.640	−122.927	132.426	57.875
3	−111.992	128.324	162.188	−46.477	−19.033	33.062	−86.890	77.679	96.935
2	−118.672	125.518	161.121	−47.319	−19.676	33.506	−86.329	81.703	89.448
1	−102.722	136.281	155.544	−52.697	−24.462	37.698	−81.222	88.151	81.658

表 4-4　恒载作用下柱端弯矩　　　　　　　　　单位：kN·m

楼层	A 柱		B 柱		C 柱		D 柱	
	柱顶	柱底	柱顶	柱底	柱顶	柱底	柱顶	柱底
4	51.486	58.814	−52.492	−48.838	52.087	38.557	−71.975	−47.166
3	71.478	68.017	−45.473	−46.026	36.672	36.963	−31.468	−35.347
2	68.954	76.630	−46.375	−49.852	37.260	40.063	−35.801	−39.680
1	44.393	22.196	−31.595	−15.798	24.861	12.430	−23.678	−11.839

表 4-5　恒载作用下柱剪力　　　　　　　　　单位：kN

楼层	A 柱	B 柱	C 柱	D 柱
4	30.639	−28.147	25.179	−33.095
3	38.749	−25.416	20.454	−18.560
2	40.440	−26.730	21.479	−20.967
1	15.854	−11.284	8.879	−8.457

单位：kN

表 4-6 恒载作用下梁端剪力

楼层	荷载引起的剪力						弯矩引起的剪力						总剪力					
	AB 跨		BC 跨		CD 跨		AB 跨		BC 跨		CD 跨		AB 跨		BC 跨		CD 跨	
	V_A	V_B	V_B	V_C	V_C	V_D	V_A	V_B	V_B	V_C	V_C	V_D	V_A	V_B	V_B	V_C	V_C	V_D
4	114.270	−114.270	30.060	−30.060	114.270	−114.270	4.216	4.216	0.798	0.798	8.340	8.340	118.486	−110.054	30.858	−29.262	122.610	−105.930
3	136.110	−136.110	23.040	−23.040	86.970	−86.970	−6.435	−6.435	3.726	3.726	−1.288	−1.288	129.675	−142.545	26.766	−19.314	85.682	−88.258
2	136.110	−136.110	23.040	−23.040	86.970	−86.970	−5.442	−5.442	3.837	3.837	−0.400	−0.400	130.668	−141.552	26.877	−19.203	86.570	−87.370
1	136.110	−136.110	23.040	−23.040	86.970	−86.970	−6.772	−6.772	4.166	4.166	−0.056	−0.056	129.338	−142.882	27.206	−18.874	86.914	−87.026

单位：kN

表 4-7 恒载作用下柱轴力

楼层	A 柱			B 柱			C 柱			D 柱		
	横向导荷	柱顶	柱底	横向导荷	柱顶	柱底	横向导荷	柱顶	柱底	横向导荷	柱顶	柱底
4	105.800	224.286	240.742	126.300	267.212	284.236	126.300	278.172	295.196	106.000	211.930	228.386
3	105.800	459.760	476.216	126.300	562.824	579.848	126.300	509.468	526.492	106.000	406.188	422.644
2	105.800	696.228	712.684	126.300	857.554	874.577	126.300	741.541	758.564	106.000	599.558	616.014
1	105.800	931.366	951.227	126.300	1153.942	1174.370	126.300	973.629	994.057	106.000	792.584	812.444

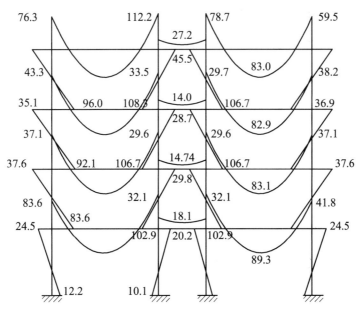

图 4-5　恒载作用下的弯矩图（单位：kN·m）

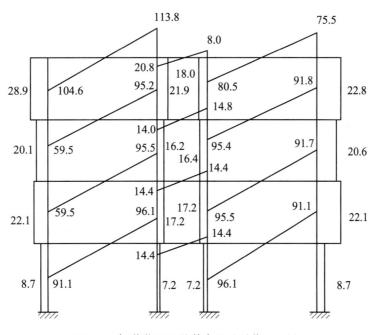

图 4-6　恒载作用下的剪力图（单位：kN）

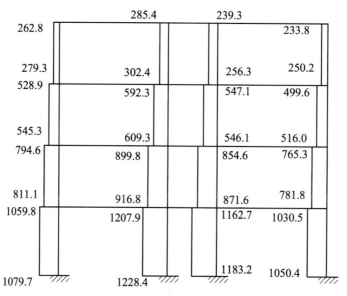

图 4-7 恒载作用下的轴力图（单位：kN）

3. 活载计算

通过查阅《建筑结构荷载规范》（GB 50009—2012）（以下简称《荷载规范》），将本次计算所要用到的活载类型汇总如表 4-8 所示。

表 4-8 活载汇总表

类型	标准值/（kN/m²）	组合值系数 ψ_c	频遇值系数 ψ_f	准永久值系数 ψ_q
教室	2.0	0.7	0.6	0.5
走廊	2.5	0.7	0.6	0.5
屋面活载	2.0	0.7	0.5	0.4

注：① 中等办公室按教室的标准确定；
② 屋面活载按"上人屋面"确定；
③ 不考虑"积灰荷载"，"雪荷载"与"屋面活载"不同时考虑。

（1）顶层框架梁柱活载计算。

上人屋面活载：2.0 kN/m²

雪荷载：$\mu_r S_0 = 1.0 \times 0.5 = 0.5$ kN/m²

活载取：2.0 kN/m²

① 边跨梁上线荷载。

同恒载求解方法，得：

$$q_l = \frac{4800}{2000.0} \times 2.0 = 4.8 \text{ kN/m}$$

$$q_r = \frac{4800}{2000.0} \times 2.0 = 4.8 \text{ kN/m}$$

$$q = q_l + q_r = 4.8 + 4.8 = 9.6 \text{ kN/m}$$

② 中跨梁上线荷载。

$$q_1 = \frac{3600}{2000.0} \times 2.0 = 3.6 \text{ kN/m}$$

$$q_r = \frac{3600}{2000.0} \times 2.0 = 3.6 \text{ kN/m}$$

$$q = q_1 + q_r = 3.6 + 3.6 = 7.2 \text{ kN/m}$$

③ 边柱集中力。

边柱集中力=部分板上活载传力

$$P_c = \left(\frac{11.5}{2.0}\right) + \left(\frac{11.5}{2.0}\right) = 11.5 \text{ kN}$$

④ 中柱集中力。

中柱集中力=部分板上活载传力

$$P_c = \left(\frac{22.3}{2.0}\right) + \left(\frac{22.3}{2.0}\right) = 22.3 \text{ kN}$$

⑤ 边柱集中力矩。

边柱集中力矩=边柱集中力×梁柱偏心

$$M = 11.5 \times 0.15 = 1.725 \text{ kN} \cdot \text{m}$$

⑥ 中柱集中力。

中柱集中力矩=边柱集中力×梁柱偏心

$$M = 22.3 \times 0.15 = 3.345 \text{ kN} \cdot \text{m}$$

（2）中间层框架梁、柱活载计算。

① 边跨梁上线荷载。

同恒载求解方法，得：

$$q_1 = \frac{4800}{2000.0} \times 2.0 = 4.8 \text{ kN/m}$$

$$q_r = \frac{4800}{2000.0} \times 2.0 = 4.8 \text{ kN/m}$$

$$q = q_1 + q_r = 4.8 + 4.8 = 9.6 \text{ kN/m}$$

② 中跨梁上线荷载。

$$q_1 = \frac{3600}{2000.0} \times 2.0 = 3.6 \text{ kN/m}$$

$$q_r = \frac{3600}{2000.0} \times 2.0 = 3.6 \text{ kN/m}$$

$$q = q_1 + q_r = 3.6 + 3.6 = 7.2 \text{ kN/m}$$

③ 边柱集中力。

边柱集中力=部分板上活载传力

$$P_c = \left(\frac{11.5}{2.0}\right) + \left(\frac{11.5}{2.0}\right) = 11.5 \text{ kN}$$

④ 中柱集中力。

中柱集中力=部分板上活载传力

$$P_c = \left(\frac{22.3}{2.0}\right) + \left(\frac{22.3}{2.0}\right) = 22.3 \text{ kN}$$

⑤ 边柱集中力矩。

边柱集中力矩=边柱集中力×梁柱偏心

$$M = 11.5 \times 0.15 = 1.725 \text{ kN} \cdot \text{m}$$

⑥ 中柱集中力。

中柱集中力矩=边柱集中力×梁柱偏心

$$M = 22.3 \times 0.15 = 3.345 \text{ kN} \cdot \text{m}$$

框架活载受荷如图 4-8 所示。

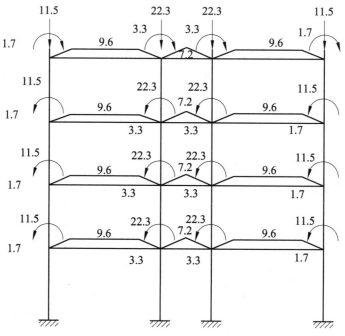

图 4-8　框架活载受荷图

（3）内力计算。

内力计算方法与恒载一样，此处省略。

4. 风载计算

计算资料：本建筑位于城市郊区，属 B 类场地；基本风压 $\omega_0 = 0.4 \text{ kN/m}^2$。

因结构高度 $H = 16.2$ m，可取 $\mu_z = 1.0$。

风压：$\omega_k = \beta_z \mu_s \mu_z \omega_0 = 1.0 \times 1.3 \times \mu_z \times 0.4 = 0.52 \mu_z$

将风荷载换算成作用于第④轴横向框架的线荷载：

$$\omega_k' = B\omega_k = 7.2 \times 0.52 \mu_z = 3.744 \mu_z$$

风压高度变化系数可查《荷载规范》表7.2.1，取 Z=4.2、7.8、11.4、15，分别计算出 ω_k'，然后将线荷载换算到每层框架节点上的集中荷载，列于表4-9中。

表4-9　风荷载计算表

楼层	h_i/m	z/m	μ_z	w_k	q_i/ (kN/m)	$\sum D_i$/ (kN/m)	F_i/kN	V_i/kN	Δu_i/m	u_T/m	$\theta = \Delta u_i / h_i$
女儿墙	1.20	—	—	—	—	—	—	—	—	—	—
4	3.60	15.00	1.129	0.587	2.819	59 298	8.457	8.457	0.00014	0.00168	1/25243
3	3.60	11.40	1.040	0.541	2.596	59 298	9.346	17.802	0.00030	0.00154	1/11991
2	3.60	7.80	1.000	0.520	2.496	59 298	8.986	26.788	0.00045	0.00124	1/7969
1	4.20	4.20	1.000	0.520	2.496	46 442	9.734	36.522	0.00079	0.00079	1/5341

其中： $F_4 = 2.819 \times \left(1.2 + \dfrac{3.6}{2}\right) = 8.457$

$$F_3 = 2.596 \times \frac{(3.6 + 3.6)}{2} = 9.346$$

$$F_2 = 2.496 \times \frac{(3.6 + 3.6)}{2} = 8.986$$

$$F_1 = 2.496 \times \frac{(3.6 + 4.2)}{2} = 9.734$$

风荷载作用下框架结构内力计算：

按式 $V_{ij} = \dfrac{D_{ij}}{\sum\limits_{j=1}^{s} D_{ij}} V_i$ 计算各柱的分配剪力，然后按式 $M_{ij}^b = V_{ij} \cdot yh$ ， $M_{ij}^u = V_{ij} \cdot (1-y)h$ 计算柱端弯矩。表中反弯点高度比按照 $y_n = y_1 + y_2 + y_3$ 确定，其中反弯点高度比 y_n 查均布荷载作用下的相应值。

梁端弯矩按照式 $M_b^l = \dfrac{i_b^l}{i_b^l + i_b^r}(M_{i+1,j}^b + M_{ij}^u)$ ， $M_b^r = \dfrac{i_b^r}{i_b^l + i_b^r}(M_{i+1,j}^b + M_{ij}^u)$ 计算，然后由平衡条件求出梁端剪力及柱轴力，计算结果分别见表4-10～表4-12和图4-9～图4-11。

表4-10　风荷载（左）作用下柱端弯矩计算表

楼层	h_i/m	V_i/kN	$\sum D_i$/ (kN/m)	A 柱					B 柱				
				y	D_i/ (kN/m)	V_{iA}/kN	柱顶	柱底	y	D_i/ (kN/m)	V_{iB}/kN	柱顶	柱底
4	3.60	8.457	59298	0.430	12 950	1.847	3.790	2.859	0.450	16699	2.381	4.715	3.858
3	3.60	17.802	59298	0.553	12 950	3.888	6.256	7.740	0.500	16699	5.013	9.024	9.024
2	3.60	26.788	59298	0.553	12 950	5.850	9.414	11.646	0.500	16699	7.544	13.579	13.579
1	4.20	36.522	46442	0.550	10 747	8.451	15.973	19.523	0.500	12474	9.810	20.601	20.601

楼层	h_i/m	V_i/kN	$\sum D_i$/(kN/m)	C柱					D柱				
				y	D_i/(kN/m)	V_{iC}/kN	柱顶	柱底	y	D_i/(kN/m)	V_{iD}/kN	柱顶	柱底
4	3.60	8.457	59298	0.450	16699	2.381	4.715	3.858	0.430	12950	1.847	3.790	2.859
3	3.60	17.802	59298	0.500	16699	5.013	9.024	9.024	0.553	12950	3.888	6.256	7.740
2	3.60	26.788	59298	0.500	16699	7.544	13.579	13.579	0.553	12950	5.850	9.414	11.646
1	4.20	36.522	46442	0.500	12474	9.810	20.601	20.601	0.550	10747	8.451	15.973	19.523

表 4-11 风荷载（左）作用下柱轴力计算表

楼层	A柱	AB跨剪力	B柱	BC跨剪力	C柱	CD跨剪力	D柱
4	-0.824	0.824	-0.332	1.156	0.332	0.824	0.824
3	-2.915	2.091	-1.398	3.158	1.398	2.091	2.915
2	-6.734	3.818	-3.120	5.540	3.120	3.818	6.734
1	-12.723	5.990	-5.509	8.378	5.509	5.990	12.723

表 4-12 风荷载（左）作用下弯矩、剪力计算表

楼层	A柱端待分配弯矩和	AB跨			B节点左刚度比	B柱端待分配弯矩和	B节点右刚度比	BC跨			C节点左刚度比	C柱端待分配弯矩和	C节点右刚度比	CD跨			D柱端待分配弯矩和
		$M_左$	$M_右$	V				$M_左$	$M_右$	V				$M_左$	$M_右$	V	
4	3.79	3.79	2.64	0.82	0.559	4.72	0.441	2.08	2.08	1.16	0.441	4.72	0.559	2.64	3.79	0.82	3.79
3	9.12	9.12	7.20	2.09	0.559	12.89	0.441	5.68	5.68	3.16	0.441	12.88	0.559	7.20	9.12	2.09	9.12
2	17.15	17.15	12.63	3.82	0.559	22.60	0.441	9.97	9.97	5.54	0.441	22.60	0.559	12.63	17.15	3.82	17.15
1	27.62	27.62	19.10	6.00	0.559	34.18	0.441	15.08	15.08	8.38	0.441	34.18	0.559	19.10	27.62	5.99	27.62

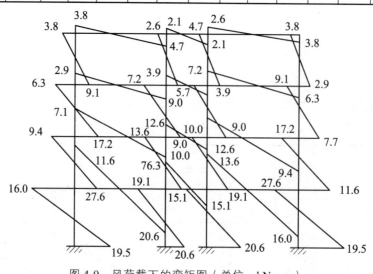

图 4-9 风荷载下的弯矩图（单位：kN·m）

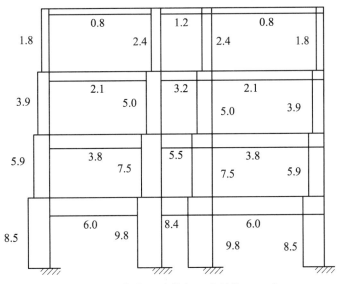

图 4-10　风荷载下的剪力图（单位：kN）

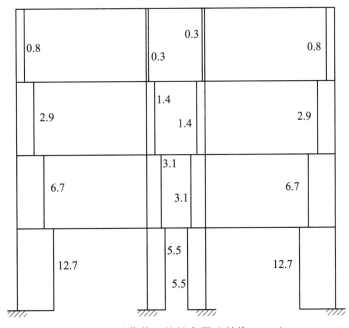

图 4-11　风荷载下的轴力图（单位：kN）

5. 水平地震作用计算

（1）重力荷载代表值计算。

本设计中，选取计算的一榀横向框架是主楼的第④号轴线，因此可以只计算主楼的重力荷载代表值。

$$G_i = 恒载 + 0.5 \times 活载$$

重力荷载代表值 G 取结构和构件自重标准值和各可变荷载组合值之和。各可变荷载组合值系数取值为：① 雪荷载：0.5；② 屋面活载：2.0；③ 按等效均布荷载计算的楼面活载：0.5。

① 2 层：卫生间（50%活载）$G_2 = 0.5 \times (8 \times 21 \times 2) = 168$ kN

② 标准层：卫生间（50%活载）$G_i = 0.5 \times (8 \times 21 \times 2) = 168$ kN ($i=2, 3$)

③ 顶层：集中于盖板处（板上），$G_4 = 6.29 \times 46.6 \times 19 = 5569.166$ kN（注：式中为雪荷载标准值）

集中于各楼层标高处的重力荷载代表值 G_i 的计算如图 4-12 和表 4-13 所示。

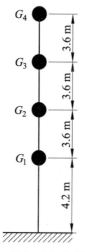

图 4-12　结构重力荷载代表值

表 4-13　重力荷载代表值计算表

重力荷载代表值		集中于屋盖处	板上	永久荷载	6.29	46.60	19.00	5569.17
			梁自重	横梁（BC/DE）	4.79	7.80	22.00	821.96
				横梁（CD）	3.40	3.60	11.00	134.64
				纵梁（外侧）	3.40	4.20	4.00	57.12
					3.40	4.80	8.00	130.56
					3.40	19.20	2.00	130.56
				纵梁（内侧）	3.40	46.80	2.00	318.24
			女儿墙		5.35	66.00	2.00	706.20
			横墙	内隔墙	9.00	7.80	11.00	386.10
				外墙	9.00	19.20	2.00	172.80
			纵墙	内隔墙	9.00	89.00	1.00	400.50
				外墙	9.00	93.60	1.00	421.20
								9249.05
办公室	2.00	3、4层50%活载		卫生间	8.00	21.00	2.00	168.00
教室、盥洗间	2.50			盥洗间	2.50	9.24	2.00	23.10
卫生间	8.00			办公室	2.00	70.20	1.00	70.20
走廊	3.50			教室	2.50	74.88	7.00	655.20

重力荷载代表值	集中于屋盖处	板上	永久荷载	6.29	46.60	19.00	5569.17
			楼梯	3.50	32.76	2.00	114.66
			走廊	3.50	168.48	1.00	294.84
		楼板	永久荷载	4.55	898.56	1.00	2044.22
		横墙	内隔墙	9.00	7.80	11.00	772.20
			外墙	9.00	19.20	2.00	345.60
		纵墙	内隔墙	9.00	89.00	1.00	801.00
			外墙	9.00	93.60	1.00	842.40
							6131.42
		2层	50%活载	卫生间	8.00	21.00	2.00	168.00
			盥洗间	2.50	9.24	2.00	23.10
			办公室	2.00	70.20	1.00	70.20
			教室	2.50	74.88	7.00	655.20
			楼梯	3.50	32.76	2.00	114.66
			走廊	3.50	168.48	1.00	294.84
		楼板	永久荷载	4.55	898.56	1.00	2044.22
		横墙	内隔墙	9.00	7.80	11.00	772.20
			外墙	9.00	19.20	2.00	345.60
		纵墙	内隔墙	9.00	89.00	1.00	801.00
			外墙	9.00	93.60	1.00	842.40
							6131.42

（2）使用顶点位移法进行结构周期计算。

$$T_1 = 1.70\alpha_0\sqrt{\Delta} = 1.7 \times 0.6 \times \sqrt{0.15} = 0.34 \text{ s}$$

以 3 层为例（见表 4-14）：

$$G_i = 9249.05 \quad \sum G_i = 6131.42 + 9249.05 = 15380.47$$

$$\delta_i = \sum G_i / \sum D = 15380.47 / 637486 = 0.0241267$$

总位移 = 32.11 + 99.08 = 131.18

表 4-14 层位移计算表

层数	G_i	$\sum G_i$	$\sum D_i$	$\delta_i = \sum G_i / \sum D$	总位移
4	9249.05	9249.05	637486	0.0145086	0.1272314
3	6131.42	15380.47	637486	0.0241267	0.1127228
2	6131.42	21511.90	637486	0.0337449	0.0885960
1	6131.42	27643.32	503969	0.0548512	0.0548512

（3）水平地震作用及楼层地震剪力计算。

由房屋的抗震设防烈度（7度）、场地类别（Ⅱ类场地第一组）及设计地震分组而确定的地震作用计算参数如下：

加速度：$a = 0.1g$

地震设防烈度：$D = 7$度

场地类别：Ⅱ

地震场地分组：$C = 1$

特征周期：$T_g = 0.35$

阻尼比：$\varsigma = 0.05$

结构第一周期：$T_1 = 0.34\,s$

重力荷载代表值：$G_E = 27643.31\,kN$

地震影响：多遇地震（小）

水平地震影响系数最大值：$\alpha_{max} = 0.08$

周期区间：$T = (0.1 < T_1 \leqslant T_g) = (0.1 < 0.34 \leqslant 0.35) = $ 符合

地震影响系数：$\alpha = \eta_2 \times \alpha_{max} = 1.0000 \times 0.08 = 0.0800$

总水平地震作用标准值：

$F_{EK} = 0.85 \times G_E \times \alpha = 0.85 \times 27643.31 \times 0.0800 = 1879.75\,kN$

各楼层地震作用和地震剪力标准值如表 4-15 所示。

表 4-15　各楼层地震作用和地震剪力标准值

层数	H_i	G_i	G_iH_i	F_i	V_i
4	15.00	9249.05	138735.75	1338.62	1338.62
3	11.40	6131.42	69898.23	647.43	2013.05
2	7.80	6131.42	47825.11	461.45	2474.50
1	4.20	6131.42	25751.98	248.47	2722.98
Σ		27643.31	282211.07		

（4）水平地震作用下的位移验算。

水平地震作用下框架结构的层间位移 Δu_i 和顶点位移 u_i 分别由以下两式计算得出结果。

$$\Delta u_i = V_i / \sum_{j=1}^{n} D_{ij}$$

$$u_i = \sum_{k=1}^{n} \Delta u_k$$

各层的层间弹性位移角：$\theta_e = \Delta u_i / h_j$

最大层间弹性位移角发生在第一层，其值为 $1.286 \times 10^{-3} < [\theta_e] = 1/550 = 0.00182$（满足要求）。其中，$[\theta_e]$ 为钢筋混凝土框架弹性层间位移角限值。

以顶层为例（见表 4-16）：

$V_i = 1338.62$　$\sum D_i = 637486$　$\Delta u_i = V_i / \sum D_i = 1338.62 / 637486 = 0.0020998$

$$\theta = \frac{\Delta u_i}{h_i} = \frac{1}{1714}$$

$[\theta]=1/550 \quad \theta < [\theta]$

表 4-16　层间弹性位移验算

楼层	h_i/m	H_i/m	G_iH	$G_iH/\sum G_jH_j$	F_i/kN	V_i/kN	Δu_i/m	u_T/m	$\theta = \Delta u_i/h_i$	验算结论
4	3.60	15.00	138735.75	0.492	1338.62	1338.62	0.0021	0.0145	1/1714	满足
3	3.60	11.40	69898.19	0.248	674.43	2013.05	0.0032	0.0124	1/1140	满足
2	3.60	7.80	47825.08	0.170	461.45	2474.50	0.0039	0.0092	1/927	满足
1	4.20	4.20	25751.96	0.091	248.47	2722.98	0.0054	0.0054	1/777	满足

强条验算：$V_{ij} > \lambda \sum\limits_{j=i}^{n} G_j$

第一层：$2722.98 > 0.016 \times 27643.32 = 442.29$

第二层：$2474.5 > 0.016 \times 21511.9 = 344.2$

第三层：$2013.05 > 0.016 \times 15380.47 = 246.09$

第四层：$1338.62 > 0.016 \times 9249.05 = 147.98$

（5）水平地震作用下框架结构的内力计算。

取一榀横向中框架计算。按照 $V_{ij} = \dfrac{D_{ij}}{\sum\limits_{j=1}^{s} D_{ij}} V_i$ 计算柱端剪力，然后按照 $M_{ij}^{b} = V_{ij} \cdot yh$，

$M_{ij}^{u} = V_{ij} \cdot (1-y)h$ 计算柱端弯矩及相应的轴力，计算结果分别见表 4-17 ~ 表 4-19 和图 4-13 ~ 图 4-15，表中反弯点高度比 y 是按照 $y_n = y_1 + y_2 + y_3$ 确定的，其中标准反弯点高度比查倒三角形荷载作用下的相应值。

表 4-17　地震作用（左）作用下柱轴力计算表

楼层	A 柱	AB 跨剪力	B 柱	BC 跨剪力	C 柱	CD 跨剪力	D 柱
4	-11.223	11.223	-2.701	13.924	2.701	11.223	11.223
3	-36.150	24.927	-15.732	37.958	15.732	24.927	36.150
2	-71.960	35.810	-31.255	51.333	31.255	35.810	71.960
1	-117.179	45.219	-48.720	62.684	48.720	45.219	117.179

表 4-18　地震作用（左）作用下柱端弯矩计算表

楼层	h_i/m	V_i/kN	$\sum D_i$/(kN/m)	A 柱					B 柱				
				y	D_i/(kN/m)	V_{iA}/kN	柱顶	柱底	y	D_i/(kN/m)	V_{iB}/kN	柱顶	柱底
4	3.60	1338.623	637486	0.430	12950	27.192	55.799	42.094	0.550	16699	35.065	56.806	69.430
3	3.60	2013.052	637486	0.553	12950	40.893	65.804	81.409	0.550	16699	52.732	85.426	104.410
2	3.60	2474.503	637486	0.553	12950	50.266	80.889	100.070	0.550	16699	64.820	105.008	128.343
1	4.20	2722.976	503969	0.550	10747	58.066	109.744	134.131	0.550	12474	67.398	127.383	155.690

续表

楼层	h_i/m	V_i/kN	$\sum D_i$/ (kN/m)	C 柱					D 柱				
				y	D_i/ (kN/m)	V_{iC}/kN	柱顶	柱底	y	D_i/ (kN/m)	V_{iD}/kN	柱顶	柱底
4	3.60	1338.623	637486	0.550	16699	35.065	56.806	69.430	0.430	12950	27.192	55.799	42.094
3	3.60	2013.052	637486	0.550	16699	52.732	85.426	104.410	0.553	12950	40.893	65.804	81.409
2	3.60	2474.503	637486	0.550	16699	64.820	105.008	128.343	0.553	12950	50.266	80.889	100.070
1	4.20	2722.976	503969	0.550	12474	67.398	127.383	155.690	0.550	10747	58.066	109.744	134.131

表 4-19　地震作用（左）作用下梁弯矩、剪力计算表

楼层	A柱端待分配弯矩和	AB跨			B节点左刚度比	B柱端待分配弯矩和	B节点右刚度比	BC跨			C节点左刚度比	C柱端待分配弯矩和	C节点右刚度比	CD跨			D柱端待分配弯矩和
		$M_左$	$M_右$	V				$M_左$	$M_右$	V				$M_左$	$M_右$	V	
4	55.80	55.80	31.74	11.22	0.559	56.81	0.441	25.06	25.06	13.92	0.441	56.81	0.559	31.74	55.80	11.22	55.80
3	107.90	107.90	86.53	24.93	0.559	154.86	0.441	68.33	68.33	37.96	0.441	154.86	0.559	86.53	107.90	24.93	107.90
2	162.30	162.30	117.02	35.81	0.559	209.42	0.441	92.40	92.40	51.33	0.441	209.42	0.559	117.02	162.30	35.81	162.30
1	209.81	209.81	142.90	45.22	0.559	255.73	0.441	112.83	112.83	62.68	0.441	255.73	0.559	142.90	209.81	45.22	209.81

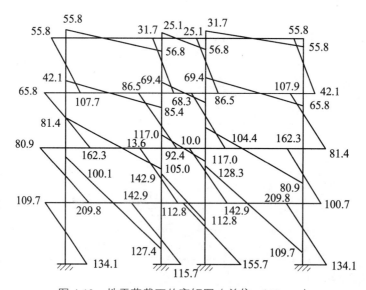

图 4-13　地震荷载下的弯矩图（单位：kN·m）

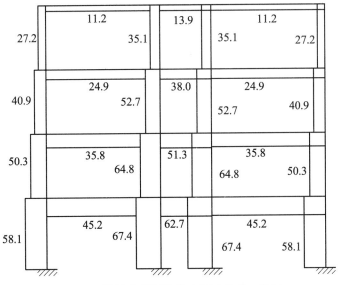

图 4-14　地震荷载下的剪力图（单位：kN）

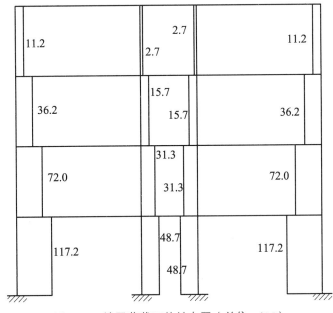

图 4-15　地震荷载下的轴力图（单位：kN）

（6）框架梁的主要设计参数见表 4-20，梁到柱边内力的标准值和弯矩调幅值见表 4-21、表 4-22。

调幅计算以第四层 AB 梁为例：

$$(|M_A| + |M_B|)/2 + M_1' \geqslant M_0 \Rightarrow M_1' \geqslant M_0 - \frac{|M_A| + |M_B|}{2}$$

$$M_1' = \max \begin{cases} \text{弹性分析得出的最不利弯矩（见图 4-16）} \\ 1.0M_0 - \dfrac{|M_A| + |M_B|}{2} \end{cases}$$

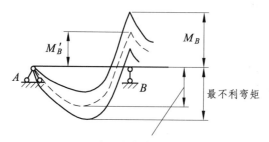

图 4-16　最不利弯矩

连续梁按照弹性理论计算的弯矩值。

调幅前 A 端弯矩：$M_A = -128.69\ \text{kN} \cdot \text{m}$

调幅前 B 端弯矩：$M_B = 95.8\ \text{kN} \cdot \text{m}$

调幅前跨中弯矩：$M_m = 75\ \text{kN} \cdot \text{m}$

梁上荷载等效成均布荷载。

均布荷载值：$q = 29.3\ \text{kN/m}$

计算跨度：$l_0 = 7.8\ \text{m}$

按简支梁计算跨中弯矩：$M_0 = \dfrac{1}{8} \times q \times l_0^2 = \dfrac{1}{8} \times 29.3 \times 7.8^2$

弯矩调幅系数（$0.8 \sim 1$）：$\beta = 0.8$

调幅后 A 端弯矩：$M_A' = M_A \times \beta = -128.69 \times 0.8 = -102.95\ \text{kN} \cdot \text{m}$

调幅后 B 端弯矩：$M_B' = M_B \times \beta = 95.8 \times 0.8 = 76.64\ \text{kN} \cdot \text{m}$

调幅后跨中弯矩：$M_1' = \max\left(M_0 - \dfrac{\left|M_A'\right| + \left|M_B'\right|}{2}, M_m\right) = \max\left(222.83 - \dfrac{|-102.95| + |76.64|}{2}, 75\right)$

$= 133.04\ \text{kN} \cdot \text{m}$

表 4-20　框架梁的主要设计参数

项次	弯矩调幅系数	混凝土等级	抗震等级	框架梁剪力调整系数	梁肋净距/mm	钢筋合力点距 a_s/mm	f_c/（N/mm²）	f_t/（N/mm²）	纵筋 f/（N/mm²）	箍筋 f/（N/mm²）	框架梁 ξ_b	最小配筋率	楼板厚/mm
参数	0.8	C30	二	1.2	4550	40	14.3	1.43	360	300	0.518	0.25%	130

表 4-21 框架梁控制截面内力标准值

楼层	编号	梁宽/mm	梁高/mm	跨度/m	等效均布恒载/(kN/m)	等效均布活载/(kN/m)	截面	恒载		活载		左风		右风		左震		右震	
								弯矩 M/(kN·m)	剪力 V/kN	弯矩 M/(kN·m)	剪力 V/kN	弯矩 M/(kN·m)	剪力 V/kN	弯矩 M/(kN·m)	剪力 V/kN	弯矩 M/(kN·m)	剪力 V/kN	弯矩 M/(kN·m)	剪力 V/kN
第4层	AB	250	700	7.8	29.3	8.1	左	-128.69	118.49	-20.13	30.09	3.79	0.82	-3.79	-0.82	55.80	11.22	-55.80	-11.22
		250	700	7.8	29.3	8.1	中	110.58	—	35.64	—	0.58	—	-0.58	—	12.03	—	-12.03	—
		250	700	7.8	29.3	8.1	右	95.80	-110.05	31.80	-33.09	2.63	0.82	-2.63	-0.82	31.74	11.22	-31.74	-11.22
	BC	250	500	3.6	16.7	4.5	左	-58.51	30.86	-16.67	8.10	2.08	1.16	-2.08	-1.16	25.06	13.92	-25.06	-13.92
		250	500	3.6	16.7	4.5	中	-30.02	—	-9.38	—	0.00	—	0.00	—	0.00	—	0.00	—
		250	500	3.6	16.7	4.5	右	55.64	-29.26	16.67	-8.10	2.08	1.16	-2.08	-1.16	25.06	13.92	-25.06	-13.92
	CD	250	700	7.8	29.3	8.1	左	-122.93	122.61	-31.80	33.09	2.63	0.82	-2.63	-0.82	31.74	11.22	-31.74	-11.22
		250	700	7.8	29.3	8.1	中	132.43	—	35.64	—	-0.58	—	0.58	—	-12.03	—	12.03	—
		250	700	7.8	29.3	8.1	右	57.87	-105.93	20.13	-30.09	3.79	0.82	-3.79	-0.82	55.80	11.22	-55.80	-11.22
第3层	AB	250	700	7.8	34.9	8.1	左	-111.99	129.67	-30.17	30.89	9.12	2.09	-9.12	-2.09	107.90	24.93	-107.90	-24.93
		250	700	7.8	34.9	8.1	中	128.32	—	28.72	—	0.96	—	-0.96	—	10.68	—	-10.68	—
		250	700	7.8	34.9	8.1	右	162.19	-142.55	35.59	-32.29	7.20	2.09	-7.20	-2.09	86.53	24.93	-86.53	-24.93
	BC	250	500	3.6	12.8	4.5	左	-46.48	26.77	-12.09	8.10	5.68	3.16	-5.68	-3.16	68.32	37.96	-68.32	-37.96
		250	500	3.6	12.8	4.5	中	-19.03	—	-4.80	—	0.00	—	0.00	—	0.00	—	0.00	—
		250	500	3.6	12.8	4.5	右	33.06	-19.31	12.09	-8.10	5.68	3.16	-5.68	-3.16	68.32	37.96	-68.32	-37.96
	CD	250	700	7.8	22.3	8.1	左	-86.89	85.68	-35.59	32.29	7.20	2.09	-7.20	-2.09	86.53	24.93	-86.53	-24.93
		250	700	7.8	22.3	8.1	中	77.68	—	28.72	—	-0.96	—	0.96	—	-10.68	—	10.68	—
		250	700	7.8	22.3	8.1	右	96.93	-88.26	30.17	-30.89	9.12	2.09	-9.12	-2.09	107.90	24.93	-107.90	-24.93

楼层	编号	梁宽/mm	梁高/mm	跨度/m	等效均布恒载/(kN/m)	等效均布活载/(kN/m)	截面	恒载 弯矩M/(kN·m)	恒载 剪力V/kN	活载 弯矩M/(kN·m)	活载 剪力V/kN	左风 弯矩M/(kN·m)	左风 剪力V/kN	右风 弯矩M/(kN·m)	右风 剪力V/kN	左震 弯矩M/(kN·m)	左震 剪力V/kN	右震 弯矩M/(kN·m)	右震 剪力V/kN
第2层	AB	250	700	7.8	34.9	8.1	左	-118.67	130.67	-29.39	30.82	17.15	3.82	-17.15	-3.82	162.30	35.81	-162.30	-35.81
		250	700	7.8	34.9	8.1	中	125.52	—	29.23	—	2.26	—	-2.26	—	22.64	—	-22.64	—
		250	700	7.8	34.9	8.1	右	161.12	-141.55	35.36	-32.36	12.63	3.82	-12.63	-3.82	117.02	35.81	-117.02	-35.81
	BC	250	500	3.6	12.8	4.5	左	-47.32	26.88	-12.27	8.10	9.97	5.54	-9.97	-5.54	92.40	51.33	-92.40	-51.33
		250	500	3.6	12.8	4.5	中	-19.68	—	-4.98	—	0.00	—	0.00	—	0.00	—	0.00	—
		250	500	3.6	12.8	4.5	右	33.51	-19.20	12.27	-8.10	9.97	5.54	-9.97	-5.54	92.40	51.33	-92.40	-51.33
	CD	250	700	7.8	22.3	8.1	左	-86.33	86.57	-35.36	32.36	12.63	3.82	-12.63	-3.82	117.02	35.81	-117.02	-35.81
		250	700	7.8	22.3	8.1	中	81.70	—	29.23	—	-2.26	—	2.26	—	-22.64	—	22.64	—
		250	700	7.8	22.3	8.1	右	89.45	-87.37	29.39	-30.82	17.15	3.82	-17.15	-3.82	162.30	35.81	-162.30	-35.81
第1层	AB	250	700	7.8	34.9	8.1	左	-102.72	129.34	-26.03	30.58	27.62	5.99	-27.62	-5.99	209.81	45.22	-209.81	-45.22
		250	700	7.8	34.9	8.1	中	136.28	—	31.64	—	4.26	—	-4.26	—	33.46	—	-33.46	—
		250	700	7.8	34.9	8.1	右	155.54	-142.88	33.89	-32.60	19.10	5.99	-19.10	-5.99	142.90	45.22	-142.90	-45.22
	BC	250	500	3.6	12.8	4.5	左	-52.70	27.21	-13.60	8.10	15.08	8.38	-15.08	-8.38	112.83	62.68	-112.83	-62.68
		250	500	3.6	12.8	4.5	中	-24.46	—	-6.31	—	0.00	—	0.00	—	0.00	—	0.00	—
		250	500	3.6	12.8	4.5	右	37.70	-18.87	13.60	-8.10	15.08	8.38	-15.08	-8.38	112.83	62.68	-112.83	-62.68
	CD	250	700	7.8	22.3	8.1	左	-81.22	86.91	-33.89	32.60	19.10	5.99	-19.10	-5.99	142.90	45.22	-142.90	-45.22
		250	700	7.8	22.3	8.1	中	88.15	—	31.64	—	-4.26	—	4.26	—	-33.46	—	33.46	—
		250	700	7.8	22.3	8.1	右	81.66	-87.03	26.03	-30.58	27.62	5.99	-27.62	-5.99	209.81	45.22	-209.81	-45.22

注：弯矩单位为 kN·m，剪力、轴力单位为 kN。

表 4-22 梁内力标准值（弯矩调幅）

楼层	编号	柱宽/mm	跨度/m	等效均布恒载/(kN/m)	等效均布活载/(kN/m)	截面	恒载 弯矩M	恒载 剪力V	活载 弯矩M	活载 剪力V	左风 弯矩M	左风 剪力V	右风 弯矩M	右风 剪力V	左震 弯矩M	左震 剪力V	右震 弯矩M	右震 剪力V
第4层	AB	450	7.8	29.3	8.1	左	-102.95	118.49	-16.11	30.09	3.79	0.82	-3.79	-0.82	55.80	11.22	-55.80	-11.22
		—	7.8	29.3	8.1	中	133.03	—	40.83	—	0.58	—	-0.58	—	12.03	—	-12.03	—
		450	7.8	29.3	8.1	右	76.64	-110.05	25.44	-33.09	2.63	0.82	-2.63	-0.82	31.74	11.22	-31.74	-11.22
	BC	450	3.6	16.7	4.5	左	-46.81	30.86	-13.33	8.10	2.08	1.16	-2.08	-1.16	25.06	13.92	-25.06	-13.92
		—	3.6	16.7	4.5	中	-18.61	—	-6.04	—	0.00	—	0.00	—	0.00	—	0.00	—
		450	3.6	16.7	4.5	右	44.51	-29.26	13.33	-8.10	2.08	1.16	-2.08	-1.16	25.06	13.92	-25.06	-13.92
	CD	450	7.8	29.3	8.1	左	-98.34	122.61	-25.44	33.09	2.63	0.82	-2.63	-0.82	31.74	11.22	-31.74	-11.22
		—	7.8	29.3	8.1	中	150.51	—	40.83	—	-0.58	—	0.58	—	-12.03	—	12.03	—
		450	7.8	29.3	8.1	右	46.30	-105.93	16.11	-30.09	3.79	0.82	-3.79	-0.82	55.80	11.22	-55.80	-11.22
第3层	AB	450	7.8	34.9	8.1	左	-89.59	129.67	-24.13	30.89	9.12	2.09	-9.12	-2.09	107.90	24.93	-107.90	-24.93
		—	7.8	34.9	8.1	中	155.74	—	35.30	—	0.96	—	-0.96	—	10.68	—	-10.68	—
		450	7.8	34.9	8.1	右	129.75	-142.55	28.47	-32.29	7.20	2.09	-7.20	-2.09	86.53	24.93	-86.53	-24.93
	BC	450	3.6	12.8	4.5	左	-37.18	26.77	-9.67	8.10	5.68	3.16	-5.68	-3.16	68.32	37.96	-68.32	-37.96
		—	3.6	12.8	4.5	中	-11.08	—	-2.38	—	0.00	—	0.00	—	0.00	—	0.00	—
		450	3.6	12.8	4.5	右	26.45	-19.31	9.67	-8.10	5.68	3.16	-5.68	-3.16	68.32	37.96	-68.32	-37.96
	CD	450	7.8	22.3	8.1	左	-69.51	85.68	-28.47	32.29	7.20	2.09	-7.20	-2.09	86.53	24.93	-86.53	-24.93
		—	7.8	22.3	8.1	中	96.06	—	35.30	—	-0.96	—	0.96	—	-10.68	—	10.68	—
		450	7.8	22.3	8.1	右	77.55	-88.26	24.13	-30.89	9.12	2.09	-9.12	-2.09	107.90	24.93	-107.90	-24.93

楼层	编号	柱宽/mm	跨度/m	等效均布恒载/(kN/m)	等效均布活载/(kN/m)	截面	轴线处内力（弯矩调幅） 恒载 弯矩M	恒载 剪力V	活载 弯矩M	活载 剪力V	左风 弯矩M	左风 剪力V	右风 弯矩M	右风 剪力V	左震 弯矩M	左震 剪力V	右震 弯矩M	右震 剪力V
第2层	AB	450	7.8	34.9	8.1	左	-94.94	130.67	-23.51	30.82	17.15	3.82	-17.15	-3.82	162.30	35.81	-162.30	-35.81
		—	7.8	34.9	8.1	中	153.50	—	35.70	—	2.26	—	-2.26	—	22.64	—	-22.64	—
		450	7.8	34.9	8.1	右	128.90	-141.55	28.29	-32.36	12.63	3.82	-12.63	-3.82	117.02	35.81	-117.02	-35.81
	BC	450	3.6	12.8	4.5	左	-37.86	26.88	-9.82	8.10	9.97	5.54	-9.97	-5.54	92.40	51.33	-92.40	-51.33
		—	3.6	12.8	4.5	中	-11.59	—	-2.53	—	0.00	—	0.00	—	0.00	—	0.00	—
		450	3.6	12.8	4.5	右	26.80	-19.20	9.82	-8.10	9.97	5.54	-9.97	-5.54	92.40	51.33	-92.40	-51.33
	CD	450	7.8	22.3	8.1	左	-69.06	86.57	-28.29	32.36	12.63	3.82	-12.63	-3.82	117.02	35.81	-117.02	-35.81
		—	7.8	22.3	8.1	中	99.28	—	35.70	—	-2.26	—	2.26	—	-22.64	—	22.64	—
		450	7.8	22.3	8.1	右	71.56	-87.37	23.51	-30.82	17.15	3.82	-17.15	-3.82	162.30	35.81	-162.30	-35.81
第1层	AB	450	7.8	34.9	8.1	左	-82.18	129.34	-20.82	30.58	27.62	5.99	-27.62	-5.99	209.81	45.22	-209.81	-45.22
		—	7.8	34.9	8.1	中	162.11	—	37.63	—	4.26	—	-4.26	—	33.46	—	-33.46	—
		450	7.8	34.9	8.1	右	124.44	-142.88	27.11	-32.60	19.10	5.99	-19.10	-5.99	142.90	45.22	-142.90	-45.22
	BC	450	3.6	12.8	4.5	左	-42.16	27.21	-10.88	8.10	15.08	8.38	-15.08	-8.38	112.83	62.68	-112.83	-62.68
		—	3.6	12.8	4.5	中	-15.42	—	-3.59	—	0.00	—	0.00	—	0.00	—	0.00	—
		450	3.6	12.8	4.5	右	30.16	-18.87	10.88	-8.10	15.08	8.38	-15.08	-8.38	112.83	62.68	-112.83	-62.68
	CD	450	7.8	22.3	8.1	左	-64.98	86.91	-27.11	32.60	19.10	5.99	-19.10	-5.99	142.90	45.22	-142.90	-45.22
		—	7.8	22.3	8.1	中	104.44	—	37.63	—	-4.26	—	4.26	—	-33.46	—	33.46	—
		450	7.8	22.3	8.1	右	65.33	-87.03	20.82	-30.58	27.62	5.99	-27.62	-5.99	209.81	45.22	-209.81	-45.22

楼层	编号	柱宽/mm	跨度/m	等效均布恒载/(kN/m)	等效均布活载/(kN/m)	截面	支座边缘处内力												
							恒载		活载		左风		右风		左震		右震		
							弯矩 M	剪力 V	弯矩 M	剪力 V	弯矩 M	剪力 V	弯矩 M	剪力 V	弯矩 M	剪力 V	弯矩 M	剪力 V
第4层	AB	450	7.8	29.3	8.1	左	-77.77	111.89	-9.75	28.27	3.60	0.82	-3.60	-0.82	53.27	11.22	-53.27	-11.22
		—	7.8	29.3	8.1	中	133.03	—	40.83	—	0.58	—	-0.58	—	12.03	—	-12.03	—
		450	7.8	29.3	8.1	右	53.36	-103.46	18.40	-31.26	2.45	0.82	-2.45	-0.82	29.22	11.22	-29.22	-11.22
	BC	450	3.6	16.7	4.5	左	-40.71	27.10	-11.74	7.09	1.82	1.16	-1.82	-1.16	21.93	13.92	-21.93	-13.92
		—	3.6	16.7	4.5	中	-18.61	—	-6.04	—	0.00	—	0.00	—	0.00	—	0.00	—
		450	3.6	16.7	4.5	右	38.77	-25.50	11.74	-7.09	1.82	1.16	-1.82	-1.16	21.93	13.92	-21.93	-13.92
	CD	450	7.8	29.3	8.1	左	-72.24	116.02	-18.40	31.26	2.45	0.82	-2.45	-0.82	29.22	11.22	-29.22	-11.22
		—	7.8	29.3	8.1	中	150.51	—	40.83	—	-0.58	—	0.58	—	-12.03	—	12.03	—
		450	7.8	29.3	8.1	右	23.95	-99.34	9.75	-28.27	3.60	0.82	-3.60	-0.82	53.27	11.22	-53.27	-11.22
第3层	AB	450	7.8	34.9	8.1	左	-62.18	121.82	-17.59	29.07	8.64	2.09	-8.64	-2.09	102.29	24.93	-102.29	-24.93
		—	7.8	34.9	8.1	中	155.74	—	35.30	—	0.96	—	-0.96	—	10.68	—	-10.68	—
		450	7.8	34.9	8.1	右	99.44	-134.69	21.62	-30.46	6.73	2.09	-6.73	-2.09	80.92	24.93	-80.92	-24.93
	BC	450	3.6	12.8	4.5	左	-31.81	23.89	-8.08	7.09	4.97	3.16	-4.97	-3.16	59.78	37.96	-59.78	-37.96
		—	3.6	12.8	4.5	中	-11.08	—	-2.38	—	0.00	—	0.00	—	0.00	—	0.00	—
		450	3.6	12.8	4.5	右	22.75	-16.43	8.08	-7.09	4.97	3.16	-4.97	-3.16	59.78	37.96	-59.78	-37.96
	CD	450	7.8	22.3	8.1	左	-51.36	80.66	-21.62	30.46	6.73	2.09	-6.73	-2.09	80.92	24.93	-80.92	-24.93
		—	7.8	22.3	8.1	中	96.06	—	35.30	—	-0.96	—	0.96	—	-10.68	—	10.68	—
		450	7.8	22.3	8.1	右	58.82	-83.24	17.59	-29.07	8.64	2.09	-8.64	-2.09	102.29	24.93	-102.29	-24.93

楼层	编号	柱宽/mm	跨度/m	等效均布恒载/(kN/m)	等效均布活载/(kN/m)	截面	支座边缘处内力											
							恒载		活载		左风		右风		左震		右震	
							弯矩M	剪力V	弯矩M	剪力V	弯矩M	剪力V	弯矩M	剪力V	弯矩M	剪力V	弯矩M	剪力V
第2层	AB	450	7.8	34.9	8.1	左	-67.30	122.82	-16.98	29.00	16.29	3.82	-16.29	-3.82	154.24	35.81	-154.24	-35.81
		—	7.8	34.9	8.1	中	153.50	—	35.70	—	2.26	—	-2.26	—	22.64	—	-22.64	—
		450	7.8	34.9	8.1	右	98.81	-133.70	21.42	-30.53	11.77	3.82	-11.77	-3.82	108.96	35.81	-108.96	-35.81
	BC	450	3.6	12.8	4.5	左	-32.46	24.00	-8.22	7.09	8.73	5.54	-8.73	-5.54	80.85	51.33	-80.85	-51.33
		—	3.6	12.8	4.5	中	-11.59	—	-2.53	—	0.00	—	0.00	—	0.00	—	0.00	—
		450	3.6	12.8	4.5	右	23.13	-16.32	8.22	-7.09	8.73	5.54	-8.73	-5.54	80.85	51.33	-80.85	-51.33
	CD	450	7.8	22.3	8.1	左	-50.71	81.55	-21.42	30.53	11.77	3.82	-11.77	-3.82	108.96	35.81	-108.96	-35.81
		—	7.8	22.3	8.1	中	99.28	—	35.70	—	-2.26	—	2.26	—	-22.64	—	22.64	—
		450	7.8	22.3	8.1	右	53.03	-82.35	16.98	-29.00	16.29	3.82	-16.29	-3.82	154.24	35.81	-154.24	-35.81
第1层	AB	450	7.8	34.9	8.1	左	-54.84	121.49	-14.35	28.76	26.27	5.99	-26.27	-5.99	199.64	45.22	-199.64	-45.22
		—	7.8	34.9	8.1	中	162.11	—	37.63	—	4.26	—	-4.26	—	33.46	—	-33.46	—
		450	7.8	34.9	8.1	右	94.05	-135.03	20.19	-30.78	17.75	5.99	-17.75	-5.99	132.72	45.22	-132.72	-45.22
	BC	450	3.6	12.8	4.5	左	-36.68	24.33	-9.28	7.09	13.20	8.38	-13.20	-8.38	98.73	62.68	-98.73	-62.68
		—	3.6	12.8	4.5	中	-15.42	—	-3.59	—	0.00	—	0.00	—	0.00	—	0.00	—
		450	3.6	12.8	4.5	右	26.56	-15.99	9.28	-7.09	13.20	8.38	-13.20	-8.38	98.73	62.68	-98.73	-62.68
	CD	450	7.8	22.3	8.1	左	-46.55	81.90	-20.19	30.78	17.75	5.99	-17.75	-5.99	132.72	45.22	-132.72	-45.22
		—	7.8	22.3	8.1	中	104.44	—	37.63	—	-4.26	—	4.26	—	-33.46	—	33.46	—
		450	7.8	22.3	8.1	右	46.87	-82.01	14.35	-28.76	26.27	5.99	-26.27	-5.99	199.64	45.22	-199.64	-45.22

注：弯矩单位为 kN·m，轴力、剪力单位为 kN。

4.1.7 梁内力组合及"强剪弱弯"调整

1. 梁内力组合

不考虑地震作用时:

（1）1.3 恒载+1.5 活载

（2）1.3 恒载+1.5（活载+0.6 左风）

（3）1.3 恒载+1.5（活载+0.6 右风）

（4）1.3 恒载+1.5（0.7 活载+左风）

（5）1.3 恒载+1.5（0.7 活载+右风）

考虑地震作用时:

（1）1.3（恒载+0.5 活载）+1.4 左震

（2）1.3（恒载+0.5 活载）+1.4 右震

2. 内力组合计算示例

梁跨中弯矩下部受拉为正，梁端部弯矩顺时针为正，梁剪力顺时针为正。下面以第四层梁 AB 跨组合为例说明计算过程。

（1）持久设计工况下梁截面组合的内力设计值。

1.3 恒+1.5 活:

$M_1 = 1.3 \times (M_D)+1.5 \times (M_L) = 1.3 \times (-77.77)+1.5 \times (-9.75) = -115.73 \text{ kN} \cdot \text{m}$

1.3 恒+1.5 活:

$V_1 = 1.3 \times (V_D)+1.5 \times (V_L) = 1.3 \times (111.89)+1.5 \times (28.27) = 187.86 \text{ kN}$

1.3 恒+1.5（活+0.6 左风）:

$M_2 = 1.3 \times (M_D)+1.5 \times [M_L+0.6 \times (M_W)] = 1.3 \times (-77.77)+1.5 \times [-9.75+0.6 \times (3.6)] = -112.49 \text{ kN} \cdot \text{m}$

1.3 恒+1.5（活+0.6 左风）:

$V_2 = 1.3 \times (V_D)+1.5 \times [V_L+0.6 \times (V_W)] = 1.3 \times (111.89)+1.5 \times [28.27+0.6 \times (0.82)] = 188.60 \text{ kN}$

1.3 恒+1.5（活+0.6 右风）:

$M_3 = 1.3 \times (M_D)+1.5 \times [M_L+0.6 \times (M_W)] = 1.3 \times (-77.77)+1.5 \times [-9.75+0.6 \times (-3.60)] = -118.97 \text{ kN} \cdot \text{m}$

1.3 恒+1.5（活+0.6 右风）:

$V_3 = 1.3 \times (V_D)+1.5 \times [V_L+0.6 \times (V_W)] = 1.3 \times (111.89)+1.5 \times [28.27+0.6 \times (-0.82)] = 187.12 \text{ kN}$

1.3 恒+1.5（0.7 活+左风）:

$M_4 = 1.3 \times (M_D)+1.5 \times [0.7 \times (M_L)+(M_W)] = 1.3 \times (-77.77)+1.5 \times [0.7 \times (-9.75)+(3.6)] = -105.94 \text{ kN} \cdot \text{m}$

1.3 恒+1.5（0.7 活+左风）:

$V_4 = 1.3 \times (V_D)+1.5 \times [0.7 \times (V_L)+(V_W)] = 1.3 \times (111.89)+1.5 \times [0.7 \times (28.27)+(0.82)] = 176.37 \text{ kN}$

1.3 恒+1.5（0.7 活+右风）：

$M_5 = 1.3 \times (M_D) + 1.5 \times [0.7 \times (M_L) + (M_W)] = 1.3 \times (-77.77) + 1.5 \times [0.7 \times (-9.75) + (-3.60)] =$ -116.74 kN·m

1.3 恒+1.5（0.7 活+右风）：

$V_5 = 1.3 \times (V_D) + 1.5 \times [0.7 \times (V_L) + (V_W)] = 1.3 \times (111.89) + 1.5 \times [0.7 \times (28.27) + (-0.82)] =$ 173.91 kN

1.3 恒+1.5（0.7 活+右风）：

（2）地震设计工况下梁截面组合的内力设计值。

1.3（恒+0.5 活）+1.4 左震：

$M_6 = 1.3 \times [M_D + 0.5 \times (M_L)] + 1.4 \times M_S = 1.3 \times [-77.77 + 0.5 \times (-9.75)] + 1.4 \times 53.27] =$ -32.86 kN·m

1.3（恒+0.5 活）+1.4 左震：

$V_6 = 1.3 \times [V_D + 0.5 \times (V_L)] + 1.4 \times V_S = 1.3 \times [111.89 + 0.5 \times (28.27)] + 1.4 \times 11.22 = 179.54$ kN

1.3（恒+0.5 活）+1.4 右震：

$M_7 = 1.3 \times [M_D + 0.5 \times (M_L)] + 1.4 \times M_S = 1.3 \times [-77.77 + 0.5 \times (-9.75)] + 1.4 \times -53.27 =$ -182.02 kN·m

1.3（恒+0.5 活）+1.4 右震：

$V_7 = 1.3 \times [V_D + 0.5 \times (V_L)] + 1.4 \times V_S = 1.3 \times [111.89 + 0.5 \times (28.27)] + 1.4 \times -11.22 = 148.12$ kN

（3）梁端组合剪力设计值调整。

一、二、三级的框架梁，其梁端剪力设计值应按下式调整。

$$V_b = \eta \times \frac{M_b^l + M_b^r}{l_n} + V_{Gb}$$

剪力调整系数：$\eta = 1.2$，组合后梁左端弯矩：$M_b^l = -182.02$ kN·m，组合后梁右端弯矩：$M_b^r = 40.43$ kN·m，等效均布恒载：$q_G = 29.3$ kN/m，等效均布活载：$q_Q = 8.1$ kN/m，按简支梁计算剪力：$V_{Gb} = \dfrac{1.3 \times (q_G + 0.5 \times q_Q) \times l_n}{2} = \dfrac{1.3 \times (29.3 + 0.5 \times 8.1) \times 7.8}{2} = 169.08$ kN，强剪弱弯调整后的梁剪力：$V_b = -\dfrac{\eta \times [(M_b^l) + (M_b^r)]}{l_n} + V_{Gb} = -\dfrac{1.2 \times [(-182.02) + (40.43)]}{7.8} + 169.08 = 190.86$ kN，最终结果见表 4-23、表 4-24。

表 4-23　持久设计工况下框架梁控制截面内力组合值

| 楼层 | 编号 | 截面 | 持久设计工况的组合 | | | | | | | | | | 持久设计工况的最不利组合 | | | | | |
| | | | 1.3恒+1.5活 | | 1.3恒+1.5(活+0.6左风) | | 1.3恒+1.5(活+0.6右风) | | 1.3恒+1.5(0.7活+左风) | | 1.3恒+1.5(0.7活+右风) | | 最大\|M\|组合 | | | 最大V组合 | | |
			弯矩 M	剪力 V	弯矩 M	剪力 V	弯矩 M	剪力 V	弯矩 M	剪力 V	弯矩 M	剪力 V	M_{max}	弯矩 M	剪力 V	V_{max}	弯矩 M	剪力 V
第4层	AB	左	-115.72	187.87	-112.48	188.61	-118.97	187.13	-105.93	176.38	-116.74	173.91	118.97	-118.97	187.13	188.61	-112.48	188.61
		中	234.18	—	234.70	—	233.66	—	216.68	—	214.94	—	234.70	234.70	—	—	—	—
		右	96.98	-181.39	99.18	-180.65	94.77	-182.14	92.37	-166.09	85.02	-168.56	99.18	99.18	-180.65	182.14	94.77	-182.14
	BC	左	-70.53	45.86	-68.90	46.90	-72.17	44.82	-62.52	44.41	-67.98	40.94	72.17	-72.17	44.82	46.90	-68.90	46.90
		中	-33.25	—	-33.25	—	-33.25	—	-30.53	—	-30.53	—	33.25	-33.25	—	—	—	—
		右	68.01	-43.79	69.65	-42.75	66.37	-44.83	65.46	-38.86	60.00	-42.33	69.65	69.65	-42.75	44.83	66.37	-44.83
	CD	左	-121.51	197.72	-119.31	198.46	-123.72	196.98	-109.56	184.88	-116.91	182.41	123.72	-123.72	196.98	198.46	-119.31	198.46
		中	256.90	—	256.38	—	257.42	—	237.66	—	239.39	—	257.42	257.42	—	—	—	—
		右	45.75	-171.55	49.00	-170.81	42.51	-172.29	46.77	-157.59	35.96	-160.06	49.00	49.00	-170.81	172.29	42.51	-172.29
第3层	AB	左	-107.23	201.98	-99.45	203.86	-115.01	200.09	-86.34	192.03	-112.28	185.76	115.01	-115.01	200.09	203.86	-99.45	203.86
		中	255.41	—	256.27	—	254.55	—	240.97	—	238.09	—	256.27	256.27	—	—	—	—
		右	161.71	-220.80	167.76	-218.91	155.65	-222.68	162.07	-203.95	141.89	-210.22	167.76	167.76	-218.91	222.68	155.65	-222.68
	BC	左	-53.46	41.68	-48.99	44.53	-57.94	38.84	-42.37	43.23	-57.29	33.76	57.94	-57.94	38.84	44.53	-48.99	44.53
		中	-17.97	—	-17.97	—	-17.97	—	-16.90	—	-16.90	—	17.97	-17.97	—	—	—	—
		右	41.69	-31.99	46.17	-29.15	37.21	-34.84	45.52	-24.07	30.60	-33.54	46.17	46.17	-29.15	34.84	37.21	-34.84
	CD	左	-99.20	150.56	-93.15	152.44	-105.26	148.68	-79.38	139.99	-99.56	133.71	105.26	-105.26	148.68	152.44	-93.15	152.44
		中	177.83	—	176.96	—	178.69	—	160.50	—	163.38	—	178.69	178.69	—	—	—	—
		右	102.85	-151.82	110.63	-149.94	95.07	-153.70	107.90	-135.60	81.97	-141.87	110.63	110.63	-149.94	153.70	95.07	-153.70

| 楼层 | 编号 | 截面 | 持久设计工况的组合 | | | | | | | | | | 持久设计工况的最不利组合 | | | | | |
| | | | 1.3恒+1.5活 | | 1.3恒+1.5(活+0.6左风) | | 1.3恒+1.5(活+0.6右风) | | 1.3恒+1.5(0.7活+左风) | | 1.3恒+1.5(0.7活+右风) | | 最大\|M\|组合 | | | 最大V组合 | | |
			弯矩M	剪力V	弯矩M	剪力V	弯矩M	剪力V	弯矩M	剪力V	弯矩M	剪力V	M_{max}	弯矩M	剪力V	V_{max}	弯矩M	剪力V
第2层	AB	左	-112.97	203.16	-98.31	206.60	-127.64	199.73	-80.89	195.84	-129.77	184.38	129.77	-129.77	184.38	206.60	-98.31	206.60
		中	253.10	—	255.14	—	251.06	—	240.43	—	233.64	—	255.14	255.14	—	—	—	—
		右	160.59	-219.61	171.18	-216.17	149.99	-223.05	168.60	-200.14	133.29	-211.60	171.18	171.18	-216.17	223.05	149.99	-223.05
	BC	左	-54.53	41.83	-46.67	46.81	-62.38	36.84	-37.74	46.95	-63.92	30.33	63.92	-63.92	30.33	46.95	-37.74	46.95
		中	-18.86	—	-18.86	—	-18.86	—	-17.72	—	-17.72	—	18.86	-18.86	—	—	—	—
		右	42.40	-31.85	50.26	-26.86	34.55	-36.84	51.79	-20.35	25.61	-36.97	51.79	51.79	-20.35	36.97	25.61	-36.97
	CD	左	-98.05	151.82	-87.46	155.25	-108.65	148.38	-70.76	143.81	-106.07	132.35	108.65	-108.65	148.38	155.25	-87.46	155.25
		中	182.62	—	180.58	—	184.65	—	163.16	—	169.94	—	184.65	184.65	—	—	—	—
		右	94.41	-150.56	109.08	-147.12	79.75	-154.00	111.21	-131.78	62.33	-143.24	111.21	111.21	-131.78	154.00	79.75	-154.00
第1层	AB	左	-92.82	201.07	-69.18	206.46	-116.47	195.68	-46.96	197.11	-125.77	179.14	125.77	-125.77	179.14	206.46	-69.18	206.46
		中	267.19	—	271.03	—	263.36	—	256.65	—	243.87	—	271.03	271.03	—	—	—	—
		右	152.55	-221.70	168.53	-216.31	136.57	-227.09	170.09	-198.87	116.84	-216.84	170.09	170.09	-198.87	227.09	136.57	-227.09
	BC	左	-61.61	42.26	-49.74	49.80	-73.49	34.72	-37.64	51.63	-77.23	26.50	77.23	-77.23	26.50	51.63	-37.64	51.63
		中	-25.43	—	-25.43	—	-25.43	—	-23.81	—	-23.81	—	25.43	-25.43	—	—	—	—
		右	48.45	-31.42	60.33	-23.88	36.58	-38.96	64.07	-15.67	24.48	-40.80	64.07	64.07	-15.67	40.80	24.48	-40.80
	CD	左	-90.80	152.63	-74.82	158.02	-106.77	147.24	-55.09	147.76	-108.34	129.80	108.34	-108.34	129.80	158.02	-74.82	158.02
		中	192.22	—	188.39	—	196.06	—	168.90	—	181.68	—	196.06	196.06	—	—	—	—
		右	82.46	-149.75	106.11	-144.36	58.82	-155.14	115.41	-127.82	36.60	-145.79	115.41	115.41	-127.82	155.14	58.82	-155.14

注：弯矩单位为 kN·m，剪力单位为 kN。

表 4-24 地震设计工况下框架梁控制截面内力组合的设计值及调整

楼层	编号	截面	考虑地震的组合 1.3（恒+0.5活）+1.4左震 弯矩M	剪力V	1.3（恒+0.5活）+1.4右震 弯矩M	剪力V	强剪弱弯调整 简支梁V_{Gb}	剪力V	考虑地震的最不利组合 最大|M|组合 M_{max}	弯矩M	剪力V	最大V组合 V_{max}	弯矩M	剪力V
第4层	AB	左	-32.86	179.55	-182.02	148.13	169.08	190.87	182.02	-182.02	148.13	179.55	-32.86	190.87
		中	216.32	—	182.64	—	169.08	190.87	216.32	216.32	—	—	—	—
		右	122.24	-170.53	40.43	-139.11	169.08	190.87	122.24	122.24	-139.11	170.53	40.43	190.87
	BC	左	-29.85	59.33	-91.26	20.34	44.34	65.65	91.26	-91.26	20.34	59.33	-29.85	65.65
		中	-28.12	—	-28.12	—	44.34	—	28.12	-28.12	—	—	—	—
		右	88.74	-18.27	27.33	-57.26	44.34	65.65	88.74	88.74	-18.27	57.26	27.33	65.65
	CD	左	-64.97	186.86	-146.77	155.43	169.08	197.38	146.77	-146.77	155.43	186.86	-64.97	197.38
		中	205.36	—	239.04	—	169.08	—	239.04	239.04	—	—	—	—
		右	112.05	-131.80	-37.12	-163.23	169.08	197.38	112.05	112.05	-131.80	163.23	-37.12	197.38
第3层	AB	左	50.93	212.16	-235.48	142.37	197.48	244.79	235.48	-235.48	142.37	212.16	50.93	244.79
		中	240.37	—	210.45	—	197.48	—	240.37	240.37	—	—	—	—
		右	256.62	-160.00	30.04	-229.80	197.48	244.79	256.62	256.62	-160.00	229.80	30.04	244.79
	BC	左	37.10	88.80	-130.30	-17.48	35.22	94.94	130.30	-130.30	-17.48	88.80	37.10	94.94
		中	-15.95	—	-15.95	—	35.22	—	15.95	-15.95	—	—	—	—
		右	118.52	27.17	-48.87	79.11	35.22	94.94	118.52	118.52	27.17	79.11	-48.87	94.94
	CD	左	32.47	159.56	-194.12	89.77	133.59	174.14	194.12	-194.12	89.77	159.56	32.47	174.14
		中	132.87	—	162.78	—	133.59	—	162.78	162.78	—	—	—	—
		右	231.10	-92.21	-55.31	-162.01	133.59	174.14	231.10	231.10	-92.21	162.01	-55.31	174.14

楼层	编号	截面	考虑地震的组合						考虑地震的最不利组合					
			1.3(恒+0.5活)+1.4左震		1.3(恒+0.5活)+1.4右震		强剪弱弯调整		最大|M|组合			最大V组合		
			弯矩 M	剪力 V	弯矩 M	剪力 V	简支梁 V_{Gb}	V	M_{max}	弯矩 M	剪力 V	V_{max}	弯矩 M	剪力 V
第2层	AB	左	117.40	228.64	-314.47	128.38	197.48	260.91	314.47	-314.47	128.38	228.64	117.40	260.91
		中	254.45	—	191.06	—	197.48	—	254.45	254.45	—	—	—	—
		右	294.93	-143.52	-10.17	-243.79	197.48	260.91	294.93	294.93	-143.52	243.79	-10.17	260.91
	BC	左	65.65	107.67	-160.73	-36.06	35.22	114.72	160.73	-160.73	-36.06	107.67	65.65	114.72
		中	-16.71	—	-16.71	—	35.22	—	16.71	-16.71	—	—	—	—
		右	148.60	46.04	-77.77	-97.69	35.22	114.72	148.60	148.60	46.04	97.69	-77.77	114.72
	CD	左	72.70	176.00	-232.40	75.73	133.59	190.30	232.40	-232.40	75.73	176.00	72.70	190.30
		中	120.58	—	183.97	—	133.59	—	183.97	183.97	—	—	—	—
		右	295.91	-75.78	-135.96	-176.04	133.59	190.30	295.91	295.91	-75.78	176.04	-135.96	190.30
第1层	AB	左	198.87	239.93	-360.12	113.32	197.48	277.49	360.12	-360.12	113.32	239.93	198.87	277.49
		中	282.05	—	188.36	—	197.48	—	282.05	282.05	—	—	—	—
		右	321.20	-132.24	-50.42	-258.85	197.48	277.49	321.20	321.20	-132.24	258.85	-50.42	277.49
	BC	左	84.49	123.99	-191.94	-51.53	35.22	131.75	191.94	-191.94	-51.53	123.99	84.49	131.75
		中	-22.38	—	-22.38	—	35.22	—	22.38	-22.38	—	—	—	—
		右	178.78	62.36	-97.66	-113.16	35.22	131.75	178.78	178.78	62.36	113.16	-97.66	131.75
	CD	左	112.17	189.78	-259.45	63.16	133.59	205.70	259.45	-259.45	63.16	189.78	112.17	205.70
		中	113.39	—	207.08	—	133.59	—	207.08	207.08	—	—	—	—
		右	349.76	-62.00	-209.23	-188.61	133.59	205.70	349.76	349.76	-62.00	188.61	-209.23	205.70

注：弯矩单位为 kN·m，剪力单位为 kN。

4.1.8 柱内力组合及"强柱弱梁"调整

下面以第四层 A 柱为例进行计算。

1. 柱控制截面的内力组合

柱控制截面为其上、下端截面，为了简化计算，可偏于安全取上、下层梁轴线处。

不考虑地震作用时：

（1）1.3 恒载+1.5 活载。

（2）1.3 恒载+1.5（活载+0.6 左风）。

（3）1.3 恒载+1.5（活载+0.6 右风）。

（4）1.3 恒载+1.5（0.7 活载+左风）。

（5）1.3 恒载+1.5（0.7 活载+右风）。

考虑地震作用时：

（1）1.3（恒载+0.5 活载）+1.4 左震。

（2）1.3（恒载+0.5 活载）+1.4 右震。

2. 内力组合计算示例

柱端弯矩和柱端剪力均以绕柱端截面顺时针方向旋转为正，轴力以受压为正。下面以第四层梁 AB 跨组合为例计算说明过程。

（1）持久设计工况下柱截面组合的内力设计值。

1.3 恒+1.5 活：

$$M_1 = 1.3 \times (M_D) + 1.5 \times (M_L) = 1.3 \times (51.49) + 1.5 \times (20.13) = 97.13 \text{ kN} \cdot \text{m}$$

1.3 恒+1.5 活：

$$V_1 = 1.3 \times (V_D) + 1.5 \times (V_L) = 1.3 \times (30.64) + 1.5 \times (10.03) = 54.88 \text{ kN}$$

1.3 恒+1.5（活+0.6 左风）：

$$M_2 = 1.3 \times (M_D) + 1.5 \times [M_L + 0.6 \times (M_W)] = 1.3 \times (51.49) + 1.5 \times [20.13 + 0.6 \times (3.79)] = 100.54 \text{ kN} \cdot \text{m}$$

1.3 恒+1.5（活+0.6 左风）：

$$V_2 = 1.3 \times (V_D) + 1.5 \times [V_L + 0.6 \times (V_W)] = 1.3 \times (30.64) + 1.5 \times [10.03 + 0.6 \times (1.85)] = 56.54 \text{ kN}$$

1.3 恒+1.5（活+0.6 右风）：

$$M_3 = 1.3 \times (M_D) + 1.5 \times [M_L + 0.6 \times (M_W)] = 1.3 \times (51.49) + 1.5 \times [20.13 + 0.6 \times (-3.79)] = 93.72 \text{ kN} \cdot \text{m}$$

1.3 恒+1.5（活+0.6 右风）：

$V_3 = 1.3 \times (V_D)+1.5 \times [V_L+0.6 \times (V_W)] = 1.3 \times (30.64)+1.5 \times [10.03+0.6 \times (-1.85)] = 53.21 \text{ kN}$

1.3 恒+1.5（0.7 活+左风）：

$M_4 = 1.3 \times (M_D)+1.5 \times [0.7 \times (M_L)+(M_W)] = 1.3 \times (51.49)+1.5 \times [0.7 \times (20.13)+(3.79)] = 93.76 \text{ kN}\cdot\text{m}$

1.3 恒+1.5（0.7 活+左风）：

$V_4 = 1.3 \times (V_D)+1.5 \times [0.7 \times (V_L)+(V_W)] = 1.3 \times (30.64)+1.5 \times [0.7 \times (10.03)+(1.85)] = 53.14 \text{ kN}$

1.3 恒+1.5（0.7 活+右风）：

$M_5 = 1.3 \times (M_D)+1.5 \times [0.7 \times (M_L)+(M_W)] = 1.3 \times (51.49)+1.5 \times [0.7 \times (20.13)+(-3.79)] = 82.39 \text{ kN}\cdot\text{m}$

1.3 恒+1.5（0.7 活+右风）：

$V_5 = 1.3 \times (V_D)+1.5 \times [0.7 \times (V_L)+(V_W)] = 1.3 \times (30.64)+1.5 \times [0.7 \times (10.03)+(-1.85)] = 47.59 \text{ kN}$

（2）地震设计工况下柱截面组合的内力设计值。

1.3（恒+0.5 活）+1.4 左震：

$M_6 = 1.3 \times [M_D+0.5 \times (M_L)]+1.4 \times M_S = 1.3 \times [51.49+0.5 \times (20.13)]+1.4 \times 55.8] = 158.14 \text{ kN}\cdot\text{m}$

1.3（恒+0.5 活）+1.4 左震：

$V_6 = 1.3 \times [V_D+0.5 \times (V_L)]+1.4 \times V_S = 1.3 \times [30.64+0.5 \times (10.03)]+1.4 \times 27.19 = 84.42 \text{ kN}$

1.3（恒+0.5 活）+1.4 右震：

$M_7 = 1.3 \times [M_D+0.5 \times (M_L)]+1.4 \times M_S = 1.3 \times [51.49+0.5 \times (20.13)]+1.4 \times -55.80 = 1.90 \text{ kN}\cdot\text{m}$

1.3（恒+0.5 活）+1.4 右震：

$V_7 = 1.3 \times [V_D+0.5 \times (V_L)]+1.4 \times V_S = 1.3 \times [30.64+0.5 \times (10.03)]+1.4 \times -27.19 = 8.29 \text{ kN}$

3. 柱控制截面组合的内力设计值调整

（1）柱端组合弯矩设计值调整。

一、二、三、四级框架的梁柱节点处，除框支梁与框支柱的节点及框架顶层和柱轴压比小于 0.15 外，柱端组合的弯矩设计值应符合下式要求。

$$\Sigma M_c = \eta \Sigma M_b$$

式中，ΣM_c 为节点上下柱端截面顺时针或逆时针方向组合的弯矩设计值之和，上下柱端的弯矩设计值，一般情况可按弹性分析分配。ΣM_b 为节点左右梁端截面逆时针或顺时针方向组合的弯矩设计值之和，一级框架节点左右梁端均为负弯矩时，绝对值较小的弯矩应取零。η 为框架柱端弯矩增大系数，对框架结构，一、二、三、四级可分别取 1.7、1.5、1.3、1.2；对其他结构类型中的根架，一级可取 1.4，二级可取 1.2，三、四级可取 1.1。当反弯点不在柱的层高范围内时，柱端的弯矩设计值可直接乘以上述柱端弯矩增大系数。

弯矩调整系数：$\eta=1.5$，强柱弱梁调整后的柱弯矩：$M_c = \eta \times k_0 \times \Sigma M_b = 1.5 \times 1 \times 182.02 = 273.03 \, \text{kN} \cdot \text{m}$。

（2）柱端组合剪力设计值调整。

一、二、三、四级的框架柱的剪力设计值应按下式调整。

$$V_b = \eta_v \times \frac{M_c^t + M_c^b}{H_n}$$

式中，V_b 为柱端组合剪力设计值；H_n 为柱的净高；M_c^t 和 M_c^b 分别为柱的上下端面顺时针或逆时针方向截面组合的弯矩设计值，应符合上述对柱端弯矩设计值的要求。η_v 为柱剪力增大系数，对框架结构，一、二、三、四级可分别取 1.5、1.3、1.2、1.1；对其他结构类型的框架，一级可取 1.4，二级可取 1.2，三、四级可取 1.1。

强柱弱梁调整后的柱剪力：$V_b = \eta_v \times \eta \times \frac{M_c^t + M_c^b}{H_n} = 1.3 \times 1.5 \times \frac{158.14 + 145.77}{2.9} = 204.35 \, \text{kN}$，其设计参数及计算结果见表 4-25 ~ 表 4-28 所示。

表 4-25　框架柱的主要设计参数

项次	混凝土等级	抗震等级	纵筋 f /（N/mm²）	箍筋 f /（N/mm²）	合力点距 a_s/mm	f_c /（N/mm²）	f_t /（N/mm²）	弯矩调整系数	剪力调整系数	框架柱 ξ_b	最小配筋率	轴压比限值
参数	C30	二	360	300	40	14.3	1.43	1.5	1.3	0.518	0.80%	0.75

表 4-26 框架柱控制截面内力标准值

楼层	编号	截面宽/mm	截面高/mm	净高/m	位置	恒载 M	恒载 V	恒载 N	活载 M	活载 V	活载 N	左风 M	左风 V	左风 N	右风 M	右风 V	右风 N	左震 M	左震 V	左震 N	右震 M	右震 V	右震 N
第4层	A	450	450	2.9	柱顶	51.49	30.64	224.29	20.13	10.03	41.59	3.79	1.85	0.82	-3.79	-1.85	0.82	55.80	27.19	-11.22	-55.80	-27.19	11.22
	A	450	450	2.9	柱底	58.81	30.64	240.74	15.97	10.03	41.59	2.86	1.85	-0.82	-2.86	-1.85	0.82	42.09	27.19	-11.22	-42.09	-27.19	11.22
	B	450	450	3.0	柱顶	-52.49	-28.15	267.21	-15.13	-7.57	63.49	4.72	2.38	-0.33	-4.72	-2.38	0.33	56.81	35.07	-2.70	-56.81	-35.07	2.70
	B	450	450	3.0	柱底	-48.84	-28.15	284.24	-12.12	-7.57	63.49	3.86	2.38	-0.33	-3.86	-2.38	0.33	69.43	35.07	-2.70	-69.43	-35.07	2.70
	C	450	450	3.0	柱顶	52.09	25.18	278.17	15.13	7.57	63.49	4.72	2.38	0.33	-4.72	-2.38	-0.33	56.81	35.07	2.70	-56.81	-35.07	-2.70
	C	450	450	3.0	柱底	38.56	25.18	295.20	12.12	7.57	63.49	3.86	2.38	0.33	-3.86	-2.38	-0.33	69.43	35.07	2.70	-69.43	-35.07	-2.70
	D	450	450	2.9	柱顶	-71.97	-33.09	211.93	-20.13	-10.03	41.59	3.79	1.85	0.82	-3.79	-1.85	-0.82	55.80	27.19	11.22	-55.80	-27.19	-11.22
	D	450	450	2.9	柱底	-47.17	-33.09	228.39	-15.97	-10.03	41.59	2.86	1.85	0.82	-2.86	-1.85	-0.82	42.09	27.19	11.22	-42.09	-27.19	-11.22
第3层	A	450	450	2.9	柱顶	71.48	38.75	459.76	14.19	8.00	83.99	3.79	3.89	-2.92	-3.79	-3.89	2.92	55.80	40.89	-36.15	-55.80	-40.89	36.15
	A	450	450	2.9	柱底	68.02	38.75	476.22	14.59	8.00	83.99	2.86	3.89	-2.92	-2.86	-3.89	2.92	42.09	40.89	-36.15	-42.09	-40.89	36.15
	B	450	450	3.0	柱顶	-45.47	-25.42	562.82	-11.38	-6.36	126.17	4.72	5.01	-1.40	-4.72	-5.01	1.40	56.81	52.73	-15.73	-56.81	-52.73	15.73
	B	450	450	3.0	柱底	-46.03	-25.42	579.85	-11.50	-6.36	126.17	3.86	5.01	-1.40	-3.86	-5.01	1.40	69.43	52.73	-15.73	-69.43	-52.73	15.73
	C	450	450	3.0	柱顶	36.67	20.45	509.47	11.38	6.36	126.17	4.72	5.01	1.40	-4.72	-5.01	-1.40	56.81	52.73	15.73	-56.81	-52.73	-15.73
	C	450	450	3.0	柱底	36.96	20.45	526.49	11.50	6.36	126.17	3.86	5.01	1.40	-3.86	-5.01	-1.40	69.43	52.73	15.73	-69.43	-52.73	-15.73
	D	450	450	2.9	柱顶	-31.47	-18.56	406.19	-14.19	-8.00	83.99	3.79	3.89	2.92	-3.79	-3.89	-2.92	55.80	40.89	36.15	-55.80	-40.89	-36.15
	D	450	450	2.9	柱底	-35.35	-18.56	422.64	-14.59	-8.00	83.99	2.86	3.89	2.92	-2.86	-3.89	-2.92	42.09	40.89	36.15	-42.09	-40.89	-36.15

楼层	编号	截面宽/mm	截面高/mm	净高/m	位置	恒载 M	恒载 V	恒载 N	活载 M	活载 V	活载 N	左风 M	左风 V	左风 N	右风 M	右风 V	右风 N	左震 M	左震 V	左震 N	右震 M	右震 V	右震 N
第2层	A	450	450	2.9	柱顶	68.95	40.44	696.23	14.79	8.67	126.31	6.26	5.85	6.73	-6.26	-5.85	-6.73	65.80	50.27	-71.96	-65.80	-50.27	71.96
		450	450	2.9	柱底	76.63	40.44	712.68	16.43	8.67	126.31	7.74	5.85	6.73	-7.74	-5.85	-6.73	81.41	50.27	-71.96	-81.41	-50.27	71.96
	B	450	450	3.0	柱顶	-46.38	-26.73	857.55	-11.59	-6.68	188.93	9.02	7.54	3.12	-9.02	-7.54	-3.12	85.43	64.82	-31.26	-85.43	-64.82	31.26
		450	450	3.0	柱底	-49.85	-26.73	874.58	-12.46	-6.68	188.93	9.02	7.54	3.12	-9.02	-7.54	-3.12	104.41	64.82	-31.26	-104.41	-64.82	31.26
	C	450	450	3.0	柱顶	37.26	21.48	741.54	11.59	6.68	188.93	9.02	7.54	-3.12	-9.02	-7.54	3.12	85.43	64.82	31.26	-85.43	-64.82	-31.26
		450	450	3.0	柱底	40.06	21.48	758.56	12.46	6.68	188.93	9.02	7.54	-3.12	-9.02	-7.54	3.12	104.41	64.82	31.26	-104.41	-64.82	-31.26
	D	450	450	2.9	柱顶	-35.80	-20.97	599.56	-14.79	-8.67	126.31	6.26	5.85	-6.73	-6.26	-5.85	6.73	65.80	50.27	71.96	-65.80	-50.27	-71.96
		450	450	2.9	柱底	-39.68	-20.97	616.01	-16.43	-8.67	126.31	7.74	5.85	-6.73	-7.74	-5.85	6.73	81.41	50.27	71.96	-81.41	-50.27	-71.96
第1层	A	450	450	3.5	柱顶	44.39	15.85	931.37	9.60	3.43	168.40	9.41	8.45	12.72	-9.41	-8.45	-12.72	80.89	58.07	-117.18	-80.89	-58.07	117.18
		450	450	3.5	柱底	22.20	15.85	951.23	4.80	3.43	168.40	11.65	8.45	12.72	-11.65	-8.45	-12.72	100.07	58.07	-117.18	-100.07	-58.07	117.18
	B	450	450	3.6	柱顶	-31.60	-11.28	1153.94	-7.83	-2.80	251.92	13.58	9.81	5.51	-13.58	-9.81	-5.51	105.01	67.40	-48.72	-105.01	-67.40	48.72
		450	450	3.6	柱底	-15.80	-11.28	1174.37	-3.92	-2.80	251.92	13.58	9.81	5.51	-13.58	-9.81	-5.51	128.34	67.40	-48.72	-128.34	-67.40	48.72
	C	450	450	3.6	柱顶	24.86	8.88	973.63	7.83	2.80	251.92	13.58	9.81	-5.51	-13.58	-9.81	5.51	105.01	67.40	48.72	-105.01	-67.40	-48.72
		450	450	3.6	柱底	12.43	8.88	994.06	3.92	2.80	251.92	13.58	9.81	-5.51	-13.58	-9.81	5.51	128.34	67.40	48.72	-128.34	-67.40	-48.72
	D	450	450	3.5	柱顶	-23.68	-8.46	792.58	-9.60	-3.43	168.40	9.41	8.45	-12.72	-9.41	-8.45	12.72	80.89	58.07	117.18	-80.89	-58.07	-117.18
		450	450	3.5	柱底	-11.84	-8.46	812.44	-4.80	-3.43	168.40	11.65	8.45	-12.72	-11.65	-8.45	12.72	100.07	58.07	117.18	-100.07	-58.07	-117.18

注：弯矩单位为 kN·m，剪力单位为 kN。

表 4-27 持久设计工况下框架柱控制截面内力组合

持久设计工况下的组合

楼层	编号	位置	1.3恒+1.5活			1.3恒+1.5（活+0.6左风）			1.3恒+1.5（活+0.6右风）			1.3恒+1.5（0.7活+左风）			1.3恒+1.5（0.7活+右风）		
			弯矩 M	剪力 V	轴力 N	弯矩 M	剪力 V	轴力 N	弯矩 M	剪力 V	轴力 N	弯矩 M	剪力 V	轴力 N	弯矩 M	剪力 V	轴力 N
第 4 层	A	柱顶	97.13	54.88	353.96	100.54	56.54	353.22	93.72	53.21	354.70	93.76	53.13	334.01	82.39	47.59	336.48
		柱底	100.42	54.88	375.36	102.99	56.54	374.62	97.85	53.21	376.10	97.52	53.13	355.40	88.94	47.59	357.87
	B	柱顶	-90.93	-47.95	442.60	-86.69	-45.80	442.30	-95.18	-50.09	442.90	-77.05	-40.97	413.54	-91.20	-48.11	414.53
		柱底	-81.68	-47.95	464.73	-78.20	-45.80	464.44	-85.15	-50.09	465.03	-70.43	-40.97	435.67	-82.01	-48.11	436.66
	C	柱顶	90.41	44.09	456.85	94.65	46.23	457.15	86.16	41.95	456.55	90.67	44.25	428.78	76.53	37.11	427.78
		柱底	68.31	44.09	478.98	71.78	46.23	479.28	64.84	41.95	478.68	68.64	44.25	450.91	57.07	37.11	449.92
	D	柱顶	-123.77	-58.07	337.90	-120.36	-56.41	338.64	-127.18	-59.73	337.16	-109.02	-50.78	320.42	-120.39	-56.32	317.95
		柱底	-85.28	-58.07	359.29	-82.70	-56.41	360.04	-87.85	-59.73	358.55	-73.80	-50.78	341.81	-82.38	-56.32	339.34
第 3 层	A	柱顶	114.21	62.37	723.67	117.62	65.87	721.05	110.80	58.87	726.30	113.51	64.60	681.50	102.14	52.94	690.25
		柱底	110.31	62.37	745.06	112.89	65.87	742.44	107.74	58.87	747.69	108.04	64.60	702.90	99.46	52.94	711.64
	B	柱顶	-76.18	-42.57	920.93	-71.94	-38.06	919.67	-80.43	-47.09	922.19	-63.99	-32.19	862.05	-78.14	-47.23	866.25
		柱底	-77.08	-42.57	943.06	-73.61	-38.06	941.80	-80.56	-47.09	944.32	-66.12	-32.19	884.18	-77.70	-47.23	888.38
	C	柱顶	64.74	36.12	851.56	68.99	40.64	852.82	60.50	31.61	850.31	66.70	40.78	796.89	52.55	25.74	792.69
		柱底	65.30	36.12	873.70	68.77	40.64	874.95	61.83	31.61	872.44	65.91	40.78	819.02	54.34	25.74	814.82
	D	柱顶	-62.20	-36.12	654.03	-58.78	-32.62	656.65	-65.61	-39.62	651.40	-50.12	-26.69	620.61	-61.49	-38.36	611.86
		柱底	-67.84	-36.12	675.42	-65.27	-32.62	678.04	-70.42	-39.62	672.80	-56.99	-26.69	642.00	-65.56	-38.36	633.25

楼层	编号	位置	1.3恒+1.5活			1.3恒+1.5活 (活+0.6左风)			1.3恒+1.5 (活+0.6右风)			1.3恒+1.5 (0.7活+左风)			1.3恒+1.5 (0.7活+右风)		
			弯矩 M	剪力 V	轴力 N	弯矩 M	剪力 V	轴力 N	弯矩 M	剪力 V	轴力 N	弯矩 M	剪力 V	轴力 N	弯矩 M	剪力 V	轴力 N
第2层	A	柱顶	111.83	65.58	1094.57	117.46	70.84	1088.51	106.20	60.31	1100.63	114.56	70.45	1027.62	95.79	52.90	1047.83
		柱底	124.26	65.58	1115.96	131.22	70.84	1109.90	117.29	60.31	1122.02	128.47	70.45	1049.02	105.25	52.90	1069.22
	B	柱顶	-77.67	-44.77	1398.21	-69.55	-37.98	1395.40	-85.79	-51.56	1401.02	-58.92	-30.45	1308.51	-85.99	-53.08	1317.87
		柱底	-83.50	-44.77	1420.34	-75.37	-37.98	1417.53	-91.62	-51.56	1423.15	-64.35	-30.45	1330.64	-91.43	-53.08	1340.00
	C	柱顶	65.82	37.94	1247.39	73.94	44.73	1250.20	57.70	31.15	1244.58	74.14	46.25	1167.06	47.07	23.62	1157.70
		柱底	70.77	37.94	1269.52	78.89	44.73	1272.33	62.65	31.15	1266.72	78.70	46.25	1189.19	51.63	23.62	1179.83
	D	柱顶	-68.73	-40.26	968.89	-63.10	-35.00	974.96	-74.36	-45.53	962.83	-52.69	-27.59	922.15	-71.46	-45.14	901.95
		柱底	-76.22	-40.26	990.29	-69.26	-35.00	996.35	-83.19	-45.53	984.23	-57.22	-27.59	943.55	-80.44	-45.14	923.35
第1层	A	柱顶	72.11	25.75	1463.37	80.58	33.36	1451.92	63.64	18.15	1474.82	81.91	36.89	1368.51	53.67	11.53	1406.68
		柱底	36.06	25.75	1489.19	46.54	33.36	1477.74	25.57	18.15	1500.64	51.37	36.89	1394.32	16.43	11.53	1432.49
	B	柱顶	-52.82	-18.87	1878.01	-40.60	-10.04	1873.05	-65.05	-27.69	1882.97	-28.93	-2.89	1756.38	-69.67	-32.32	1772.91
		柱底	-26.41	-18.87	1904.57	-14.19	-10.04	1899.61	-38.63	-27.69	1909.53	-4.28	-2.89	1782.94	-45.02	-32.32	1799.47
	C	柱顶	44.07	15.74	1643.60	56.29	24.57	1648.56	31.85	6.91	1638.65	60.91	29.20	1538.50	20.18	-0.23	1521.97
		柱底	22.04	15.74	1670.16	34.26	24.57	1675.12	9.81	6.91	1665.20	40.64	29.20	1565.06	-0.10	-0.23	1548.53
	D	柱顶	-45.18	-16.14	1282.95	-36.71	-8.53	1294.40	-53.66	-23.74	1271.50	-26.74	-1.92	1226.26	-54.98	-27.27	1188.09
		柱底	-22.59	-16.14	1308.77	-12.11	-8.53	1320.22	-33.07	-23.74	1297.32	-2.96	-1.92	1252.08	-37.90	-27.27	1213.91

持久设计工况下的组合

持久设计工况下的最不利组合

楼层	编号	位置	最大|M|组合				最大 N 组合				最小 N 组合				最大 V 组合			
			M_{max}	弯矩 M	剪力 V	轴力 N	N_{max}	弯矩 M	剪力 V	轴力 N	N_{min}	弯矩 M	剪力 V	轴力 N	V_{max}	弯矩 M	剪力 V	轴力 N
第4层	A	柱顶	100.54	100.54	56.54	353.22	354.70	93.72	53.21	354.70	334.01	93.76	53.13	334.01	56.54	100.54	56.54	353.22
		柱底	102.99	102.99	56.54	374.62	376.10	97.85	53.21	376.10	355.40	97.52	53.13	355.40	56.54	102.99	56.54	374.62
	B	柱顶	95.18	-95.18	-50.09	442.90	442.90	-95.18	-50.09	442.90	413.54	-77.05	-40.97	413.54	50.09	-95.18	-50.09	442.90
		柱底	85.15	-85.15	-50.09	465.03	465.03	-85.15	-50.09	465.03	435.67	-70.43	-40.97	435.67	50.09	-85.15	-50.09	465.03
	C	柱顶	94.65	94.65	46.23	457.15	457.15	94.65	46.23	457.15	427.78	76.53	37.11	427.78	46.23	94.65	46.23	457.15
		柱底	71.78	71.78	46.23	479.28	479.28	71.78	46.23	479.28	449.92	57.07	37.11	449.92	46.23	71.78	46.23	479.28
	D	柱顶	127.18	-127.18	-59.73	337.16	338.64	-120.36	-56.41	338.64	317.95	-120.39	-56.32	317.95	59.73	-127.18	-59.73	337.16
		柱底	87.85	-87.85	-59.73	358.55	360.04	-82.70	-56.41	360.04	339.34	-82.38	-56.32	339.34	59.73	-87.85	-59.73	358.55
第3层	A	柱顶	117.62	117.62	65.87	721.05	726.30	110.80	58.87	726.30	681.50	113.51	64.60	681.50	65.87	117.62	65.87	721.05
		柱底	112.89	112.89	65.87	742.44	747.69	107.74	58.87	747.69	702.90	108.04	64.60	702.90	65.87	112.89	65.87	742.44
	B	柱顶	80.43	-80.43	-47.09	922.19	922.19	-80.43	-47.09	922.19	862.05	-63.99	-32.19	862.05	47.23	-78.14	-47.23	866.25
		柱底	80.56	-80.56	-47.09	944.32	944.32	-80.56	-47.09	944.32	884.18	-66.12	-32.19	884.18	47.23	-77.70	-47.23	888.38
	C	柱顶	68.99	68.99	40.64	852.82	852.82	68.99	40.64	852.82	792.69	52.55	25.74	792.69	40.78	66.70	40.78	796.89
		柱底	68.77	68.77	40.64	874.95	874.95	68.77	40.64	874.95	814.82	54.34	25.74	814.82	40.78	65.91	40.78	819.02
	D	柱顶	65.61	-65.61	-39.62	651.40	656.65	-58.78	-32.62	656.65	611.86	-61.49	-38.36	611.86	39.62	-65.61	-39.62	651.40
		柱底	70.42	-70.42	-39.62	672.80	678.04	-65.27	-32.62	678.04	633.25	-65.56	-38.36	633.25	39.62	-70.42	-39.62	672.80

楼层	编号	位置	持久设计工况下的最不利组合															
			最大|M|组合				最大 N 组合				最小 N 组合				最大 V 组合			
			M_{max}	弯矩 M	剪力 V	轴力 N	N_{max}	弯矩 M	剪力 V	轴力 N	N_{min}	弯矩 M	剪力 V	轴力 N	V_{max}	弯矩 M	剪力 V	轴力 N
第2层	A	柱顶	117.46	117.46	70.84	1088.51	1100.63	106.20	60.31	1100.63	1027.62	114.56	70.45	1027.62	70.84	117.46	70.84	1088.51
		柱底	131.22	131.22	70.84	1109.90	1122.02	117.29	60.31	1122.02	1049.02	128.47	70.45	1049.02	70.84	131.22	70.84	1109.90
	B	柱顶	85.99	-85.99	-53.08	1317.87	1401.02	-85.79	-51.56	1401.02	1308.51	-58.92	-30.45	1308.51	53.08	-85.99	-53.08	1317.87
		柱底	91.62	-91.62	-51.56	1423.15	1423.15	-91.62	-51.56	1423.15	1330.64	-64.35	-30.45	1330.64	53.08	-91.43	-53.08	1340.00
	C	柱顶	74.14	74.14	46.25	1167.06	1250.20	73.94	44.73	1250.20	1157.70	47.07	23.62	1157.70	46.25	74.14	46.25	1167.06
		柱底	78.89	78.89	44.73	1272.33	1272.33	78.89	44.73	1272.33	1179.83	51.63	23.62	1179.83	46.25	78.70	46.25	1189.19
	D	柱顶	74.36	-74.36	-45.53	962.83	974.96	-63.10	-35.00	974.96	901.95	-71.46	-45.14	901.95	45.53	-74.36	-45.53	962.83
		柱底	83.19	-83.19	-45.53	984.23	996.35	-69.26	-35.00	996.35	923.35	-80.44	-45.14	923.35	45.53	-83.19	-45.53	984.23
第1层	A	柱顶	81.91	81.91	36.89	1368.51	1474.82	63.64	18.15	1474.82	1368.51	81.91	36.89	1368.51	36.89	81.91	36.89	1368.51
		柱底	51.37	51.37	36.89	1394.32	1500.64	25.57	18.15	1500.64	1394.32	51.37	36.89	1394.32	36.89	51.37	36.89	1394.32
	B	柱顶	69.67	-69.67	-32.32	1772.91	1882.97	-65.05	-27.69	1882.97	1756.38	-28.93	-2.89	1756.38	32.32	-69.67	-32.32	1772.91
		柱底	45.02	-45.02	-32.32	1799.47	1909.53	-38.63	-27.69	1909.53	1782.94	-4.28	-2.89	1782.94	32.32	-45.02	-32.32	1799.47
	C	柱顶	60.91	60.91	29.20	1538.50	1648.56	56.29	24.57	1648.56	1521.97	20.18	-0.23	1521.97	29.20	60.91	29.20	1538.50
		柱底	40.64	40.64	29.20	1565.06	1675.12	34.26	24.57	1675.12	1548.53	-0.10	-0.23	1548.53	29.20	40.64	29.20	1565.06
	D	柱顶	54.98	-54.98	-27.27	1188.09	1294.40	-36.71	-8.53	1294.40	1188.09	-54.98	-27.27	1188.09	27.27	-54.98	-27.27	1188.09
		柱底	37.90	-37.90	-27.27	1213.91	1320.22	-12.11	-8.53	1320.22	1213.91	-37.90	-27.27	1213.91	27.27	-37.90	-27.27	1213.91

注：弯矩单位为 kN·m，剪力、轴力单位为 kN。

表 4-28 地震设计工况下框架柱控制截面内力组合的设计值及调整

楼层	编号	位置	考虑地震的组合 1.3(恒+0.5活)+1.4左震 弯矩 M	剪力 V	轴力 N	1.3(恒+0.5活)+1.4右震 弯矩 M	剪力 V	轴力 N	强柱弱梁、强剪弱弯调整 弯矩分配比	ΣM_b	弯矩 M	剪力 V
第4层	A	柱顶	158.14	84.42	302.90	1.90	8.28	334.32	1.00	182.02	273.03	204.35
		柱底	145.77	84.42	324.29	27.91	8.28	355.71	0.50	235.48	176.61	204.35
	B	柱顶	1.46	7.58	384.86	-157.60	-90.60	392.42	1.00	30.98	157.60	212.01
		柱底	25.83	7.58	406.99	-168.57	-90.60	414.55	0.50	126.33	94.74	212.01
	C	柱顶	157.08	86.74	406.67	-1.98	-11.44	399.11	1.00	58.04	157.08	202.98
		柱底	155.21	86.74	428.80	-39.20	-11.44	421.24	0.50	75.59	56.69	202.98
	D	柱顶	-28.54	-11.47	318.26	-184.77	-87.61	286.83	1.00	112.05	184.77	212.08
		柱底	-12.77	-11.47	339.65	-130.63	-87.61	308.23	0.50	231.10	173.33	212.08
第3层	A	柱顶	180.26	112.82	601.67	24.03	-1.68	702.89	0.50	235.48	180.26	226.67
		柱底	156.84	112.82	623.06	38.98	-1.68	724.28	0.50	314.47	235.85	226.67
	B	柱顶	13.02	36.65	791.66	-146.04	-111.00	835.71	0.50	126.33	146.04	201.86
		柱底	29.89	36.65	813.79	-164.51	-111.00	857.84	0.50	134.20	100.65	201.86
	C	柱顶	134.60	104.55	766.34	-24.46	-43.10	722.29	0.50	75.59	134.60	186.76
		柱底	152.73	104.55	788.48	-41.67	-43.10	744.42	0.50	83.79	62.84	186.76
	D	柱顶	27.99	27.92	633.25	-128.25	-86.57	532.03	0.50	231.10	173.33	163.14
		柱底	3.49	27.92	654.64	-114.37	-86.57	553.42	0.50	295.91	221.94	163.14

续表

楼层	编号	位置	考虑地震的组合						弯矩分配比	强柱弱梁、强剪弱弯调整		
			1.3（恒+0.5活）+1.4左震			1.3（恒+0.5活）+1.4右震						
			弯矩 M	剪力 V	轴力 N	弯矩 M	剪力 V	轴力 N		∑Mb	弯矩 M	剪力 V
第2层	A	柱顶	191.38	128.58	886.46	7.13	-12.16	1087.94	0.50	314.47	235.85	279.49
		柱底	224.27	128.58	907.85	-3.68	-12.16	1109.34	0.54	360.12	290.87	279.49
	B	柱顶	51.78	51.66	1193.86	-187.42	-129.84	1281.38	0.50	134.20	187.42	264.22
		柱底	73.27	51.66	1216.00	-219.08	-129.84	1303.51	0.54	129.26	104.40	264.22
	C	柱顶	175.57	123.01	1130.56	-63.63	-58.48	1043.05	0.50	83.79	175.57	248.25
		柱底	206.35	123.01	1152.69	-85.99	-58.48	1065.18	0.54	80.67	65.16	248.25
	D	柱顶	35.97	37.48	962.27	-148.28	-103.27	760.78	0.50	295.91	221.94	218.21
		柱底	51.71	37.48	983.67	-176.23	-103.27	782.18	0.54	349.76	282.50	218.21
第1层	A	柱顶	177.19	104.13	1156.18	-49.29	-58.45	1484.28	0.46	360.12	249.31	194.59
		柱底	172.07	104.13	1182.00	-108.12	-58.45	1510.10	1.00	0.00	258.11	194.59
	B	柱顶	100.85	77.87	1595.67	-193.18	-110.85	1732.08	0.46	129.26	193.18	214.47
		柱底	156.60	77.87	1622.23	-202.76	-110.85	1758.64	1.00	0.00	304.15	214.47
	C	柱顶	184.42	107.72	1497.68	-109.60	-81.00	1361.26	0.46	80.67	184.42	207.36
		柱底	198.39	107.72	1524.23	-160.98	-81.00	1387.82	1.00	0.00	297.58	207.36
	D	柱顶	76.22	68.07	1303.87	-150.27	-94.51	975.76	0.46	349.76	242.14	172.09
		柱底	121.59	68.07	1329.69	-158.61	-94.51	1001.58	1.00	0.00	237.91	172.09

楼层	编号	位置	最大|M|组合				最大N组合				最小N组合				最大V组合			
			M_{max}	弯矩M	剪力V	轴力N	N_{max}	弯矩M	剪力V	轴力N	N_{min}	弯矩M	剪力V	轴力N	V_{max}	弯矩M	剪力V	轴力N
第4层	A	柱顶	158.14	273.03	84.42	334.32	334.32	1.90	8.28	334.32	302.90	158.14	84.42	302.90	84.42	158.14	204.35	302.90
		柱底	145.77	176.61	84.42	355.71	355.71	27.91	8.28	355.71	324.29	145.77	84.42	324.29	84.42	145.77	204.35	324.29
	B	柱顶	157.60	157.60	-90.60	392.42	392.42	-157.60	-90.60	392.42	384.86	1.46	7.58	384.86	90.60	-157.60	212.01	392.42
		柱底	168.57	-168.57	-90.60	414.55	414.55	-168.57	-90.60	414.55	406.99	25.83	7.58	406.99	90.60	-168.57	212.01	414.55
	C	柱顶	157.08	157.08	86.74	406.67	406.67	157.08	86.74	406.67	399.11	-1.98	-11.44	399.11	86.74	157.08	202.98	406.67
		柱底	155.21	155.21	86.74	428.80	428.80	155.21	86.74	428.80	421.24	-39.20	-11.44	421.24	86.74	155.21	202.98	428.80
	D	柱顶	184.77	184.77	-87.61	286.83	318.26	-28.54	-11.47	318.26	286.83	-184.77	-87.61	286.83	87.61	-184.77	212.08	286.83
		柱底	130.63	173.33	-87.61	308.23	339.65	-12.77	-11.47	339.65	308.23	-130.63	-87.61	308.23	87.61	-130.63	212.08	308.23
第3层	A	柱顶	180.26	180.26	112.82	601.67	702.89	24.03	-1.68	702.89	601.67	180.26	112.82	601.67	112.82	180.26	226.67	601.67
		柱底	156.84	235.85	112.82	623.06	724.28	38.98	-1.68	724.28	623.06	156.84	112.82	623.06	112.82	156.84	226.67	623.06
	B	柱顶	146.04	146.04	-111.00	835.71	835.71	-146.04	-111.00	835.71	791.66	13.02	36.65	791.66	111.00	-146.04	201.86	835.71
		柱底	164.51	-164.51	-111.00	857.84	857.84	-164.51	-111.00	857.84	813.79	29.89	36.65	813.79	111.00	-164.51	201.86	857.84
	C	柱顶	134.60	134.60	104.55	766.34	766.34	134.60	104.55	766.34	722.29	-24.46	-43.10	722.29	104.55	134.60	186.76	766.34
		柱底	152.73	152.73	104.55	788.48	788.48	152.73	104.55	788.48	744.42	-41.67	-43.10	744.42	104.55	152.73	186.76	788.48
	D	柱顶	128.25	173.33	-86.57	532.03	633.25	27.99	27.92	633.25	532.03	-128.25	-86.57	532.03	86.57	-128.25	163.14	532.03
		柱底	114.37	221.94	-86.57	553.42	654.64	3.49	27.92	654.64	553.42	-114.37	-86.57	553.42	86.57	-114.37	163.14	553.42

考虑地震的最不利组合

楼层	编号	位置	最大 |M|组合				最大 N 组合				最小 N 组合				最大 V 组合			
			M_{max}	弯矩 M	剪力 V	轴力 N	N_{max}	弯矩 M	剪力 V	轴力 N	N_{min}	弯矩 M	剪力 V	轴力 N	V_{max}	弯矩 M	剪力 V	轴力 N
第2层	A	柱顶	191.38	235.85	128.58	886.46	1087.94	7.13	-12.16	1087.94	886.46	191.38	128.58	886.46	128.58	191.38	279.49	886.46
		柱底	224.27	290.87	128.58	907.85	1109.34	-3.68	-12.16	1109.34	907.85	224.27	128.58	907.85	128.58	224.27	279.49	907.85
	B	柱顶	187.42	187.42	-129.84	1281.38	1281.38	-187.42	-129.84	1281.38	1193.86	51.78	51.66	1193.86	129.84	-187.42	264.22	1281.38
		柱底	219.08	-219.08	-129.84	1303.51	1303.51	-219.08	-129.84	1303.51	1216.00	73.27	51.66	1216.00	129.84	-219.08	264.22	1303.51
	C	柱顶	175.57	175.57	123.01	1130.56	1130.56	175.57	123.01	1130.56	1043.05	-63.63	-58.48	1043.05	123.01	175.57	248.25	1130.56
		柱底	206.35	206.35	123.01	1152.69	1152.69	206.35	123.01	1152.69	1065.18	-85.99	-58.48	1065.18	123.01	206.35	248.25	1152.69
	D	柱顶	148.28	221.94	-103.27	760.78	962.27	35.97	37.48	962.27	760.78	-148.28	-103.27	760.78	103.27	-148.28	218.21	760.78
		柱底	176.23	282.50	-103.27	782.18	983.67	51.71	37.48	983.67	782.18	-176.23	-103.27	782.18	103.27	-176.23	218.21	782.18
第1层	A	柱顶	177.19	249.31	104.13	1156.18	1484.28	-49.29	-58.45	1484.28	1156.18	177.19	104.13	1156.18	104.13	177.19	194.59	1156.18
		柱底	172.07	258.11	104.13	1182.00	1510.10	-108.12	-58.45	1510.10	1182.00	172.07	104.13	1182.00	104.13	172.07	194.59	1182.00
	B	柱顶	193.18	193.18	-110.85	1732.08	1732.08	-193.18	-110.85	1732.08	1595.67	100.85	77.87	1595.67	110.85	-193.18	214.47	1732.08
		柱底	202.76	304.15	-110.85	1758.64	1758.64	-202.76	-110.85	1758.64	1622.23	156.60	77.87	1622.23	110.85	-202.76	214.47	1758.64
	C	柱顶	184.42	184.42	107.72	1497.68	1497.68	184.42	107.72	1497.68	1361.26	-109.60	-81.00	1361.26	107.72	184.42	207.36	1497.68
		柱底	198.39	297.58	107.72	1524.23	1524.23	198.39	107.72	1524.23	1387.82	-160.98	-81.00	1387.82	107.72	198.39	207.36	1524.23
	D	柱顶	150.27	242.14	-94.51	975.76	1303.87	76.22	68.07	1303.87	975.76	-150.27	-94.51	975.76	94.51	-150.27	172.09	975.76
		柱底	158.61	237.91	-94.51	1001.58	1329.69	121.59	68.07	1329.69	1001.58	-158.61	-94.51	1001.58	94.51	-158.61	172.09	1001.58

注：弯矩单位为 kN·m，剪力、轴力单位为 kN。

4.1.9 梁的配筋计算

1. 梁的正截面配筋计算

下面以第四层 AB 跨为例计算。

（1）梁跨中截面。

截面宽：$b = 250$ mm，截面高：$h = 700$ mm，受压翼缘宽：$b'_f = 2600$ mm，受压翼缘厚：$h'_f = 130$ mm，弯矩：$M = 234.7$ kN·m，受拉合力距：$a_s = 40$ mm，受压合力距：$a'_s = 40$ mm，重要性系数：$\gamma_0 = 1$，混凝强度等级：C30，受拉纵筋：3，HRB400，25，混凝土抗压强度设计值：$f_c = 14.3$ N/mm²，纵筋抗拉强度设计值：$f_y = 360$ N/mm²，相对受压区高度系数：$\xi_b = 0.518$，第一、二类类别判定弯矩值：$M_p = \alpha_1 \times f_c \times b'_f \times h'_f \times (h_0 - 0.5 \times h'_f) \times 10^{-6} = 1 \times 14.3 \times 2600 \times 130 \times (660.00 - 0.5 \times 130) \times 10^{-6} = 2875.87$ kN·m，弯矩：$M_1 = 0.00$ kN·m，类型：$C = $ 第一类。

相对受压区高度：

$$x = h_0 - \sqrt{\max\left(h_0^2 - 2 \times \frac{\gamma \times M \times 10^6 - M_1}{\alpha_1 \times f_c \times b}, 0\right)}$$
$$= 660.00 - \sqrt{\max\left(660.00^2 - 2 \times \frac{1 \times 234.7 \times 10^6 - 0}{1 \times 14.3 \times 2600}, 0\right)} = 9.63 \text{ mm}$$

计算配筋面积：$A_{sd} = \dfrac{\alpha_1 \times f_c \times b \times x}{f_y} = \dfrac{1 \times 14.3 \times 2600 \times 9.63}{360} = 995$ mm²

实配受拉钢筋面积：$A_s = n \times \dfrac{\pi \times d^2}{4} = 3 \times \dfrac{\pi \times 25^2}{4} = 1472.62$ mm²

正截面受弯配筋验算：$O = (A_s \geqslant A_{sd}) = (1472.62 \geqslant 995)$，满足要求。

（2）梁支座截面。

梁截面宽：$b = 250$ mm，截面高：$h = 700$ mm，弯矩：$M = 136.5$ kN·m，受拉合力距：$a_s = 40$ mm，混凝强度等级：C30，混凝土抗压强度设计值：$f_c = 14.3$ N/mm²，纵筋：3，HRB400，25，纵筋抗拉强度设计值：$f_y = 360$ N/mm²，重要性系数：$\gamma_0 = 1$，计算高度：$h_0 = h - a_s = 700 - 40 = 660.00$ mm，相对受压区高度系数：$\xi_b = 0.518$。

受压区高度：

$$x = h_0 - \sqrt{\left(h_0^2 - \frac{2 \times M \times 10^6 \times \gamma}{\alpha_1 \times f_c \times b}\right)} = 660.00 - \sqrt{\left(660.00^2 - \frac{2 \times 136.5 \times 10^6 \times 1}{1 \times 14.3 \times 250}\right)} = 60.64 \text{ mm}$$

满足：$(x \leqslant \xi_b \times h_0) = (60.64 \leqslant 341.88) \leqslant \xi_b \times h_0$

计算配筋面积：$A_{sd} = \dfrac{\alpha_1 \times f_c \times b \times x}{f_y} = \dfrac{1 \times 14.3 \times 250 \times 60.64}{360} = 602.19 \text{ mm}^2$

实配钢筋面积：$A_s = n \times \dfrac{\pi \times d^2}{4} = 3 \times \dfrac{\pi \times 25^2}{4} = 1472.62 \text{ mm}^2$

配筋率：$\rho = \dfrac{100 \times A_s}{b \times h}\% = \dfrac{100 \times 1472.62}{250 \times 700}\% = 0.8415$

正截面单筋验算：$O_s = (A_s \geqslant A_{sd}) = (1472.62 \geqslant 602.19)$，满足要求。

框架梁纵筋设计主要参数及全部配筋计算见表 4-29、表 4-30。

表 4-29　框架梁纵筋设计主要参数

γ_{RE}	a_s/mm	f_c /（N/mm²）	f_t /（N/mm²）	纵筋 f /（N/mm²）	箍筋 f /（N/mm²）	框架梁 ξ_b	最小配筋率	楼板厚/mm
0.75	40	14.3	1.43	360	300	0.518	0.25%	130

表 4-30　框架梁纵筋计算结果

楼层	编号	截面	计算弯矩 kN·m	梁宽 b 或 b_f mm	计算高度 h_0 mm	受压区高 x mm	M_1 kN·m	类型	$\leq \xi_b h_0$ 341.9	配筋面积 A_s mm²	最小配筋面积 mm²	实配钢筋 根数	实配钢筋 直径	实配面积 mm²	配筋验算
第4层	AB	左	136.5	250.0	660.0	60.6	—	—	满足	602	438	3	$\phi25$	1473	满足
		中	234.7	2600.0	660.0	9.6	2599.35	第一类 T 型截面	满足	995	438	3	$\phi25$	1473	满足
		右	99.2	250.0	660.0	43.5	—	—	满足	432	438	3	$\phi25$	1473	满足
	BC	左	72.2	250.0	460.0	46.2	—	—	满足	459	313	3	$\phi25$	1473	满足
		中	0.0	1200.0	460.0	0.0	697.59	第一类 T 型截面	满足	0	313	2	$\phi25$	982	满足
		右	69.7	250.0	460.0	44.5	—	—	满足	442	313	3	$\phi25$	1473	满足
	CD	左	123.7	250.0	660.0	54.7	—	—	满足	543	438	3	$\phi25$	1473	满足
		中	257.4	2600.0	660.0	10.6	2599.35	第一类 T 型截面	满足	1092	438	3	$\phi25$	1473	满足
		右	84.0	250.0	660.0	36.6	—	—	满足	364	438	3	$\phi25$	1473	满足
第3层	AB	左	176.6	250.0	660.0	79.7	—	—	满足	791	438	3	$\phi25$	1473	满足
		中	256.3	2600.0	660.0	10.5	2599.35	第一类 T 型截面	满足	1087	438	3	$\phi25$	1473	满足
		右	192.5	250.0	660.0	87.4	—	—	满足	867	438	3	$\phi25$	1473	满足
	BC	左	97.7	250.0	460.0	63.9	—	—	满足	634	313	3	$\phi25$	1473	满足
		中	0.0	1200.0	460.0	0.0	697.59	第一类 T 型截面	满足	0	313	2	$\phi25$	982	满足
		右	88.9	250.0	460.0	57.7	—	—	满足	573	313	3	$\phi25$	1473	满足
	CD	左	145.6	250.0	660.0	64.9	—	—	满足	644	438	3	$\phi25$	1473	满足
		中	178.7	2600.0	660.0	7.3	2599.35	第一类 T 型截面	满足	756	438	2	$\phi25$	982	满足
		右	173.3	250.0	660.0	78.1	—	—	满足	775	438	3	$\phi25$	1473	满足

续表

楼层	编号	截面	计算弯矩 kN·m	梁宽 b或bf mm	计算高度 h0 mm	受压区高 x mm	M1 kN·m	类型	≤ξbh0 341.9	配筋面积 As mm²	最小配筋面积 mm²	实配钢筋 根数	实配钢筋 直径	实配面积 mm²	配筋验算
第2层	AB	左	235.9	250.0	660.0	109.0	—	—	满足	1082	438	3	φ25	1473	满足
		中	255.1	2600.0	660.0	10.5	2599.35	第一类T型截面	满足	1082	438	3	φ25	1473	满足
		右	221.2	250.0	660.0	101.6	—	—	满足	1009	438	3	φ25	1473	满足
	BC	左	120.5	250.0	460.0	80.3	—	—	满足	798	313	3	φ25	1473	满足
		中	0.0	1200.0	460.0	0.0	697.59	第一类T型截面	满足	0	313	2	φ25	982	满足
		右	111.5	250.0	460.0	73.7	—	—	满足	732	313	3	φ25	1473	满足
	CD	左	174.3	250.0	660.0	78.5	—	—	满足	780	438	3	φ25	1473	满足
		中	184.7	2600.0	660.0	7.6	2599.35	第一类T型截面	满足	782	438	2	φ25	982	满足
		右	221.9	250.0	660.0	101.9	—	—	满足	1012	438	3	φ25	1473	满足
第1层	AB	左	270.1	250.0	660.0	126.6	—	—	满足	1257	438	3	φ25	1473	满足
		中	271.0	2600.0	660.0	11.1	2599.35	第一类T型截面	满足	1150	438	3	φ25	1473	满足
		右	240.9	250.0	660.0	111.5	—	—	满足	1107	438	3	φ25	1473	满足
	BC	左	144.0	250.0	460.0	98.0	—	—	满足	973	313	3	φ25	1473	满足
		中	0.0	1200.0	460.0	0.0	697.59	第一类T型截面	满足	0	313	2	φ25	982	满足
		右	134.1	250.0	460.0	90.4	—	—	满足	898	313	3	φ25	1473	满足
	CD	左	194.6	250.0	660.0	88.4	—	—	满足	878	438	3	φ25	1473	满足
		中	196.1	2600.0	660.0	8.0	2599.35	第一类T型截面	满足	830	438	2	φ25	982	满足
		右	262.3	250.0	660.0	122.6	—	—	满足	1217	438	3	φ25	1473	满足

2. 梁斜截面配筋计算

梁截面宽：$b = 250$ mm，截面高：$h = 700$ mm，剪力：$V = 188.6$ kN，受压合力距：$a_s = 40$ mm，混凝强度等级：C30，纵筋抗拉强度设计值：$f_{yv} = 300$ N/mm²，混凝土抗压强度设计值：$f_c = 14.3$ N/mm²，混凝土抗拉强度设计值：$f_t = 1.43$ N/mm²，结构类型：一般梁，集中力距梁端：$a = 2000$ mm，钢筋间距：HRB335，$d8@100$，肢数：$n = 2$，抗剪截面承载力：$V_{sec} = \eta \times \beta_c \times f_c \times b \times h_0 \times 10^{-3} = 0.25 \times 1 \times 14.3 \times 250 \times 660.00 \times 10^{-3} = 589.88$ kN。

抗剪截面验算：$O_s = (V \leqslant V_{sec}) = (188.6 \leqslant 589.88)$，满足要求。

系数：$\alpha_{cv} = 0.7$

计算配筋：$A_{sv}/s = \dfrac{V \times 10^3 - \alpha_{cv} \times f_t \times b \times h_0}{f_{yv} \times h_0} = \dfrac{188.6 \times 10^3 - 0.7 \times 1.43 \times 250 \times 660.00}{300 \times 660.00} = 0.12$

实配箍筋：$A_v/s = \dfrac{n \times \pi \times d^2}{4 \times s} = \dfrac{2 \times \pi \times 8^2}{4 \times 100} = 1.0053$

箍筋配筋验算：$O_v = (A_v/s \geqslant A_{sv}/s) = (1.0053 \geqslant 0.12)$，满足要求。

梁箍筋设计主要参数及全部配筋计算见表 4-31、表 4-32 所示。

表 4-31 梁箍筋设计主要参数

γ_{RE}	a_s/mm	f_c /（N/mm²）	f_t /（N/mm²）	纵筋 f /（N/mm²）	箍筋 f /（N/mm²）	框架梁 ξ_b	最小配筋率
0.85	40	14.3	1.43	360	300	0.518	0.25%

表 4-32　框架梁箍筋计算结果

楼层	编号	截面	计算剪力 (kN)	梁宽 b (mm)	计算高度 h_0 (mm)	$0.25\beta_c f_c b h_0$ (kN)	抗剪截面验算	$0.7 f_t b h_0$ (kN)	是否构造	$A_{sv}/s = V - 0.7 f_t b h_0 / f h_0$	实配钢筋 直径 (mm)	实配钢筋 间距 (mm)	实配面积 A_{sv}/s	配筋验算
第4层	AB	左	188.6	250	660	589.9	满足	165.2	计算配筋	0.118412842	8	100	1.01	满足
		中	—	—	—	—	—	—	—	—	—	—	—	—
		右	182.1	250	660	589.9	满足	165.2	计算配筋	0.085711247	8	100	1.01	满足
	BC	左	55.8	250	460	411.1	满足	115.1	构造配筋	—	8	100	1.01	构造
		中	—	—	—	—	—	—	—	—	—	—	—	—
		右	55.8	250	460	411.1	满足	115.1	构造配筋	—	8	100	1.01	构造
	CD	左	198.5	250	660	589.9	满足	165.2	计算配筋	0.168146985	8	100	1.01	满足
		中	—	—	—	—	—	—	—	—	—	—	—	—
		右	172.3	250	660	589.9	满足	165.2	计算配筋	0.035977104	8	100	1.01	满足
第3层	AB	左	208.1	250	660	589.9	满足	165.2	计算配筋	0.216710709	8	100	1.01	满足
		中	—	—	—	—	—	—	—	—	—	—	—	—
		右	222.7	250	660	589.9	满足	165.2	计算配筋	0.290469435	8	100	1.01	满足
	BC	左	80.7	250	460	411.1	满足	115.1	构造配筋	—	8	100	1.01	构造
		中	—	—	—	—	—	—	—	—	—	—	—	—
		右	80.7	250	460	411.1	满足	115.1	构造配筋	—	8	100	1.01	构造
	CD	左	152.4	250	660	589.9	满足	165.2	构造配筋	—	8	100	1.01	构造
		中	—	—	—	—	—	—	—	—	—	—	—	—
		右	153.7	250	660	589.9	满足	165.2	构造配筋	—	8	100	1.01	构造

续表

楼层	编号	截面	计算剪力 kN	梁宽 b mm	计算高度 h_0 mm	$0.25\beta_c f_c b h_0$ kN	抗剪截面验算	$0.7 f_t b h_0$ kN	是否构造	$A_{sv}/s=V-0.7 f_t b h_0/f h_0$	实配钢筋 直径 mm	实配钢筋 间距 mm	实配面积 A_{sv}/s	配筋验算
第2层	AB	左	221.8	250	660	589.9	满足	165.2	计算配筋	0.285909481	8	100	1.01	满足
		中	—	—	—	—	—	—	—	—	—	—	—	—
		右	223.0	250	660	589.9	满足	165.2	计算配筋	0.292329678	8	100	1.01	满足
	BC	左	97.5	250	460	411.1	满足	115.1	构造配筋	—	8	100	1.01	构造
		中	—	—	—	—	—	—	—	—	—	—	—	—
		右	97.5	250	460	411.1	满足	115.1	构造配筋	—	8	100	1.01	构造
	CD	左	161.8	250	660	589.9	满足	165.2	构造配筋	—	8	100	1.01	构造
		中	—	—	—	—	—	—	—	—	—	—	—	—
		右	161.8	250	660	589.9	满足	165.2	构造配筋	—	8	100	1.01	构造
第1层	AB	左	235.9	250	660	589.9	满足	165.2	计算配筋	0.357068937	8	100	1.01	满足
		中	—	—	—	—	—	—	—	—	—	—	—	—
		右	235.9	250	660	589.9	满足	165.2	计算配筋	0.357068937	8	100	1.01	满足
	BC	左	112.0	250	460	411.1	满足	115.1	构造配筋	—	8	100	1.01	构造
		中	—	—	—	—	—	—	—	—	—	—	—	—
		右	112.0	250	460	411.1	满足	115.1	计算配筋	—	8	100	1.01	满足
	CD	左	174.8	250	660	589.9	满足	165.2	构造配筋	0.04884627	8	100	1.01	满足
		中	—	—	—	—	—	—	—	—	—	—	—	—
		右	174.8	250	660	589.9	满足	165.2	计算配筋	0.04884627	8	100	1.01	满足

4.1.10 柱截面配筋计算

1. 柱正截面配筋计算

下面以第四层 A 柱为例进行计算（最大弯矩组合）。

混凝土强度等级：C30

钢筋等级：HRB400

截面宽：$b = 450 \text{ mm}$

截面高：$h = 450 \text{ mm}$

弯矩：$M = 273 \text{ kN} \cdot \text{m}$

轴力：$N = 302.9 \text{ kN}$

顶底弯矩比（小/大）：$\sigma = 0.6$

受压合力矩：$a_s = 40 \text{ mm}$

受拉合力矩：$a_s' = 40 \text{ mm}$

重要性系数：$\gamma_0 = 1$

混凝土抗压强度设计值：$f_c = 14.3 \text{ N/mm}^2$

纵筋抗拉强度设计值：$f_y = 360 \text{ N/mm}^2$

纵筋抗压强度设计值：$f_y' = 360 \text{ N/mm}^2$

计算长度：$l_0 = 3.6 \times 1.25 = 4.5 \text{ m}$

轴压比：$\mu_N = \dfrac{N \times 10^3}{b \times h \times f_c} = \dfrac{302.9 \times 10^3}{450 \times 450 \times 14.3} = 0.1046$

考虑抗震时：

系数：$\gamma_{RE} = (\mu_N < 0.15) = (0.1046 < 0.15) = 0.75$

计算高度：$h_0 = h - a_s = 450 - 40 = 410.00 \text{ mm}$

系数 $\alpha_1 = 1, \beta_1 = 0.8$

相对受压区高度系数：$\xi_b = 0.518$

曲率修正系数：$\xi_c = \min\left(\dfrac{0.5 \times f_c \times b \times h}{N \times 10^3}, 1.0 \right) = \min\left(\dfrac{0.5 \times 14.3 \times 450 \times 450}{302.9 \times 10^3}, 1.0 \right) = 1.0$

框架结构计算公式：$C_m = 0.7 + 0.3 \times \sigma = 0.7 + 0.3 \times 0.6 = 0.88$

弯矩增大系数：$\eta = 1 + \dfrac{1}{\dfrac{1300 \times \left(\dfrac{M \times 10^3}{N} + e_a \right)}{h_0}} \times \left(\dfrac{l_0 \times 10^3}{h} \right)^2 \times \xi_c$

$= 1 + \dfrac{1}{\dfrac{1300 \times \left(\dfrac{273 \times 10^3}{302.9} + 20.00 \right)}{410.00}} \times \left(\dfrac{4.5 \times 10^3}{450} \right)^2 \times 1.0000 = 1.0342$

考虑 P-δ 效应调整后的弯矩：$M=273.00$ kN·m

偏心类型的判定：

受压区高度：$x = \dfrac{\gamma N \times 10^3}{\alpha_1 \times f_c \times b} = \dfrac{227.17 \times 10^3}{1 \times 14.3 \times 450} = 35.30$ mm

偏心类型：$C = (x \leqslant \xi_b h_0) = (35.30 \leqslant 0.518 \times 410.00) = $ 大偏压

对称配筋计算：

初始偏心距：$e_i = \dfrac{M \times 10^3}{N} + C_m \eta \times e_a = \dfrac{273 \times 10^3}{302.9} + 1.0000 \times 20.00 = 921.29$ mm

轴向力到纵向受拉钢筋合力点距离：$e = e_i + \dfrac{h}{2} - a_s = 921.29 + \dfrac{450}{2} - 40 = 1106.29$ mm

轴向力到受压钢筋合力点距离：$e_s' = e_i - \dfrac{h}{2} + a_s' = 921.29 - \dfrac{450}{2} + 40 = 736.29$ mm

相对受压区高度：$\xi = \max\left(\dfrac{\gamma N \times 10^3 - \xi_b \times \alpha_1 \times f_c \times b \times h_0}{\dfrac{\gamma N \times 10^3 \times e - 0.43 \times \alpha_1 \times f_c \times b \times h_0^2}{(\beta_1 - \xi_b) \times (h_0 - a_s')} + \alpha_1 \times f_c \times b \times h_0} + \xi_b, \xi_b\right)$

$= \max\left(\dfrac{227.17 \times 10^3 - 0.518 \times 1 \times 14.3 \times 450 \times 410}{\dfrac{227.17 \times 10^3 \times 1106.29 - 0.43 \times 1 \times 14.3 \times 450 \times 410.00^2}{(0.8 - 0.518) \times (410.00 - 40)} + 1 \times 14.3 \times 450 \times 410} + 0.518, 0.518\right)$

$= 0.518$

计算配筋面积：$A_s = A_s' = \dfrac{\gamma N \times 10^3 \times e_s'}{f_y \times (h - a_s - a_s')} = \dfrac{227.17 \times 10^3 \times 736.29}{360 \times (450 - 40 - 40)} = 1256$ mm²

柱正截面配筋设计主要参数及全部配筋计算见表 4-33 ~ 表 4-35。

表 4-33　柱正截面配筋设计主要参数

γ_{RE}	a_s/mm	f_c/（N/mm²）	f_t/（N/mm²）	纵筋 f/（N/mm²）	箍筋 f/（N/mm²）	框架梁 ξ_b
0.85	40	14.3	1.43	360	300	0.518

表 4-34 框架柱剪跨比和轴压比验算

楼层	编号	位置	柱宽 b (mm)	截面有效高 h_0 (mm)	f_c	最大轴力 N	不调整 V_{max} 组合 M	不调整 V_{max} 组合 V	剪跨比 $M/V_c h_0$	验算情况	轴压比	轴压比限值
第 4 层	A	柱顶	450	410	14.3	334.32	158.14	84.41	4.6	>2	0.12	满足
	A	柱底	450	410	14.3	355.71	27.91	8.28	8.2	>2	0.12	满足
	B	柱顶	450	410	14.3	392.42	-157.60	-90.60	4.2	>2	0.14	满足
	B	柱底	450	410	14.3	414.55	25.83	7.57	8.3	>2	0.14	满足
	C	柱顶	450	410	14.3	406.67	157.07	86.74	4.4	>2	0.14	满足
	C	柱底	450	410	14.3	428.80	-39.19	-11.43	8.4	>2	0.15	满足
	D	柱顶	450	410	14.3	318.26	-28.53	-11.47	6.1	>2	0.11	满足
	D	柱底	450	410	14.3	339.65	-130.63	-87.61	3.6	>2	0.12	满足
第 3 层	A	柱顶	450	410	14.3	702.89	24.02	-1.67	34.9	>2	0.24	满足
	A	柱底	450	410	14.3	724.28	38.97	-1.67	56.6	>2	0.25	满足
	B	柱顶	450	410	14.3	835.71	-146.04	-110.99	3.2	>2	0.29	满足
	B	柱底	450	410	14.3	857.84	-164.51	-110.99	3.6	>2	0.30	满足
	C	柱顶	450	410	14.3	766.34	134.60	104.55	3.1	>2	0.26	满足
	C	柱底	450	410	14.3	788.48	152.73	104.55	3.6	>2	0.27	满足
	D	柱顶	450	410	14.3	633.25	-128.25	-86.57	3.6	>2	0.22	满足
	D	柱底	450	410	14.3	654.64	-114.37	-86.57	3.2	>2	0.23	满足

楼层	编号	位置	柱宽 b (mm)	截面有效高 h_0 (mm)	f_c	最大轴力 N	不调整 V_{max} 组合 M	不调整 V_{max} 组合 V	剪跨比 $M/V_c h_0$	验算情况	轴压比	轴压比限值
第2层	A	柱顶	450	410	14.3	1087.94	191.38	128.58	3.6	>2	0.38	满足
	A	柱底	450	410	14.3	1109.34	224.27	128.58	4.3	>2	0.38	满足
	B	柱顶	450	410	14.3	1281.38	-187.42	-129.84	3.5	>2	0.44	满足
	B	柱底	450	410	14.3	1303.51	-219.08	-129.84	4.1	>2	0.45	满足
	C	柱顶	450	410	14.3	1130.56	175.57	123.01	3.5	>2	0.39	满足
	C	柱底	450	410	14.3	1152.69	206.35	123.01	4.1	>2	0.40	满足
	D	柱顶	450	410	14.3	962.27	-148.28	-103.27	3.5	>2	0.33	满足
	D	柱底	450	410	14.3	983.67	-176.23	-103.27	4.2	>2	0.34	满足
第1层	A	柱顶	450	410	14.3	1484.28	177.19	104.13	4.2	>2	0.51	满足
	A	柱底	450	410	14.3	1510.10	-108.12	-58.45	4.5	>2	0.52	满足
	B	柱顶	450	410	14.3	1732.08	-193.18	-110.85	4.3	>2	0.60	满足
	B	柱底	450	410	14.3	1758.64	156.60	77.87	4.9	>2	0.61	满足
	C	柱顶	450	410	14.3	1497.68	184.42	107.72	4.2	>2	0.52	满足
	C	柱底	450	410	14.3	1524.23	-160.98	-81.00	4.8	>2	0.53	满足
	D	柱顶	450	410	14.3	1303.87	-150.27	-94.51	3.9	>2	0.45	满足
	D	柱底	450	410	14.3	1329.69	121.59	68.07	4.4	>2	0.46	满足

注：弯矩单位为 kN·m，剪力、轴力单位为 kN。

表 4-35　柱正截面纵筋计算

楼层			第 4 层								第 3 层							
编号			A		B		C		D		A		B		C		D	
位置			柱顶	柱底	柱顶	柱底	柱顶	柱底	柱顶	柱底	柱顶	柱底	柱顶	柱底	柱顶	柱底	柱顶	柱底
计算高度/m			4.5	4.5	4.5	4.5	4.5	4.5	4.5	4.5	4.5	4.5	4.5	4.5	4.5	4.5	4.5	4.5
最大弯矩组合	M		273.0	176.6	157.6	-168.6	157.1	155.2	184.8	173.3	180.3	235.9	146.0	-164.5	134.6	152.7	173.3	221.9
	N		302.9	324.3	392.4	414.6	406.7	428.8	286.8	308.2	601.7	623.1	835.7	857.8	766.3	788.5	532.0	553.4
最小轴力组合	M		158.1	145.8	1.5	25.8	2.0	39.2	184.8	130.6	180.3	156.8	13.0	29.9	24.5	41.7	128.3	114.4
	N		302.9	324.3	384.9	407.0	399.1	421.2	286.8	308.2	601.7	623.1	791.7	813.8	722.3	744.4	532.0	553.4
受压区高度 x/mm			121.5	73.5	64.9	-59.6	64.6	63.8	77.3	72.0	75.2	102.1	59.7	-58.2	54.7	62.7	72.0	95.2
轴压比限值			满足	满足	满足	满足	满足	满足	满足	满足	满足	满足	满足	满足	满足	满足	满足	满足
γ_{RE}			0.75	0.75	0.75	0.75	0.75	0.75	0.75	0.75	0.80	0.80	0.80	0.80	0.80	0.80	0.80	0.80
e_a			20.0	20.0	20.0	20.0	20.0	20.0	20.0	20.0	20.0	20.0	20.0	20.0	20.0	20.0	20.0	20.0
最大弯矩组合	$e_0=M/N$		901.4	544.6	401.6	406.6	386.2	362.0	644.2	562.3	299.6	378.5	174.8	191.8	175.6	193.7	325.8	401.0
	$e_1=e_0+e_a$		921.4	564.6	421.6	426.6	406.2	382.0	664.2	582.3	319.6	398.5	194.8	211.8	195.6	213.7	345.8	421.0
	M_1/M_2		0.6	0.6	0.9	0.9	1.0	1.0	0.9	0.9	0.8	0.8	0.9	0.9	0.9	0.9	0.8	0.8
	$34-12M_1/M_2$		26.2	26.2	22.8	22.8	22.1	22.1	22.7	22.7	24.8	24.8	23.3	23.3	23.4	23.4	24.6	24.6
	l_0/i		34.6	34.6	34.6	34.6	34.6	34.6	34.6	34.6	34.6	34.6	34.6	34.6	34.6	34.6	34.6	34.6
	是否考虑增大系数		考虑	考虑	考虑	考虑	考虑	考虑	考虑	考虑	考虑	考虑	考虑	考虑	考虑	考虑	考虑	考虑
	$\zeta_1=0.5f_cA/N$		1.000	1.000	1.000	1.000	1.000	1.000	1.000	1.000	1.000	1.000	1.000	1.000	1.000	1.000	1.000	1.000
	$C_m=0.7+0.3M_1/M_2$		0.894	0.894	0.980	0.980	0.996	0.996	0.981	0.981	0.929	0.929	0.966	0.966	0.964	0.964	0.934	0.934
	η		1.034	1.056	1.075	1.074	1.078	1.083	1.047	1.054	1.099	1.079	1.162	1.149	1.161	1.148	1.091	1.075

楼层		第 4 层								第 3 层							
编号		A		B		C		D		A		B		C		D	
位置		柱顶	柱底	柱顶	柱底	柱顶	柱底	柱顶	柱底	柱顶	柱底	柱顶	柱底	柱顶	柱底	柱顶	柱底
最大弯矩组合	$C_m \eta e_i$	852.0	533.0	444.3	449.2	436.2	412.0	682.8	602.5	326.3	399.7	218.7	235.1	219.1	236.5	352.5	422.8
	$N_b = a_1 f_c b h_0 \xi_b$	1366.7	1366.7	1366.7	1366.7	1366.7	1366.7	1366.7	1366.7	1366.7	1366.7	1366.7	1366.7	1366.7	1366.7	1366.7	1366.7
	$x = N/a_1 f_c b$	35.3	37.8	45.7	48.3	47.4	50.0	33.4	35.9	74.8	77.5	103.9	106.6	95.3	98.0	66.1	68.8
	偏心类型	大偏压	大偏压	大偏压	大偏压	大偏压	大偏压	大偏压	大偏压	大偏压	大偏压	大偏压	大偏压	大偏压	大偏压	大偏压	大偏压
	$e = \eta e_i + 0.5h - a_s$	1106.4	749.6	606.6	611.6	591.2	567.0	849.2	767.3	504.6	583.5	379.8	396.8	380.6	398.7	530.8	606.0
	$e' = \eta e_i - 0.5h + a_s$	736.4	379.6	236.6	241.6	221.2	197.0	479.2	397.3	134.6	213.5	9.8	26.8	10.6	28.7	160.8	236.0
	ξ	0.518	0.518	0.518	0.518	0.518	0.518	0.518	0.518	0.518	0.518	0.518	0.518	0.518	0.518	0.518	0.518
	A_s	1255.9	693.1	522.8	564.0	506.6	475.5	773.9	689.6	486.4	799.1	585.4	717.6	522.1	650.6	513.8	784.5
最小轴力组合	$e_0 = M/N$	522.1	449.5	3.8	63.5	5.0	93.0	644.2	423.8	299.6	251.7	16.4	36.7	33.9	56.0	241.1	206.7
	$e_i = e_0 + e_a$	542.1	469.5	23.8	83.5	25.0	113.0	664.2	443.8	319.6	271.7	36.4	56.7	53.9	76.0	261.1	226.7
	M_1/M_2	0.9	0.9	0.1	0.1	0.1	0.1	0.7	0.7	0.9	0.9	0.4	0.4	0.6	0.6	0.9	0.9
	$34 - 12 M_1/M_2$	22.9	22.9	33.3	33.3	33.4	33.4	25.5	25.5	23.6	23.6	28.8	28.8	27.0	27.0	23.3	23.3
	l_0/i	34.6	34.6	34.6	34.6	34.6	34.6	34.6	34.6	34.6	34.6	34.6	34.6	34.6	34.6	34.6	34.6
	是否考虑增大系数	考虑	考虑	考虑	考虑	考虑	考虑	考虑	考虑	考虑	考虑	考虑	考虑	考虑	考虑	考虑	考虑
	$\zeta_1 = 0.5 f_c A/N$	1.000	1.000	1.000	1.000	1.000	1.000	1.000	1.000	1.000	1.000	1.000	1.000	1.000	1.000	1.000	1.000
	$C_m = 0.7 + 0.3 M_1/M_2$	0.977	0.977	0.717	0.717	0.715	0.715	0.912	0.912	0.961	0.961	0.831	0.831	0.876	0.876	0.968	0.968
	η	1.058	1.067	2.326	1.378	2.263	1.279	1.047	1.071	1.099	1.116	1.865	1.556	1.586	1.415	1.121	1.139
	$C_m \eta e_i$	560.2	489.3	39.7	82.4	40.4	103.4	634.6	433.6	337.5	291.4	56.5	73.3	74.8	94.2	283.1	249.8

楼层	第4层								第3层							
编号	A	A	B	B	C	C	D	D	A	A	B	B	C	C	D	D
位置	柱顶	柱底	柱顶	柱底	柱顶	柱底	柱顶	柱底	柱顶	柱底	柱顶	柱底	柱顶	柱底	柱顶	柱底
最小轴力组合 $N_b=a_1f_cbh_0\xi_b$	1366.7	1366.7	1366.7	1366.7	1366.7	1366.7	1366.7	1366.7	1366.7	1366.7	1366.7	1366.7	1366.7	1366.7	1366.7	1366.7
$x=N/a_1f_cb$	35.3	37.8	44.9	47.4	46.5	49.1	33.4	35.9	74.8	77.5	98.4	101.2	89.8	92.5	66.1	68.8
偏心类型	大偏压	大偏压	大偏压	大偏压	大偏压	大偏压	大偏压	大偏压	大偏压	大偏压	大偏压	大偏压	大偏压	大偏压	大偏压	大偏压
$e=\eta e_i+0.5h-a_s$	727.1	654.5	208.8	268.5	210.0	298.0	849.2	628.8	504.6	456.7	221.4	241.7	238.9	261.0	446.1	411.7
$e'=\eta e_i-0.5h+a_s$	357.1	284.5	-161.2	-101.5	-160.0	-72.0	479.2	258.8	134.6	86.7	-148.6	-128.3	-131.1	-109.0	76.1	41.7
ξ	0.518	0.518	0.518	0.518	0.518	0.518	0.518	0.518	0.518	0.518	0.518	0.518	0.518	0.518	0.518	0.518
A_s	609.0	519.5	-349.4	-232.7	-359.6	-170.7	773.9	449.2	486.4	324.5	-662.6	-575.2	-547.6	-459.4	243.0	138.5
$A_{s,min}$	405.0	405.0	405.0	405.0	405.0	405.0	405.0	405.0	405.0	405.0	405.0	405.0	405.0	405.0	405.0	405.0
实配钢筋 根数	4	4	4	4	4	4	4	4	4	4	4	4	4	4	4	4
直径	25	25	25	25	25	25	25	25	25	25	25	25	25	25	25	25
实配面积/mm²	1963	1963	1963	1963	1963	1963	1963	1963	1963	1963	1963	1963	1963	1963	1963	1963
配筋验算	满足	满足	满足	满足	满足	满足	满足	满足	满足	满足	满足	满足	满足	满足	满足	满足

注：弯矩单位为 kN·m，剪力、轴力单位为 kN。

2. 柱斜截面配筋计算

下面以第四层 A 柱的柱顶为例进行计算。

柱混凝强度等级：C30，截面宽：$b = 450$ mm，截面高：$h = 450$ mm，轴力：$N = 302.9$ kN，剪力：$V = 204.4$ kN，弯矩：$M = 158.1$ kN·m，受压合力距：$a_s = 40$ mm，抗震调整系数：$\gamma_{RE} = 0.85$，混凝土抗压强度设计值：$f_c = 14.3$ N/mm^2，混凝土抗拉强度设计值：$f_t = 1.43$ N/mm^2，纵筋抗拉强度设计值：$f_{yv} = 300$ N/mm^2，钢筋间距：HRB335，$d8@100$，肢数：$n = 4$。

剪跨比：$\lambda = \min\left[\max\left(\dfrac{M \times 10^3}{V \times h_0}, 1.0\right), 3.0\right] = \min\left[\max\left(\dfrac{158.1 \times 10^3}{204.4 \times 410.00}, 1.0\right), 3.0\right] = 1.89$，满足：

$(\lambda \leqslant 2) = (1.89 \leqslant 2) = 0.15$

抗剪截面承载力：

$$V_{sec} = \frac{\eta \times \beta_c \times f_c \times b \times h_0 \times 10^{-3}}{\gamma_{RE}} = \frac{0.15 \times 1 \times 14.3 \times 450 \times 410.00 \times 10^{-3}}{0.85} = 465.59 \text{ kN}$$

抗剪截面验算：$O_s = (V \leqslant V_{sec}) = (204.4 \leqslant 465.59)$，满足要求。

限值：$0.3 f_c A = 0.3 \times f_c \times b \times h_0 \times 10^{-3} = 0.3 \times 14.3 \times 450 \times 450 \times 10^{-3} = 868.73 \text{ kN}$

构造配筋剪力限值：

$$V_v = \frac{1.05}{1+\lambda} \times f_t \times b \times h_0 \times 10^{-3} + 0.056 \times N = \frac{1.05}{1+1.89} \times 1.43 \times 450 \times 410.00 \times 10^{-3} + 0.056 \times 302.90$$
$$= 112.82 \text{ kN}$$

满足：（$V > V_v$ 和 $h \geqslant 150$）=（$204.4 > 112.82$ 和 $450 \geqslant 150$）

计算配筋：$A_{sv}/s = \dfrac{(\gamma_{RE} \times V - V_v) \times 10^3}{f_{yv} \times h_0} = \dfrac{(0.85 \times 204.4 - 112.82) \times 10^3}{300 \times 410.00} = 0.4953 \text{ mm}^2/\text{mm}$

箍筋配筋验算：$O_v = (A_v/s \geqslant A_{sv}/s) = (2.0106 \geqslant 0.4953)$，满足要求。

柱斜截面配筋设计主要参数及具体配筋见表 4-36、表 4-37。

表 4-36　柱斜截面配筋设计主要参数

γ_{RE}	a_s/mm	f_c / (N/mm^2)	f_t / (N/mm^2)	纵筋 f / (N/mm^2)	箍筋 f / (N/mm^2)	框架梁 ξ_b
0.85	40	14.3	1.43	360	300	0.518

表 4-37 框架柱箍筋计算结果

楼层	编号	截面	最大 V 组合 M	V	N	柱宽 b (mm)	截面有效高 h_0 (mm)	$\lambda = M/Vh_0$	$0.2(0.15)\beta_c f_c bh_0/\gamma_{RE}$ (kN)	抗剪截面验算	$0.3f_cA$ (kN)	$\dfrac{1.05}{\lambda+1}f_cbh_0+0.056N$ (kN)	是否构造配筋	$A_{sv}/s=[\gamma_{RE}V-\dfrac{1.05}{\lambda+1}f_cbh_0+0.056N]/fh_0$	加密区 实配钢筋 直径 (mm)	间距 (mm)	实配面积 A_{sv}/s	配筋验算
第 4 层	A	柱顶	158.1	204.4	302.9	450	410	1.89	465.6	满足	868.7	112.9	计算配筋	0.49	8	100	1.01	满足
		柱底	145.8	204.4	324.3	450	410	1.74	465.6	满足	868.7	119.3	计算配筋	0.44	8	100	1.01	满足
	B	柱顶	157.6	212.0	392.4	450	410	1.81	465.6	满足	868.7	120.5	计算配筋	0.49	8	100	1.01	满足
		柱底	168.6	212.0	414.6	450	410	1.94	465.6	满足	868.7	117.5	计算配筋	0.51	8	100	1.01	满足
	C	柱顶	157.1	203.0	406.7	450	410	1.89	465.6	满足	868.7	118.7	计算配筋	0.44	8	100	1.01	满足
		柱底	155.2	203.0	428.8	450	410	1.86	465.6	满足	868.7	120.7	计算配筋	0.42	8	100	1.01	满足
	D	柱顶	184.8	212.1	286.8	450	410	2.12	620.8	满足	868.7	104.7	计算配筋	0.61	8	100	1.01	满足
		柱底	130.6	212.1	308.2	450	410	1.50	465.6	满足	868.7	128.0	计算配筋	0.43	8	100	1.01	满足
第 3 层	A	柱顶	180.3	226.7	601.7	450	410	1.94	465.6	满足	868.7	127.9	计算配筋	0.53	8	100	1.01	满足
		柱底	156.8	226.7	623.1	450	410	1.69	465.6	满足	868.7	138.0	计算配筋	0.44	8	100	1.01	满足
	B	柱顶	146.0	201.9	835.7	450	410	1.76	465.6	满足	868.7	147.0	计算配筋	0.20	8	100	1.01	满足
		柱底	164.5	201.9	857.8	450	410	1.99	465.6	满足	868.7	140.8	计算配筋	0.25	8	100	1.01	满足
	C	柱顶	134.6	186.8	766.3	450	410	1.76	465.6	满足	868.7	143.4	计算配筋	0.13	8	100	1.01	满足
		柱底	152.7	186.8	788.5	450	410	1.99	465.6	满足	868.7	136.7	计算配筋	0.18	8	100	1.01	满足
	D	柱顶	128.3	163.1	532.0	450	410	1.92	465.6	满足	868.7	124.7	计算配筋	0.11	8	100	1.01	满足
		柱底	114.4	163.1	553.4	450	410	1.71	465.6	满足	868.7	133.2	计算配筋	0.04	8	100	1.01	满足

续表

楼层	编号	截面	最大 V 组合 M	V	N	柱宽 b (mm)	截面有效高 h₀ (mm)	λ = M/Vh₀	0.20(0.15)β_cf_cbh₀/γ_RE (kN)	抗剪截面验算	0.3f_cA (kN)	1.05/(λ+1)f_tbh₀+0.056N (kN)	是否构造	A_sv/s=[γ_REV−1.05/(λ+1)f_tbh₀+0.056N]/f_yvh₀	加密区实配钢筋 直径	间距 mm	实配面积 A_sv/s	配筋验算
第2层	A	柱顶	191.4	279.5	886.5	450	410	1.67	465.6	满足	868.7	152.4	计算配筋	0.69	8	100	1.01	满足
	A	柱底	224.3	279.5	907.8	450	410	1.96	465.6	满足	868.7	142.3	计算配筋	0.77	8	100	1.01	满足
	B	柱顶	187.4	264.2	1281.4	450	410	1.73	465.6	满足	868.7	150.1	计算配筋	0.61	8	100	1.01	满足
	B	柱底	219.1	264.2	1303.5	450	410	2.02	620.8	满足	868.7	140.3	计算配筋	0.69	8	100	1.01	满足
	C	柱顶	175.6	248.2	1130.6	450	410	1.72	465.6	满足	868.7	150.3	计算配筋	0.49	8	100	1.01	满足
	C	柱底	206.4	248.2	1152.7	450	410	2.03	620.8	满足	868.7	140.2	计算配筋	0.58	8	100	1.01	满足
	D	柱顶	148.3	218.2	760.8	450	410	1.66	465.6	满足	868.7	146.9	计算配筋	0.31	8	100	1.01	满足
	D	柱底	176.2	218.2	782.2	450	410	1.97	465.6	满足	868.7	137.1	计算配筋	0.39	8	100	1.01	满足
第1层	A	柱顶	177.2	194.6	1156.2	450	410	2.22	620.8	满足	868.7	134.7	计算配筋	0.25	8	100	1.01	满足
	A	柱底	172.1	194.6	1182.0	450	410	2.16	620.8	满足	868.7	136.4	计算配筋	0.24	8	100	1.01	满足
	B	柱顶	193.2	214.5	1732.1	450	410	2.20	620.8	满足	868.7	135.3	计算配筋	0.38	8	100	1.01	满足
	B	柱底	202.8	214.5	1758.6	450	410	2.31	620.8	满足	868.7	132.4	计算配筋	0.41	8	100	1.01	满足
	C	柱顶	184.4	207.4	1497.7	450	410	2.17	620.8	满足	868.7	136.1	计算配筋	0.33	8	100	1.01	满足
	C	柱底	198.4	207.4	1524.2	450	410	2.33	620.8	满足	868.7	131.8	计算配筋	0.36	8	100	1.01	满足
	D	柱顶	150.3	172.1	975.8	450	410	2.13	620.8	满足	868.7	137.2	计算配筋	0.07	8	100	1.01	满足
	D	柱底	158.6	172.1	1001.6	450	410	2.25	620.8	满足	868.7	133.9	计算配筋	0.10	8	100	1.01	满足

注：弯矩单位为 kN·m，剪力、轴力单位为 kN。

4.2 基础设计

4.2.1 基础内力及承载力验算

1. 基础上内力组合（见表 4-38）

表 4-38 基础上内力组合

编号	位置	恒载			活载			左风			右风		
		弯矩 M	剪力 V	轴力 N	弯矩 M	剪力 V	轴力 N	弯矩 M	剪力 V	轴力 N	弯矩 M	剪力 V	轴力 N
A	柱底	22.20	15.85	951.23	4.80	3.43	168.40	11.65	8.45	-12.72	-11.65	-8.45	12.72
B	柱底	-15.80	-11.28	1174.37	-3.92	-2.80	251.92	13.58	9.81	-5.51	-13.58	-9.81	5.51
C	柱底	12.43	8.88	994.06	3.92	2.80	251.92	13.58	9.81	5.51	-13.58	-9.81	-5.51
D	柱底	-11.84	-8.46	812.44	-4.80	-3.43	168.40	11.65	8.45	12.72	-11.65	-8.45	-12.72

编号	位置	基本组合														
		1.3 恒+1.5 活			1.3 恒+1.5（活+0.6 左风）			1.3 恒+1.5（活+0.6 右风）			1.3 恒+1.5（0.7 活+左风）			1.3 恒+1.5（0.7 活+右风）		
		M	V	N	M	V	N	M	V	N	M	V	N	M	V	N
A	柱底	36.06	25.75	1489.19	46.54	33.36	1477.74	25.57	18.15	1500.64	51.37	36.89	1394.32	16.43	11.53	1432.49
B	柱底	-26.41	-18.87	1904.57	-14.19	-10.04	1899.61	-38.63	-27.69	1909.53	-4.28	-2.89	1782.94	-45.02	-32.32	1799.47
C	柱底	22.04	15.74	1670.16	34.26	24.57	1675.12	9.81	6.91	1665.20	40.64	29.20	1565.06	-0.10	-0.23	1548.53
D	柱底	-22.59	-16.14	1308.77	-12.11	-8.53	1320.22	-33.07	-23.74	1297.32	-2.96	-1.92	1252.08	-37.90	-27.27	1213.91

编号	位置	基本组合的最不利组合							
		最大 $\lvert M\rvert$ 组合				最大 N 组合			
		$M_{\max}$	M	V	N	$N_{\max}$	M	V	N
A	柱底	51.37	51.37	36.89	1394.32	1500.64	25.57	18.15	1500.64
B	柱底	45.02	-45.02	-32.32	1799.47	1909.53	-38.63	-27.69	1909.53
C	柱底	40.64	40.64	29.20	1565.06	1675.12	34.26	24.57	1675.12
D	柱底	37.90	-37.90	-27.27	1213.91	1320.22	-12.11	-8.53	1320.22

编号	位置	标准组合											
		1.0 恒+1.0 活+0.6 左风			1.0 恒+1.0 活+0.6 右风			1.0 恒+0.7 活+1.0 左风			1.0 恒+0.7 活+1.0 右风		
		M	V	N	M	V	N	M	V	N	M	V	N
A	柱底	33.98	24.35	1111.99	20.01	14.21	1127.26	37.20	26.71	1056.38	13.91	9.80	1081.83
B	柱底	-11.57	-8.20	1422.99	-27.86	-19.97	1429.60	-4.96	-3.43	1345.21	-32.12	-23.05	1356.23
C	柱底	24.49	17.56	1249.29	8.20	5.79	1242.68	28.75	20.65	1175.91	1.59	1.03	1164.90
D	柱底	-9.65	-6.81	988.47	-23.63	-16.96	973.21	-3.55	-2.41	943.04	-26.85	-19.31	917.60

编号	位置	标准组合的最不利组合							
		最大|M|组合				最大N组合			
		M_{max}	M	V	N	N_{max}	M	V	N
A	柱底	37.20	37.20	26.71	1056.38	1127.26	20.01	14.21	1127.26
B	柱底	32.12	-32.12	-23.05	1356.23	1429.60	-27.86	-19.97	1429.60
C	柱底	28.75	28.75	20.65	1175.91	1249.29	24.49	17.56	1249.29
D	柱底	26.85	-26.85	-19.31	917.60	988.47	-9.65	-6.81	988.47

注：弯矩单位为 kN·m，剪力、轴力单位为 kN。

2. 承载力验算

已知条件：

基础宽度：$b = 3$ m，基础埋置深度：$d = 1.5$ m，基础底面以下土重度：$\gamma = 9.5$ kN/m³，基底以上加权平均重度：$\gamma_m = 20$ kN/m³，土的类别：中砂、粗砂、砾砂和碎石土，计算要求：修正后的地基承载力特征值 f_a，计算宽度：$b_s = (3 \leq b \leq 6) = (3 \leq 3 \leq 6) = 3.00$ m，宽度修正系数：$\eta_b = 3$，深度修正系数：$\eta_d = 4.4$。

修正后的地基承载力特征值：

$f_a = f_{ak} + \eta_b \times \gamma \times (b_s - 3) + \eta_d \times \gamma_m \times (d - 0.5) = 200 + 3 \times 9.5 \times (3.00 - 3) + 4.4 \times 20 \times (1.5 - 0.5) = 288.0$ kPa

（1）基础底面的最大压力计算及承载力验算。

① 最大 N 组合。

岩土名称和性状：中密、稍密的碎石土；中密和稍密的砾、粗中砂；密实和中密的细粉砂；150 kPa ≤ f_{ak} ≤ 300 kPa 的黏性土和粉土；坚硬黄土。

弯矩标准值：$M_k = 20.1$ kN·m，竖向力标准值：$F_k = 1127.26$ kN，基础长：$l = 3$ m，基础宽：$b = 3$ m，基础及回填土平均重度：$\gamma_G = 20$ kN/m³，基础底面距地下水面高：$h_w = 0$ m，基础埋深：$d = 1.5$ m。

基础底面的承载力验算：

基础面积：$A = b \times l = 3 \times 3 = 9.00$ m²

基础自重和基础上的土自重：$G_k = \gamma_G \times A \times d - 10 \times h_w \times A = 20 \times 9.00 \times 1.5 - 10 \times 0 \times 9.00 = 270.00$ kN

基础底面的抵抗矩：$W = \frac{1}{6} \times l \times b^2 = \frac{1}{6} \times 3 \times 3^2 = 4.50$ m³

承载力限值：$\xi f_a = \xi \times \xi_a \times f_a = 1.2 \times 1.3 \times 288 = 449.28$ kPa

基础底面承载力验算：$O = (p_{kmax} \leq \xi f_a) = (159.72 \leq 449.28)$，满足规范要求。

② 最大 M 组。

岩土名称和性状：中密、稍密的碎石土；中密和稍密的砾、粗中砂；密实和中密的细粉砂；150 kPa ≤ f_{ak} ≤ 300 kPa 的黏性土和粉土；坚硬黄土。

弯矩标准值：$M_k = 37.2 \text{ kN} \cdot \text{m}$，竖向力标准值：$F_k = 1056.4 \text{ kN}$，基础长：$l=3 \text{ m}$，基础宽：$b=3 \text{ m}$，基础及回填土平均重度：$\gamma_G = 20 \text{ kN/m}^3$，基础底面距地下水面高：$h_w = 0 \text{ m}$，基础埋深：$d = 1.5 \text{ m}$。

基础底面的承载力验算：

基础面积：$A = b \times l = 3 \times 3 = 9.00 \text{ m}^2$

基础自重和基础上的土自重：$G_k = \gamma_G \times A \times d - 10 \times h_w \times A = 20 \times 9.00 \times 1.5 - 10 \times 0 \times 9.00 = 270.00 \text{ kN}$

基础底面的抵抗矩：$W = \dfrac{1}{6} \times l \times b^2 = \dfrac{1}{6} \times 3 \times 3^2 = 4.50 \text{ m}^3$

承载力限值：$\xi f_a = \xi \times \xi_a \times f_a = 1.2 \times 1.3 \times 288 = 449.28 \text{ kPa}$

基础底面承载力验算：$O = (p_{kmax} \leqslant \xi f_a) = (155.64 \leqslant 449.28)$，满足规范要求。

4.2.2 基础其他相关验算及配筋计算

1. 最大弯矩组合

（1）设计资料（见表 4-39）。

表 4-39 设计资料

几何信息	设计信息	荷载信息
基础长：$l=3 \text{ m}$	基础底面距地下水面高：$h_w = 0 \text{ m}$	竖向力设计值：$F = 1394.32 \text{ kN}$
基础宽：$b = 3 \text{ m}$	基础埋深：$d = 1.5 \text{ m}$	弯矩设计值：$M = 51.37 \text{ kN} \cdot \text{m}$
柱边：$b_t = 0.45 \text{ m}$	基础及回填土平均重度：$\gamma_G = 20 \text{ kN/m}^3$	荷载分项系数：$\gamma = 1.3$
柱边：$a_t = 0.45 \text{ m}$	混凝土强度等级：C30	横向钢筋强度设计值：$f_y = 360 \text{ N/mm}^2$
一阶高：$h_1 = 0.3 \text{ m}$	混凝土抗拉强度设计值：$f_t = 1.43 \text{ N/mm}^2$	纵向钢筋强度设计值：$f_y = 360 \text{ N/mm}^2$
二阶高：$h_2 = 0.7 \text{ m}$	钢筋合力点距：$a_s = 0.05 \text{ m}$	

计算要求：① 抗冲切承载力验算；② 抗剪承载力验算；③ 抗弯承载力验算。

（2）相关验算。

基础底面面积：$A = b \times l = 3 \times 3 = 9.00 \text{ m}^2$，基础自重和基础上的土自重标准值：$G_k = \gamma_G \times A \times d - 10 \times h_w \times A = 20 \times 9.00 \times 1.5 - 10 \times 0 \times 9.00 = 270.00 \text{ kN}$，基础自重和基础上的土自重设计值：$G = \gamma \times G_k = 1.3 \times 270.00 = 351.00 \text{ kN}$，基础高度：$h = h_1 + h_2 = 0.3 + 0.7 = 1.00 \text{ m}$，柱边计算高度：$h_0 = h - a_s = 1.00 - 0.05 = 0.95 \text{ m}$，变阶处计算高度：$h_0 = h_2 - a_s = 0.7 - 0.05 = 0.65 \text{ m}$，荷载偏心值：$e = \dfrac{M}{F+G} = \dfrac{51.37}{1394.32 + 351.00} = 0.0294 \text{ m}$。

① 抗冲切承载力验算。

扣除基础自重及其上土重单位面积净反力：

$$p_{jmax} = \frac{F}{A} + \frac{6 \times M}{l \times b^2} = \frac{1394.32}{9.00} + \frac{6 \times 51.37}{3 \times 3^2} = 166.34 \text{ kPa}$$

柱边冲切验算选取部分基底面积：

$$A_l = \left(\frac{b}{2} - \frac{b_t}{2} - h_0\right) \times l - \left(\frac{l}{2} - \frac{a_t}{2} - h_0\right)^2 = \left(\frac{3}{2} - \frac{0.45}{2} - 0.95\right) \times 3 - \left(\frac{3}{2} - \frac{0.45}{2} - 0.95\right)^2 = 0.8694 \text{ m}^2$$

柱边地基土净反力设计值：$F_l = p_{jmax} \times A_l = 166.34 \times 0.8694 = 144.62 \text{ kN}$

受冲切高度影响系数：$\beta_{hp} = (0.8 \leqslant h \leqslant 2.0) = (0.8 \leqslant 1.00 \leqslant 2.0) = 0.9833$

柱边冲切破坏锥体最不利一侧计算长度：$a_m = \frac{a_b + a_t}{2} = \frac{2.35 + 0.45}{2} = 1.40 \text{ m}$

柱边冲切承载力限值：$[F] = 0.7 \times \beta_{hp} \times f_t \times a_m \times h_0 \times 10^3 = 0.7 \times 0.9833 \times 1.43 \times 1.40 \times 0.95 \times 10^3 = 1309.10 \text{ kN}$

柱抗冲切验算：$O_{Fl} = (F_l \leqslant [F]) = (144.62 \leqslant 1309.10)$，满足要求。

变阶处冲切验算选取部分基底面积：

$$A_l = \left(\frac{b}{2} - \frac{b_t}{2} - h_0\right) \times l - \left(\frac{l}{2} - \frac{a_t}{2} - h_0\right)^2 = \left(\frac{3}{2} - \frac{1}{2} - 0.65\right) \times 3 - \left(\frac{3}{2} - \frac{1}{2} - 0.65\right)^2 = 0.9275 \text{ m}^2$$

变阶处地基土净反力设计值：$F_l = p_{jmax} \times A_l = 166.34 \times 0.9275 = 154.28 \text{ kN}$

受冲切高度影响系数：$\beta_{hp} = (h_2 < 0.8) = (0.7 < 0.8) = 1.0$

变阶处冲切破坏锥体最不利一侧计算长度：$a_m = \frac{a_b + a_t}{2} = \frac{2.30 + 1}{2} = 1.65 \text{ m}$

变阶处冲切承载力限值：$[F] = 0.7 \times \beta_{hp} \times f_t \times a_m \times h_0 \times 10^3 = 0.7 \times 1.0 \times 1.43 \times 1.65 \times 0.65 \times 10^3 = 1073.57 \text{ kN}$

变阶处抗冲切验算：$O_{Fl} = (F_l \leqslant [F]) = (154.28 \leqslant 1073.57)$，满足要求。

② 抗剪承载力验算。

柱边受剪截面高度影响系数：

$$\beta_{hs} = \left(\frac{0.8}{\min(\max(h_0, 0.8), 2.0)}\right)^{1/4} = \left(\frac{0.8}{\min(\max(0.95, 0.8), 2.0)}\right)^{1/4} = 0.9579$$

扣除基础自重及其上土重单位面积净反力：

$$p_{jmax} = \frac{F}{A} + \frac{6 \times M}{l \times b^2} = \frac{1394.32}{9.00} + \frac{6 \times 51.37}{3 \times 3^2} = 166.34 \text{ kPa}$$

柱边剪切面处净反力（纵向剪切面）：

$$p_j = \frac{F}{A} + \frac{12 \times M \times (b - a_v)}{l \times b^3} = \frac{1394.32}{9.00} + \frac{12 \times 51.37 \times (3 - 1.2750)}{3 \times 3^3} = 168.05 \text{ kPa}$$

柱边计算剪切面积内等效净反力（纵向剪切面）：

$$\overline{p}_j = \frac{p_{jmax} + p_j}{2} = \frac{(166.34 + 168.05)}{2} = 167.19 \text{ kPa}$$

柱边剪力设计值（纵向剪切面）：$V_s = \overline{p}_j \times l \times \frac{b - b_t}{2} = 167.19 \times 3 \times \frac{3 - 0.45}{2} = 639.50 \text{ kN}$

柱边剪切面（纵向）：$A_0 = l \times (h_2 - a_s) + a_t \times h_1 = 3 \times (0.7 - 0.05) + 1 \times 0.3 = 2.25 \text{ m}^2$

柱边抗剪承载力设计值（纵向剪切面）：$[V] = 0.7 \times \beta_{hs} \times f_t \times A_0 \times 10^3 = 0.7 \times 0.9579 \times 1.43 \times$

$2.25 \times 10^3 = 2157.43 \text{ kN}$

柱边抗剪验算（纵向剪切面）：$O_{Fl} = (V_s \leqslant [V]) = (639.50 \leqslant 2157.43)$，满足要求。

柱边计算剪切面积内等效净反力（横向剪切面）：$\bar{p}_j = \dfrac{F}{A} = \dfrac{1394.32}{9.00} = 154.92 \text{ kPa}$

柱边剪力设计值（横向剪切面）：$V_s = \bar{p}_j \times b \times \dfrac{l - a_t}{2} = 154.92 \times 3 \times \dfrac{3 - 0.45}{2} = 592.57 \text{ kN}$

柱边剪切面（横向）：$A_0 = b \times (h_2 - a_s) + h_1 \times b_t = 3 \times (0.7 - 0.05) + 0.3 \times 1 = 2.25 \text{ m}^2$

柱边抗剪承载力设计值（横向剪切面）：$[V] = 0.7 \times \beta_{hs} \times f_t \times A_0 \times 10^3 = 0.7 \times 0.9579 \times 1.43 \times$

$2.25 \times 10^3 = 2157.43 \text{ kN}$

柱边抗剪验算（横向剪切面）：$O_{Fl} = (V_s \leqslant [V]) = (592.57 \leqslant 2157.43)$，满足要求。

变阶处受剪截面高度影响系数：

$$\beta_{hs} = \left(\frac{0.8}{\min(\max(h_0, 0.8), 2.0)} \right)^{1/4} = \left(\frac{0.8}{\min(\max(0.65, 0.8), 2.0)} \right)^{1/4} = 1.0000$$

变阶处剪切计算宽度：$a_v = \dfrac{(b - b_t)}{2} = \dfrac{(3 - 1)}{2} = 1.0000 \text{ m}$

变阶处剪切面净反力（纵向剪切面）：

$$p_j = \frac{F}{A} + \frac{12 \times M \times (b - a_v)}{l \times b^3} = \frac{1394.32}{9.00} + \frac{12 \times 51.37 \times (3 - 1.0000)}{3 \times 3^3} = 170.15 \text{ kPa}$$

变阶处计算剪切面积内等效净反力（纵向剪切面）：

$$\bar{p}_j = \frac{(p_{j\max} + p_j)}{2} = \frac{(166.34 + 170.15)}{2} = 168.25 \text{ kPa}$$

变阶处剪力设计值（纵向剪切面）：$V_s = \bar{p}_j \times l \times \dfrac{b - b_t}{2} = 168.25 \times 3 \times \dfrac{3 - 1}{2} = 504.75 \text{ kN}$

变阶处剪切面（纵向）：$A_0 = l \times (h_2 - a_s) = 3 \times (0.7 - 0.05) = 1.95 \text{ m}^2$

变阶处抗剪承载力设计值（纵向剪切面）：$[V] = 0.7 \times \beta_{hs} \times f_t \times A_0 \times 10^3 = 0.7 \times 1.0000 \times$

$1.43 \times 1.95 \times 10^3 = 1951.95 \text{ kN}$

变阶处抗剪验算（纵向剪切面）：$O_{Fl} = (V_s \leqslant [V]) = (504.75 \leqslant 1951.95)$，满足要求。

变阶处计算剪切面积内等效净反力（横向剪切面）：$\bar{p}_j = \dfrac{F}{A} = \dfrac{1394.32}{9.00} = 154.92 \text{ kPa}$

变阶处剪力设计值（横向剪切面）：$V_s = \bar{p}_j \times b \times \dfrac{l - a_t}{2} = 154.92 \times 3 \times \dfrac{3 - 1}{2} = 464.76 \text{ kN}$

变阶处剪切面（横向）：$A_0 = b \times (h_2 - a_s) = 3 \times (0.7 - 0.05) = 1.95 \text{ m}^2$

变阶处抗剪承载力设计值（横向剪切面）：$[V] = 0.7 \times \beta_{hs} \times f_t \times A_0 \times 10^3 = 0.7 \times 1.0000 \times$

$1.43 \times 1.95 \times 10^3 = 1951.95 \text{ kN}$

变阶处抗剪验算（横向剪切面）：$O_{Fl} = (V_s \leqslant [V]) = (464.76 \leqslant 1951.95)$，满足要求。

③ 抗弯承载力验算。

满足：$\left(\dfrac{b-b_t}{2\times h}\leqslant 2.5 \text{ 和} \leqslant b/6\right)=$（$1.2750\leqslant 2.5$ 和 $0.0294\leqslant 3/6$），柱边弯矩可以采用简化方法计算。

柱边缘处：$p_{max}=\dfrac{F+G}{A}+\dfrac{6\times M}{b^2\times l}=\dfrac{1394.32+351.00}{9.00}+\dfrac{6\times 51.37}{3^2\times 3}=205.34\,\text{kPa}$

柱边缘处：$p_{min}=\dfrac{F+G}{A}-\dfrac{6\times M}{b^2\times l}=\dfrac{1394.32+351.00}{9.00}-\dfrac{6\times 51.37}{3^2\times 3}=182.51\,\text{kPa}$

柱边缘处：$p=p_{min}+(p_{max}-p_{min})\times\dfrac{b-a_1}{b}=182.51+(205.34-182.51)\times\dfrac{3-1.2750}{3}=195.64\,\text{kPa}$

柱边至基底边缘最大反力处距离：$a_1=\dfrac{(b-b_t)}{2}=\dfrac{(3-0.45)}{2}=1.2750\,\text{m}$

柱边受弯计算宽度：

$$a'=a_t+\dfrac{(l-b_t)\times(b-b_t-2\times a_1)}{(b-b_t)}=0.45+\dfrac{(3-0.45)\times(3-0.45-2\times 1.2750)}{(3-0.45)}=0.4500\,\text{m}$$

柱边缘 Ⅰ—Ⅰ 截面处弯矩设计值：

$$\begin{aligned}M_{\text{I}}&=\dfrac{1}{12}\times a_1^2\left[(2\times l+a')\times\left(p_{max}+p-2\times\dfrac{G}{A}\right)+(p_{max}-p)\times l\right]\\&=\dfrac{1}{12}\times 1.2750^2\left[(2\times 3+0.4500)\times\left(205.34+195.64-2\times\dfrac{351.00}{9.00}\right)+(205.34-195.64)\times 3\right]\\&=286.15\,\text{kN}\cdot\text{m}\end{aligned}$$

柱边缘 Ⅱ—Ⅱ 截面处弯矩设计值：

$$\begin{aligned}M_{\text{II}}&=\dfrac{1}{48}\times(l-a')^2\times(2\times b+b_t)\times\left(p_{max}+p_{min}-2\times\dfrac{G}{A}\right)\\&=\dfrac{1}{48}\times(3-0.4500)^2\times(2\times 3+0.45)\times\left(205.34+182.51-2\times\dfrac{351.00}{9.00}\right)\\&=270.74\,\text{kN}\cdot\text{m}\end{aligned}$$

满足：$\left(\dfrac{b-b_t}{2\times h_1}>2.5 \text{ 或}>b/6\right)=$（$3.3333>2.5$ 或 $0.0294>3/6$），变阶处弯矩不可以采用简化方法计算。

变阶处至基底边缘最大反力处距离：$a_1=\dfrac{(b-b_t)}{2}=\dfrac{(3-1)}{2}=1.0000\,\text{m}$

变阶处受弯计算宽度：

$$a'=a_t+\dfrac{(l-b_t)\times(b-b_t-2\times a_1)}{(b-b_t)}=1+\dfrac{(3-1)\times(3-1-2\times 1.0000)}{(3-1)}=1.0000\,\text{m}$$

变阶处：$p=p_{min}+(p_{max}-p_{min})\times\dfrac{b-a_1}{b}=182.51+(205.34-182.51)\times\dfrac{3-1.0000}{3}=197.73\,\text{kPa}$

220

变阶处 Ⅰ—Ⅰ 截面处弯矩设计值：

$$M_{\mathrm{I}} = \frac{1}{12} \times a_1^2 \left[(2 \times l + a') \times \left(p_{\max} + p - 2 \times \frac{G}{A} \right) + (p_{\max} - p) \times l \right]$$

$$= \frac{1}{12} \times 1.0000^2 \left[(2 \times 3 + 1.0000) \times \left(205.34 + 197.73 - 2 \times \frac{351.00}{9.00} \right) + (205.34 - 197.73) \times 3 \right]$$

$$= 191.53 \, \mathrm{kN \cdot m}$$

变阶处 Ⅱ—Ⅱ 截面处弯矩设计值：

$$M_{\mathrm{II}} = \frac{1}{48} \times (l - a')^2 \times (2 \times b + b_{\mathrm{t}}) \times \left(p_{\max} + p_{\min} - 2 \times \frac{G}{A} \right)$$

$$= \frac{1}{48} \times (3 - 1.0000)^2 \times (2 \times 3 + 1) \times \left(205.34 + 182.51 - 2 \times \frac{351.00}{9.00} \right)$$

$$= 180.75 \, \mathrm{kN \cdot m}$$

（3）配筋计算。

横向钢筋：HRB400，$d14@150$，纵向钢筋：HRB400，$d16@150$。

柱边处计算配筋：$A_{\mathrm{a2-2}} = \dfrac{M_{\mathrm{II}} \times 10^6}{0.9 \times f_{\mathrm{y}} \times (h_0 \times 10^3 - d)} = \dfrac{270.74 \times 10^6}{0.9 \times 360 \times (0.95 \times 10^3 - 14)} = 893 \, \mathrm{mm}^2$

变阶处计算配筋：$A_{\mathrm{b2-2}} = \dfrac{M_{\mathrm{II}} \times 10^6}{0.9 \times f_{\mathrm{y}} \times (h_0 \times 10^3 - d)} = \dfrac{180.75 \times 10^6}{0.9 \times 360 \times (0.65 \times 10^3 - 14)} = 877 \, \mathrm{mm}^2$

纵向计算配筋：$A_{\mathrm{d2-2}} = \max(A_{\mathrm{a2-2}}, A_{\mathrm{b2-2}}) = \max(893, 877) = 893 \, \mathrm{mm}^2$

纵向钢筋实配面积：$A_{\mathrm{s2-2}} = \dfrac{\pi \times d^2}{4} \times \dfrac{1000}{s} = \dfrac{\pi \times 16^2}{4} \times \dfrac{1000}{150} = 1340 \, \mathrm{mm}^2$

x 向截面受弯承载力验算：$O_{\mathrm{M}} = (A_{\mathrm{s2-2}} \geqslant A_{\mathrm{d2-2}}) = (1340 \geqslant 893)$，横向配筋满足要求。

柱边处计算配筋：$A_{\mathrm{a1-1}} = \dfrac{M_{\mathrm{I}} \times 10^3}{0.9 \times f_{\mathrm{y}} \times h_0} = \dfrac{286.15 \times 10^3}{0.9 \times 360 \times 0.95} = 930 \, \mathrm{mm}^2$

变阶处计算配筋：$A_{\mathrm{b1-1}} = \dfrac{M_{\mathrm{I}} \times 10^3}{0.9 \times f_{\mathrm{y}} \times h_0} = \dfrac{191.53 \times 10^3}{0.9 \times 360 \times 0.65} = 909 \, \mathrm{mm}^2$

横向计算配筋：$A_{\mathrm{d1-1}} = \max(A_{\mathrm{a1-1}}, A_{\mathrm{b1-1}}) = \max(930, 909) = 930 \, \mathrm{mm}^2$

横向钢筋实配面积：$A_{\mathrm{s1-1}} = \dfrac{\pi \times d^2}{4} \times \dfrac{1000}{s} = \dfrac{\pi \times 14^2}{4} \times \dfrac{1000}{150} = 1026 \, \mathrm{mm}^2$

y 向截面受弯承载力验算：$O_{\mathrm{M}} = (A_{\mathrm{s1-1}} \geqslant A_{\mathrm{d1-1}}) = (1026 \geqslant 930)$，横向配筋满足要求。

2．最大轴力组合

（1）设计资料（见表 4-39）。

（2）相关验算。

基础底面面积：$A = b \times l = 3 \times 3 = 9.00 \, \mathrm{m}^2$，基础自重和基础上的土自重标准值：$G_{\mathrm{k}} = \gamma_{\mathrm{G}} \times A \times d - 10 \times h_{\mathrm{w}} \times A = 20 \times 9.00 \times 1.5 - 10 \times 0 \times 9.00 = 270.00 \, \mathrm{kN}$，基础自重和基础上的土自重设计值：$G = \gamma \times G_{\mathrm{k}} = 1.3 \times 270.00 = 351.00 \, \mathrm{kN}$，基础高度：$h = h_1 + h_2 = 0.3 + 0.7 = 1.00 \, \mathrm{m}$，柱边

计算高度：$h_0 = h - a_s = 1.00 - 0.05 = 0.95$ m，变阶处计算高度：$h_0 = h_2 - a_s = 0.7 - 0.05 = 0.65$ m，

荷载偏心值：$e = \dfrac{M}{F+G} = \dfrac{25.57}{1500.6 + 351.00} = 0.0138$ m。

① 抗冲切承载力验算。

扣除基础自重及其上土重单位面积净反力：

$$p_{jmax} = \frac{F}{A} + \frac{6 \times M}{l \times b^2} = \frac{1500.6}{9.00} + \frac{6 \times 25.57}{3 \times 3^2} = 172.42 \text{ kPa}$$

柱边冲切验算选取部分基底面积：

$$A_l = \left(\frac{b}{2} - \frac{b_t}{2} - h_0\right) \times l - \left(\frac{l}{2} - \frac{a_t}{2} - h_0\right)^2 = \left(\frac{3}{2} - \frac{0.45}{2} - 0.95\right) \times 3 - \left(\frac{3}{2} - \frac{0.45}{2} - 0.95\right)^2 = 0.8694 \text{ m}^2$$

柱边地基土净反力设计值：$F_l = p_{jmax} \times A_l = 172.42 \times 0.8694 = 149.90$ kN

受冲切高度影响系数：$\beta_{hp} = (0.8 \leqslant h \leqslant 2.0) = (0.8 \leqslant 1.00 \leqslant 2.0) = 0.9833$

柱边冲切破坏锥体最不利一侧计算长度：$a_m = \dfrac{a_b + a_t}{2} = \dfrac{2.35 + 0.45}{2} = 1.40$ m

柱边冲切承载力限值（kN）：$[F] = 0.7 \times \beta_{hp} \times f_t \times a_m \times h_0 \times 10^3 = 0.7 \times 0.9833 \times 1.43 \times 1.40 \times 0.95 \times 10^3 = 1309.10$ kN

柱抗冲切验算：$O_{Fl} = (F_l \leqslant [F]) = (149.90 \leqslant 1309.10)$，满足要求。

变阶处冲切验算选取部分基底面积：

$$A_l = \left(\frac{b}{2} - \frac{b_t}{2} - h_0\right) \times l - \left(\frac{l}{2} - \frac{a_t}{2} - h_0\right)^2 = \left(\frac{3}{2} - \frac{1}{2} - 0.65\right) \times 3 - \left(\frac{3}{2} - \frac{1}{2} - 0.65\right)^2 = 0.9275 \text{ m}^2$$

变阶处地基土净反力设计值：$F_l = p_{jmax} \times A_l = 172.42 \times 0.9275 = 159.92$ kN

受冲切高度影响系数：$\beta_{hp} = (h_2 < 0.8) = (0.7 < 0.8) = 1.0$

变阶处冲切破坏锥体最不利一侧计算长度：$a_m = \dfrac{a_b + a_t}{2} = \dfrac{2.30 + 1}{2} = 1.65$ m

变阶处冲切承载力限值：$[F] = 0.7 \times \beta_{hp} \times f_t \times a_m \times h_0 \times 10^3 = 0.7 \times 1.0 \times 1.43 \times 1.65 \times 0.65 \times 10^3 = 1073.57$ kN

变阶处抗冲切验算：$O_{Fl} = (F_l \leqslant [F]) = (159.92 \leqslant 1073.57)$，满足要求。

② 抗剪承载力验算。

柱边受剪截面高度影响系数：

$$\beta_{hs} = \left(\frac{0.8}{\min(\max(h_0, 0.8), 2.0)}\right)^{1/4} = \left(\frac{0.8}{\min(\max(0.95, 0.8), 2.0)}\right)^{1/4} = 0.9579$$

扣除基础自重及其上土重单位面积净反力：

$$p_{jmax} = \frac{F}{A} + \frac{6 \times M}{l \times b^2} = \frac{1500.6}{9.00} + \frac{6 \times 25.57}{3 \times 3^2} = 172.42 \text{ kPa}$$

柱边剪切面处净反力（纵向剪切面）：

$$p_j = \frac{F}{A} + \frac{12 \times M \times (b - a_v)}{l \times b^3} = \frac{1500.6}{9.00} + \frac{12 \times 25.57 \times (3 - 1.2750)}{3 \times 3^3} = 173.27 \text{ kPa}$$

222

柱边计算剪切面积内等效净反力（纵向剪切面）：

$$\bar{p}_j = \frac{(p_{jmax} + p_j)}{2} = \frac{(172.42 + 173.27)}{2} = 172.84 \text{ kPa}$$

柱边剪力设计值（纵向剪切面）：$V_s = \bar{p}_j \times l \times \frac{b - b_t}{2} = 172.84 \times 3 \times \frac{3 - 0.45}{2} = 661.11 \text{ kN}$

柱边剪切面（纵向）：$A_0 = l \times (h_2 - a_s) + a_t \times h_1 = 3 \times (0.7 - 0.05) + 1 \times 0.3 = 2.25 \text{ m}^2$

柱边抗剪承载力设计值（纵向剪切面）：$[V] = 0.7 \times \beta_{hs} \times f_t \times A_0 \times 10^3 = 0.7 \times 0.9579 \times 1.43 \times 2.25 \times 10^3 = 2157.43 \text{ kN}$

柱边抗剪验算（纵向剪切面）：$O_{Fl} = (V_s \leq [V]) = (661.11 \leq 2157.43)$，满足要求。

柱边计算剪切面积内等效净反力（横向剪切面）：$\bar{p}_j = \frac{F}{A} = \frac{1500.6}{9.00} = 166.73 \text{ kPa}$

柱边剪力设计值（横向剪切面）：$V_s = \bar{p}_j \times b \times \frac{l - a_t}{2} = 166.73 \times 3 \times \frac{3 - 0.45}{2} = 637.74 \text{ kN}$

柱边剪切面（横向）：$A_0 = b \times (h_2 - a_s) + h_1 \times b_t = 3 \times (0.7 - 0.05) + 0.3 \times 1 = 2.25 \text{ m}^2$

柱边抗剪承载力设计值（横向剪切面）：$[V] = 0.7 \times \beta_{hs} \times f_t \times A_0 \times 10^3 = 0.7 \times 0.9579 \times 1.43 \times 2.25 \times 10^3 = 2157.43 \text{ kN}$

柱边抗剪验算（横向剪切面）：$O_{Fl} = (V_s \leq [V]) = (637.74 \leq 2157.43)$，满足要求。

变阶处受剪截面高度影响系数：

$$\beta_{hs} = \left(\frac{0.8}{\min(\max(h_0, 0.8), 2.0)} \right)^{1/4} = \left(\frac{0.8}{\min(\max(0.65, 0.8), 2.0)} \right)^{1/4} = 1.0000$$

变阶处剪切计算宽度：$a_v = \frac{(b - b_t)}{2} = \frac{(3 - 1)}{2} = 1.0000 \text{ m}$

变阶处剪切面净反力（纵向剪切面）：

$$p_j = \frac{F}{A} + \frac{12 \times M \times (b - a_v)}{l \times b^3} = \frac{1500.6}{9.00} + \frac{12 \times 25.57 \times (3 - 1.0000)}{3 \times 3^3} = 174.31 \text{ kPa}$$

变阶处计算剪切面积内等效净反力（纵向剪切面）：

$$\bar{p}_j = \frac{(p_{jmax} + p_j)}{2} = \frac{(172.42 + 174.31)}{2} = 173.37 \text{ kPa}$$

变阶处剪力设计值（纵向剪切面）：$V_s = \bar{p}_j \times l \times \frac{b - b_t}{2} = 173.37 \times 3 \times \frac{3 - 1}{2} = 520.11 \text{ kN}$

变阶处剪切面（纵向）：$A_0 = l \times (h_2 - a_s) = 3 \times (0.7 - 0.05) = 1.95 \text{ m}^2$

变阶处抗剪承载力设计值（纵向剪切面）：$[V] = 0.7 \times \beta_{hs} \times f_t \times A_0 \times 10^3 = 0.7 \times 1.0000 \times 1.43 \times 1.95 \times 10^3 = 1951.95 \text{ kN}$

变阶处抗剪验算（纵向剪切面）：$O_{Fl} = (V_s \leq [V]) = (520.11 \leq 1951.95)$，满足要求。

变阶处计算剪切面积内等效净反力（横向剪切面）：$\bar{p}_j = \frac{F}{A} = \frac{1500.6}{9.00} = 166.73 \text{ kPa}$

变阶处剪力设计值（横向剪切面）：$V_s = \overline{p}_j \times b \times \dfrac{l-a_t}{2} = 166.73 \times 3 \times \dfrac{3-1}{2} = 500.19 \text{ kN}$

变阶处剪切面（横向）：$A_0 = b \times (h_2 - a_s) = 3 \times (0.7 - 0.05) = 1.95 \text{ m}^2$

变阶处抗剪承载力设计值（横向剪切面）：$[V] = 0.7 \times \beta_{hs} \times f_t \times A_0 \times 10^3 = 0.7 \times 1.0000 \times 1.43 \times 1.95 \times 10^3 = 1951.95 \text{ kN}$

变阶处抗剪验算（横向剪切面）：$O_{Fl} = (V_s \leqslant [V]) = (500.19 \leqslant 1951.95)$，满足要求。

③ 抗弯承载力验算。

满足：$\left(\dfrac{b-b_t}{2 \times h} \leqslant 2.5 \text{ 和} \leqslant b/6 \right) = （1.2750 \leqslant 2.5 \text{ 和 } 0.0138 \leqslant 3/6）$，柱边弯矩可以采用简化方法计算。

柱边缘处：$p_{max} = \dfrac{F+G}{A} + \dfrac{6 \times M}{b^2 \times l} = \dfrac{1500.6 + 351.00}{9.00} + \dfrac{6 \times 25.57}{3^2 \times 3} = 211.42 \text{ kPa}$

柱边缘处：$p_{min} = \dfrac{F+G}{A} - \dfrac{6 \times M}{b^2 \times l} = \dfrac{1500.6 + 351.00}{9.00} - \dfrac{6 \times 25.57}{3^2 \times 3} = 200.05 \text{ kPa}$

柱边缘处：$p = p_{min} + (p_{max} - p_{min}) \times \dfrac{b-a_1}{b} = 200.05 + (211.42 - 200.05) \times \dfrac{3-1.2750}{3} = 206.59 \text{ kPa}$

柱边至基底边缘最大反力处距离：$a_1 = \dfrac{(b-b_t)}{2} = \dfrac{(3-0.45)}{2} = 1.2750 \text{ m}$

柱边受弯计算宽度：

$$a' = a_t + \dfrac{(l-b_t) \times (b-b_t-2 \times a_1)}{(b-b_t)} = 0.45 + \dfrac{(3-0.45) \times (3-0.45-2 \times 1.2750)}{(3-0.45)} = 0.4500 \text{ m}$$

柱边缘 I—I 截面处弯矩设计值：

$$M_I = \dfrac{1}{12} \times a_1^2 \left[(2 \times l + a') \times \left(p_{max} + p - 2 \times \dfrac{G}{A} \right) + (p_{max} - p) \times l \right]$$
$$= \dfrac{1}{12} \times 1.2750^2 \left[(2 \times 3 + 0.4500) \times \left(211.42 + 206.59 - 2 \times \dfrac{351.00}{9.00} \right) + (211.42 - 206.59) \times 3 \right]$$
$$= 299.05 \text{ kN} \cdot \text{m}$$

柱边缘 II—II 截面处弯矩设计值：

$$M_{II} = \dfrac{1}{48} \times (l - a')^2 \times (2 \times b + b_t) \times \left(p_{max} + p_{min} - 2 \times \dfrac{G}{A} \right)$$
$$= \dfrac{1}{48} \times (3 - 0.4500)^2 \times (2 \times 3 + 0.45) \times \left(211.42 + 200.05 - 2 \times \dfrac{351.00}{9.00} \right)$$
$$= 291.38 \text{ kN} \cdot \text{m}$$

满足：$\left(\dfrac{b-b_t}{2 \times h_1} \leqslant 2.5 \text{ 和} \leqslant b/6 \right) = （3.3333 \leqslant 2.5 \text{ 或 } 0.0138 \leqslant 3/6）$，变阶处弯矩不可以采用简化方法计算。

变阶处至基底边缘最大反力处距离：$a_1 = \dfrac{(b-b_t)}{2} = \dfrac{(3-1)}{2} = 1.0000$ m

变阶处受弯计算宽度：

$$a' = a_t + \frac{(l-b_t) \times (b-b_t-2 \times a_1)}{(b-b_t)} = 1 + \frac{(3-1) \times (3-1-2 \times 1.0000)}{(3-1)} = 1.0000 \text{ m}$$

变阶处：$p = p_{min} + (p_{max} - p_{min}) \times \dfrac{b-a_1}{b} = 200.05 + (211.42 - 200.05) \times \dfrac{3-1.0000}{3} = 207.63$ kPa

变阶处Ⅰ—Ⅰ截面处弯矩设计值：

$$M_{\mathrm{I}} = \frac{1}{12} \times a_1^2 \left[(2 \times l + a') \times \left(p_{max} + p - 2 \times \frac{G}{A} \right) + (p_{max} - p) \times l \right]$$

$$= \frac{1}{12} \times 1.0000^2 \left[2 \times 3 + 1.0000 \times \left(211.42 + 207.63 - 2 \times \frac{351.00}{9.00} \right) + (211.42 + 207.63) \times 3 \right]$$

$$= 199.89 \text{ kN} \cdot \text{m}$$

变阶处Ⅱ—Ⅱ截面处弯矩设计值：

$$M_{\mathrm{II}} = \frac{1}{48} \times (l-a')^2 \times (2 \times b + b_t) \times \left(p_{max} + p_{min} - 2 \times \frac{G}{A} \right)$$

$$= \frac{1}{48} \times (3-1.0000)^2 \times (2 \times 3 + 1) \times \left(211.42 + 200.05 - 2 \times \frac{351.00}{9.00} \right)$$

$$= 194.52 \text{ kN} \cdot \text{m}$$

（3）配筋计算。

横向钢筋：HRB400，$d14@150$，纵向钢筋：HRB400，$d16@150$。

柱边处计算配筋：$A_{a2-2} = \dfrac{M_{\mathrm{II}} \times 10^6}{0.9 \times f_y \times (h_0 \times 10^3 - d)} = \dfrac{291.38 \times 10^6}{0.9 \times 360 \times (0.95 \times 10^3 - 14)} = 961$ mm²

变阶处计算配筋：$A_{b2-2} = \dfrac{M_{\mathrm{II}} \times 10^6}{0.9 \times f_y \times (h_0 \times 10^3 - d)} = \dfrac{194.52 \times 10^6}{0.9 \times 360 \times (0.65 \times 10^3 - 14)} = 944$ mm²

纵向计算配筋：$A_{d2-2} = \max(A_{a2-2}, A_{b2-2}) = \max(961, 944) = 961$ mm²

纵向钢筋实配面积：$A_{s2-2} = \dfrac{\pi \times d^2}{4} \times \dfrac{1000}{s} = \dfrac{\pi \times 16^2}{4} \times \dfrac{1000}{150} = 1340$ mm²

x 向截面受弯承载力验算：$O_M = (A_{s2-2} \geqslant A_{d2-2}) = (1340 \geqslant 961)$，横向配筋满足要求。

柱边处计算配筋：$A_{a1-1} = \dfrac{M_{\mathrm{I}} \times 10^3}{0.9 \times f_y \times h_0} = \dfrac{299.05 \times 10^3}{0.9 \times 360 \times 0.95} = 972$ mm²

变阶处计算配筋：$A_{b1-1} = \dfrac{M_{\mathrm{I}} \times 10^3}{0.9 \times f_y \times h_0} = \dfrac{199.89 \times 10^3}{0.9 \times 360 \times 0.65} = 949$ mm²

横向计算配筋：$A_{d1-1} = \max(A_{a1-1}, A_{b1-1}) = \max(972, 949) = 972$ mm²

横向钢筋实配面积：$A_{s1-1} = \dfrac{\pi \times d^2}{4} \times \dfrac{1000}{s} = \dfrac{\pi \times 14^2}{4} \times \dfrac{1000}{150} = 1026$ mm²

y 向截面受弯承载力验算：$O_M = (A_{s1-1} \geqslant A_{d1-1}) = (1026 \geqslant 972)$，横向配筋满足要求。

4.3 楼梯设计

4.3.1 梯段板设计

1. 板式楼梯计算主要参数

楼梯的结构布置如附图 11 所示,梯段板与平台梁、平台板整结,主要计算参数如表 4-40 所示。

表 4-40　楼梯计算主要参数

材料信息	几何信息	其他信息
混凝强度等级:C30	踏步高:$h = 150$ mm	面层自重:$q_m = 0.65$ kN/m²
钢筋保存厚度:$c = 20$ mm	踏步宽:$b = 280$ mm	活荷载标准值:$q_k = 3.5$ kN/m²
梯段板钢筋:HRB335,$d16@125$	梯段板净长:$l_n = 3080$ mm	栏杆(或隔墙)线荷载:$q_H = 0.4$ kN/m
平台板钢筋:HRB335,$d8@180$	斜板厚度:$t_1 = 120$ mm	平台板厚:$t_p = 100$ mm
平台梁纵筋:5,HRB400,25	楼梯间宽:$B = 4800$ mm	平台梁宽:$b = 150$ mm
平台梁箍筋:HRB335,$d12@150$	休息平台宽:$l_p = 2400$ mm	平台梁高:$h = 350$ mm

2. 梯段板计算

梯段板倾斜角:$\cos\alpha = \dfrac{b}{\sqrt[2]{b^2 + h^2}} = \dfrac{280}{\sqrt[2]{280^2 + 150^2}} = 0.8815$,$\alpha=28.18°$

梯段板预估厚度:$t_1 = \dfrac{l_n}{30} = \dfrac{3080}{30} = 102.67$ mm

梯段板预估厚度:$t_2 = \dfrac{l_n}{25} = \dfrac{3080}{25} = 123.20$ mm

梯段板厚度可取 $t_1 \sim t_2$,取斜板厚度:$t_1 = 120$ mm

3. 荷载计算

梯段板自重(含三角形踏步):

$$q_D = \left(\frac{b \times h \times \frac{1}{2}}{b} + \frac{t_1 \times 1 \times 1}{\cos\alpha} \right) \times 25 \times 10^{-3} = \left(\frac{280 \times 150 \times \frac{1}{2}}{280} + \frac{120 \times 1 \times 1}{0.8815} \right) \times 25 \times 10^{-3} = 5.278 \text{ kN/m}$$

梯段板梯板面层自重:$q_S = \dfrac{q_m \times (b+h)}{b} = \dfrac{0.65 \times (280+150)}{280} = 0.998$ kN/m,板底粉刷层自重:

$q_f = 0.34$ kN/m²,梯段板板底粉刷自重:$q_F = \dfrac{q_f}{\cos\alpha} = \dfrac{0.34}{0.8815} = 0.386$ kN/m,梯段板活荷载(线荷载):$q_L = q_k \times 1.0 = 3.5 \times 1.0 = 3.500$ kN/m,梯段板组合后的荷载设计值:$q = 1.3 \times (q_S + q_D + q_F + q_H) + 1.5 \times q_L = 1.3 \times (0.998 + 5.278 + 0.386 + 0.4) + 0.5 \times 3.500 = 14.43$ kN/m。

梯段板计算跨度:$l_0 = 1.05 \times l_n = 1.05 \times 3080 = 3234.000$ mm

梯段板跨中弯矩设计值：$M = \dfrac{q \times l_0^2}{8} \times 10^{-6} = \dfrac{14.43 \times 3234.000^2}{8} \times 10^{-6} = 18.865\ \text{kN} \cdot \text{m}$

4. 配筋计算

截面抵抗矩系数：$a_{\text{s}} = \dfrac{M \times 10^6}{(f_{\text{c}} \times \alpha_1 \times 1000 \times h_0^2)} = \dfrac{18.865 \times 10^6}{(14.3 \times 1 \times 1000 \times 97^2)} = 0.1402$

梯段板配筋系数：$\gamma_{\text{s}} = \dfrac{(1 + \sqrt[2]{1 - 2 \times \alpha_{\text{s}}})}{2} = \dfrac{(1 + \sqrt[2]{1 - 2 \times 0.1402})}{2} = 0.9241$

梯段板计算钢筋面积：$A_{\text{d}} = \dfrac{M \times 10^6}{\gamma_{\text{s}} \times f_{\text{y}} \times h_0} = \dfrac{18.865 \times 10^6}{0.9241 \times 300 \times 97} = 701.5\ \text{mm}^2$

梯段板钢筋：HRB335，$d16@125$

梯段板实配钢筋面积：$A_{\text{s}} = \dfrac{\pi \times d^2}{4} \times \dfrac{1000}{s} = \dfrac{\pi \times 16^2}{4} \times \dfrac{1000}{125} = 1608.5\ \text{mm}^2$

梯段板配筋验算：$O_{\text{T}} = (A_{\text{s}} \geqslant A_{\text{d}}) = (1608.5 \geqslant 701.5)$，满足要求。

5. 裂缝验算

梯段板组合后的荷载标准值：

$q_{\text{k}} = q_{\text{S}} + q_{\text{D}} + q_{\text{F}} + q_{\text{H}} + q_{\text{L}} = 0.998 + 5.278 + 0.386 + 0.4 + 3.500 = 10.562\ \text{kN/m}$

梯段板跨中弯矩标准值：$M_{\text{s}} = \dfrac{q_{\text{k}} \times l_0^2}{8} \times 10^{-6} = \dfrac{10.562 \times 3234.000^2}{8} \times 10^{-6} = 13.808\ \text{kN} \cdot \text{m}$

梯段板受拉钢筋配筋率：$\rho_{\text{te}} = \max\left(0.01, \dfrac{A_{\text{s}}}{0.5 \times 1000 \times t_1}\right) = \max\left(0.01, \dfrac{1608.5}{0.5 \times 1000 \times 120}\right) = 0.0268$

梯段板受拉钢筋应力：$\sigma_{\text{sk}} = \dfrac{M_{\text{s}} \times 10^6}{0.87 \times h_0 \times A_{\text{s}}} = \dfrac{13.808 \times 10^6}{0.87 \times 97 \times 1608.5} = 101.723\ \text{N/mm}^2$

应力不均匀系数：

$$\psi = \min\left[1.0, \max\left(0.2, 1.1 - \dfrac{0.65 \times f_{\text{tk}}}{\rho_{\text{te}} \times \sigma_{\text{sk}}}\right)\right] = \min\left[1.0, \max\left(0.2, 1.1 - \dfrac{0.65 \times 2.01}{0.0179 \times 140.921}\right)\right] = 0.5821$$

混凝土抗拉强度标准值：$f_{\text{tk}} = 2.01\ \text{N/mm}^2$

表面特征系数：$v = 1.0$，梯段板受拉区纵筋等效直径：$d_{\text{eq}} = \dfrac{d}{v} = \dfrac{16}{1.0} = 16.0\ \text{mm}$

钢筋弹性模量：$E_{\text{s}} = 200000\ \text{N/mm}^2$

最大裂缝宽度：$\omega_{\max} = 1.9 \times \psi \times \dfrac{\sigma_{\text{sk}}}{E_{\text{s}}} \times \left(1.9 \times c + 0.08 \times \dfrac{d_{\text{eq}}}{\rho_{\text{te}}}\right)$

$$= 1.9 \times 0.6208 \times \dfrac{101.723}{200000} \times \left(1.9 \times 20 + 0.08 \times \dfrac{16.0}{0.0268}\right) = 0.0514\ \text{mm}$$

梯段板裂缝验算：$O_{\text{k}} = (\omega_{\max} \leqslant 0.3) = (0.0514 \leqslant 0.3)$，满足要求。

6. 挠度验算

系数：$\alpha_{E\rho} = \dfrac{E_s}{E_c} \times \dfrac{A_s}{1000 \times h_0} = \dfrac{200000}{30000} \times \dfrac{1608.5}{1000 \times 97} = 0.111$

长期刚度：$B_s = \dfrac{E_s \times A_s \times h_0^2 \times 10^{-12}}{1.15 \times \psi + 0.2 + 6 \times \alpha_{E\rho}} = \dfrac{200000 \times 1608.5 \times 97^2 \times 10^{-12}}{1.15 \times 0.6208 + 0.2 + 6 \times 0.111} = 1.9158 \text{ N/mm}$

混凝土弹性模量：$E_c = 30000 \text{ N/mm}^2$

短期刚度：$B_s = \dfrac{B_s}{\theta} = \dfrac{1.9158}{2} = 0.9579 \text{ N/mm}$

长期挠度：$f = \dfrac{5}{18} \times \dfrac{M_s}{B_s} \times l_0^2 \times 10^{-6} = \dfrac{5}{18} \times \dfrac{13.808}{0.9579} \times 3234.000^2 \times 10^{-6} = 15.7043 \text{ mm}$

挠度限值：$f_{\lim} = \dfrac{l_0}{200} = \dfrac{3234.000}{200} = 16.170 \text{ mm}$

梯段板挠度验算：$O_f = (f \leqslant f_{\lim}) = (15.7043 \leqslant 16.170)$，满足要求。

4.3.2 平台板设计

梯板长宽比：$l_1/l_2 = \min(l_p/B, B/l_p) = \min(2400/4800, 4800/2400) = 0.5000$，查《静力手册》得，系数 $m_1 = 0.0965$，系数 $m_2 = 0.0174$。

1. 荷载计算

平台板恒载标准值：$g_k = t_p \times 0.025 + q_f + q_m = 100 \times 0.025 + 0.34 + 0.65 = 3.490 \text{ kN/m}$

平台板荷载设计值：$p_p = 1.3 \times g_k + 1.5 \times q_k = 1.3 \times 3.490 + 1.5 \times 3.5 = 9.787 \text{ kN/m}$

平台板弯矩（1）：$M_1 = (m_1 + 0.2 \times m_2) \times p_p \times \min(B, l_p)^2 \times 10^{-6} = (0.0965 + 0.2 \times 0.0174) \times 9.787 \times \min(4800, 2400)^2 \times 10^{-6} = 5.636 \text{ kN·m}$

平台板弯矩（2）：$M_2 = (m_2 + 0.2 \times m_1) \times p_p \times \min(B, l_p)^2 \times 10^{-6} = (0.0174 + 0.2 \times 0.0965) \times 9.787 \times \min(4800, 2400)^2 \times 10^{-6} = 2.069 \text{ kN·m}$

平台板计算弯矩：$M = \max(M_1, M_2) = \max(5.636, 2.069) = 5.636 \text{ kN·m}^2$

2. 配筋计算

平台板截面抵抗矩系数：$a_s = \dfrac{M \times 10^6}{\alpha_1 \times f_c \times 1000 \times h_0^2} = \dfrac{5.636 \times 10^6}{1 \times 14.3 \times 1000 \times 80.0^2} = 0.0616$

平台板配筋系数：$\gamma_s = \dfrac{(1 + \sqrt[2]{1 - 2 \times \alpha_s})}{2} = \dfrac{(1 + \sqrt[2]{1 - 2 \times 0.0616})}{2} = 0.9682$

平台板计算钢筋面积：$A_d = \dfrac{M \times 10^6}{\gamma_s \times f_y \times h_0} = \dfrac{5.636 \times 10^6}{0.9682 \times 300 \times 80.0} = 242.5 \text{ mm}^2$

平台板钢筋：HRB335, $d8@180$

平台板实配钢筋面积：$A_s = \dfrac{\pi \times d^2}{4} \times \dfrac{1000}{s} = \dfrac{\pi \times 8^2}{4} \times \dfrac{1000}{180} = 279.3 \text{ mm}^2$

平台板配筋验算：$O_T = (A_s \geqslant A_d) = (279.3 \geqslant 242.5)$，满足要求。

4.3.3 平台梁设计

平台梁计算高度：$h_0 = h - 35 = 350 - 35 = 315.0 \text{ mm}$

1. 荷载计算

平台梁荷载设计值：
$$q_L = \frac{q \times l_n}{2000} + \frac{p_p \times l_p}{2000} + 1.3 \times \left(\frac{b \times h}{10^6} \right) \times 25$$
$$= \frac{14.43 \times 3080}{2000} + \frac{9.787 \times 2400}{2000} + 1.3 \times \left(\frac{150 \times 350}{10^6} \right) \times 25 = 35.6728 \text{ kN/m}$$

平台梁剪力：$V = \dfrac{q_L \times B \times 10^{-3}}{2} = \dfrac{35.6728 \times 4800 \times 10^{-3}}{2} = 85.6147 \text{ kN}$

平台梁弯矩：$M = \dfrac{q_L \times B^2 \times 10^{-6}}{8} = \dfrac{35.6728 \times 4800^2 \times 10^{-6}}{8} = 102.7377 \text{ kN} \cdot \text{m}$

2. 配筋计算

平台梁截面抵抗矩系数：$a_s = \dfrac{M \times 10^6}{\alpha_1 \times f_c \times b \times h_0^2} = \dfrac{102.7377 \times 10^6}{1 \times 14.3 \times 150 \times 315.0^2} = 0.4827$

平台梁配筋系数：$\gamma_s = \dfrac{(1 + \sqrt[2]{1 - 2 \times \alpha_s})}{2} = \dfrac{(1 + \sqrt[2]{1 - 2 \times 0.4827})}{2} = 0.5930$

平台梁计算钢筋面积：$A_d = \dfrac{M \times 10^6}{\gamma_s \times f_y \times h_0} = \dfrac{102.7377 \times 10^6}{0.5930 \times 360 \times 315.0} = 1527.8 \text{ mm}^2$

平台梁纵筋：4, HRB400, 25

平台梁实配纵筋面积：$A_s = \dfrac{n \times \pi \times d^2}{4} = \dfrac{4 \times \pi \times 25^2}{4} = 1963.49 \text{ mm}^2$

平台梁纵筋验算：$O_s = (A_s \geqslant A_d) = (1963.49 \geqslant 1527.8)$，满足要求。

平台梁计算箍筋面积：
$$A_d = \frac{V \times 10^3 - 0.7 \times f_t \times b \times h_0}{f_{vy} \times h_0} = \frac{85.6147 \times 10^3 - 0.7 \times 1.43 \times 150 \times 315.0}{300 \times 315.0} = 0.4055 \text{ mm}^2/\text{mm}$$

平台梁箍筋：HRB335，$d12@150$

平台梁实配箍筋面积：$A_s = \dfrac{\pi \times d^2}{4 \times s} = \dfrac{\pi \times 12^2}{4 \times 150} = 0.7540 \text{ mm}^2/\text{mm}$

平台梁箍筋验算：$O_v = (A_s \geqslant A_d) = (0.7540 \geqslant 0.4055)$，满足要求。

第 5 章　计算机辅助设计

5.1　PKPM 简介

PKPM 是中国建筑科学研究院建筑工程软件研究所开发的工程设计管理软件。中国建筑科学研究院建筑工程软件研究所是我国建筑领域计算机技术开发应用最早的单位，它以国家级行业研发中心、规范主编单位、工程质检中心为依托，技术力量雄厚，编写了 PKPM 等建筑行业内的主流软件。

PKPM 在国内建筑设计行业占有绝对优势，市场占有率超过 80%，成为教学、科研、工程设计中不可缺少的工具，特别是在工程有限元分析方面为工程设计人员节省了大量时间，并且使得基础、柱、墙、梁、板等配筋的准确性得到大大提高。

5.2　PKPM 软件界面

图 5-1 所示为 PKPMV4.3 软件主界面，包含了混凝土结构、钢结构、砌体、鉴定加固、预应力和工具集等模块，包含了主流的结构设计功能。

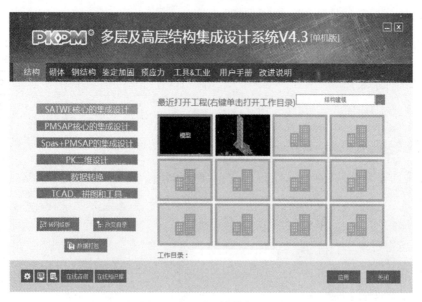

图 5-1　PKPM 软件主界面

5.3 模型建立

（1）根据建筑设计方案确定框架柱的尺寸和位置，根据柱距和墙体布置位置确定梁的截面尺寸和位置，并删除不需要的轴网，以方便进行 DWG 转模型。清理好的轴网和框架柱布置如图 5-2 所示。

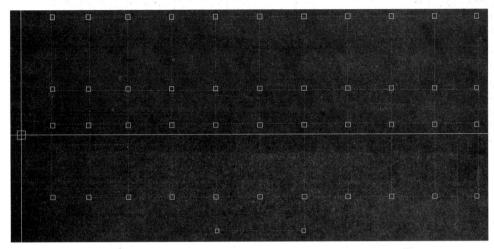

图 5-2　轴网和框架柱布置

（2）启动 PKPM 软件，通过改变目录找到将要存放模型的文件夹，输入本模型名称。在常用菜单中点击 DWG 转模型，装载处理好的轴网和框架柱布置方案的 DWG 文件，如图 5-3 所示。

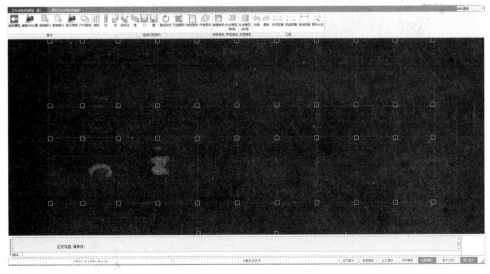

图 5-3　DWG 转模型

（3）通过轴网识别和框架柱识别建立单层模型，输入基准点和旋转角度，将单层模型转变为第 1 标准层。如图 5-4 所示，若需继续完善网格，可采用直线、圆弧等方法，进一步对网格进行细化。

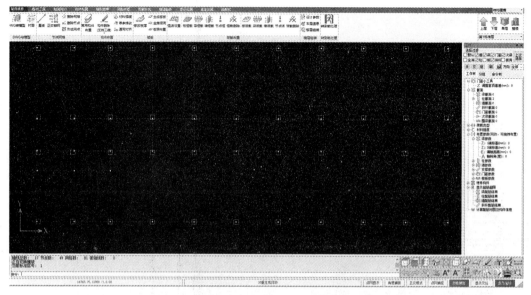

图 5-4　第 I 标准层

（4）布置常用构件，确定界面类型和材料类别，按 4.3 节估算方法初步设计梁截面尺寸，并把估算好的梁、柱的截面尺寸新建到构件列表中，以备使用，如图 5-5 所示。

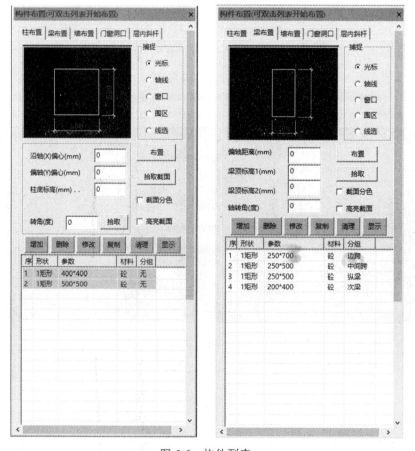

图 5-5　构件列表

（5）插入衬图，将一层建筑图全部分解，以衬图的形式重叠在第 1 标准层上，以方便梁的布置，如图 5-6 所示。

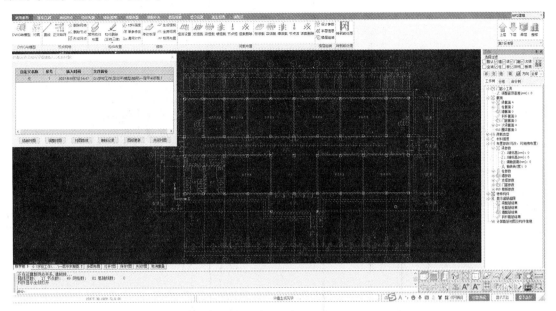

图 5-6　插入首层平面图

（6）根据梁布置原则，以衬图上墙的位置和建筑使用功能布置梁。布置结果如图 5-7 所示。一般情况下为了提高建筑物的扭转刚度，宜将边框梁适当加强。梁的偏心宜与建筑的墙体平面平齐。

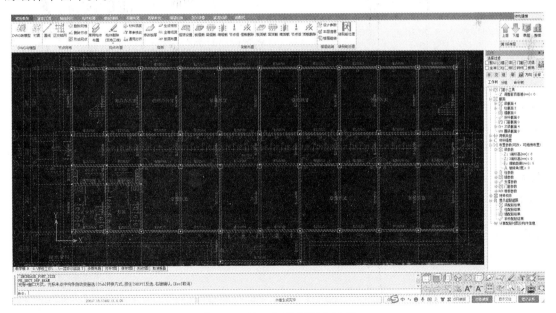

图 5-7　第 1 标准层梁布置图

（7）生成楼板，修改板厚为 130 mm，板的厚度一般为跨度的 1/40，最小厚度为 80 mm，但考虑到预埋管线和后期混凝土开裂问题，一般板的厚度不低于 100 mm。将楼梯间位置板厚修改为 0，电梯井位置需设置全房间洞，卫生间降板 50 mm，降板位置要保证梁底标高低于板底标高。楼板错层如图 5-8 所示。

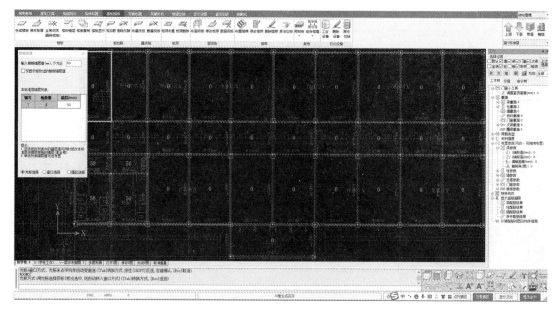

图 5-8　楼板降板

（8）根据建筑方案，输入楼面恒载标准值，勾选自动计算现浇板自重，根据建筑方案输入可变荷载标准值，如图 5-9 所示。

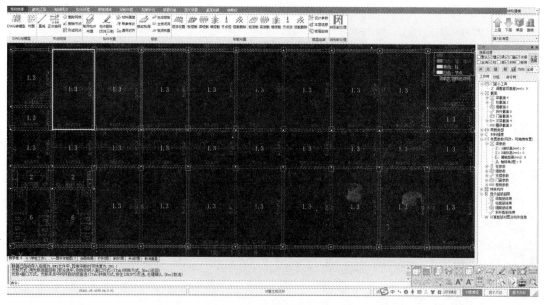

图 5-9　板上恒载布置

（9）构建删除，构建删除可以对已布置的构件进行删除，如图 5-10 所示，可以单独选择某一构件，也可以同时选中多项内容，例如同时选中梁和柱，则选中区域的梁和柱都会被删除。

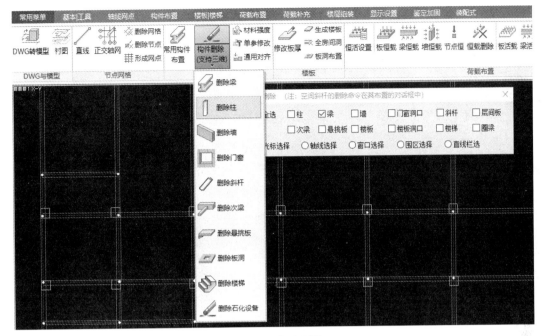

图 5-10　构建删除

（10）截面显示是为方便核对和修改的功能，点击"截面显示"功能，选择需要显示的构件信息，根据显示的构件信息进行构件核对，如图 5-11 所示。

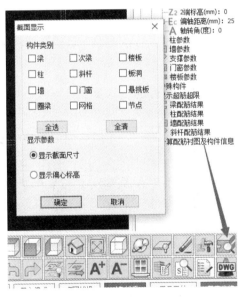

图 5-11　截面显示

（11）根据建筑方案，当梁上有填充墙时，将填充墙当作线恒载布置到梁上，对于 200 mm 厚无开洞内墙，线荷载按照 $\rho_{多孔砖} \times 0.2\ \text{m} \times (层高 - 梁高) + 0.02\ \text{m} \times 2 \times 层高 \times \rho_{砂浆}$ 进行计算，当有门窗洞口时需要扣除门窗洞口的墙体质量。在输入梁上恒载时需按照建筑图进行布置，不得漏项和错项，结果如图 5-12 所示。

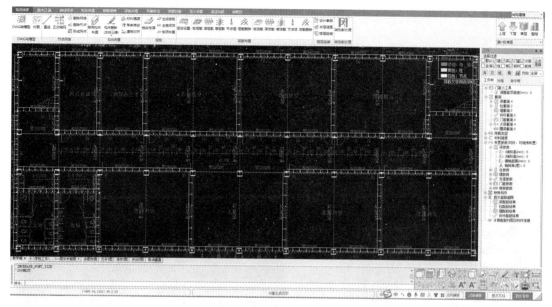

图 5-12　梁上恒载布置图

（12）添加新标准层，选择全部复制，创建第 2 标准层。继续按照建筑方案图执行（4）~
（11）步骤。以此类推建立第 3 标准层、第 4 标准层、第 5 标准层。

（13）确定设计参数，如图 5-13 所示。

常用的结构体系包含了框架结构、框架-剪力墙结构和剪力墙结构等体系。

根据《建筑结构可靠度设计统一标准》（GB 50068—2018）的规定，对于安全等级为一
级或设计使用年限为 100 年以上的结构构件的结构重要性系数不应小于 1.1；对于安全等级
为二级或设计使用年限为 50 年的结构构件的结构重要性系数不应小于 1.0；对于安全等级
为三级或设计使用年限为 5 年的结构构件的结构重要性系数不应小于 0.9。

根据设计使用年限、混凝土强度等级和环境类别选择需要满足的混凝土保护层厚度最
小值，程序在计算过程中会自动计算钢筋合力作用点到混凝土外边缘的距离。

根据《混凝土结构设计规范》（GB 50010—2010）第 5.4.3 条的规定，钢筋混凝土梁支
座或节点边缘截面的负弯矩调整系数不宜大于 25%；弯矩调整后梁端截面相对受压区高度
不应超过 0.35，且不宜小于 0.10。现浇框架梁端负弯矩调整系数可取 0.8 ~ 0.9，一般取 0.85。

材料信息中的混凝土容重一般取 26 kN/m³，确定钢筋类别和剪力墙配筋率。

根据建筑物所在地区，依据《建筑抗震设计规范（2016 年版）》（GB 50011—2010）附
录 A 确定建筑物的抗震设防烈度、基本地震加速度值、设计地震分组；根据建筑物的高度、
结构类型和抗震设防烈度确定建筑物的抗震等级。

建筑结构整体计算分析时，只考虑了主要结构构件的刚度，并没有考虑非承重结构构
件的刚度，因此计算的自振周期较实际的偏长，按照这一周期计算的地震力偏小，为此应
对计算的自振周期予以折减。高层建筑结构的计算自振周期折减系数根据《高层建筑混凝
土结构技术规程》（JGJ 3—2010）第 4.3.17 条的规定，对框架结构取 0.6 ~ 0.7，框剪结构取
0.7 ~ 0.8，剪力墙结构取 0.8 ~ 1.0。

根据《建筑结构荷载规范》（GB 50009—2012）的附录 E 可以查得全国的基本风压，根据所在地区不同地面粗糙类别可分为 A、B、C、D 四种，分别对应近海海面和海岛、海岸、湖岸及沙漠地区，田野、乡村、丛林、丘陵以及房屋比较稀疏的乡镇，有密集建筑群的城市市区，有密集建筑群且房屋较高的城市市区。

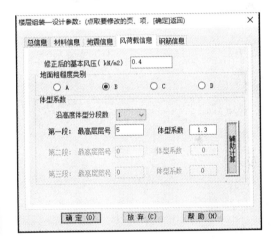

图 5-13　设计参数

（14）楼层组装，假定基础埋深 0.6 m，按照建筑方案分别组装标准层，组装信息如图 5-14 所示，三维模型如图 5-15 所示。点击"楼层组装"，选择第一标准层和复制层数，勾选自动计算底标高并输入基础顶标高，点击增加。依次增加其他标准层，最后确定。

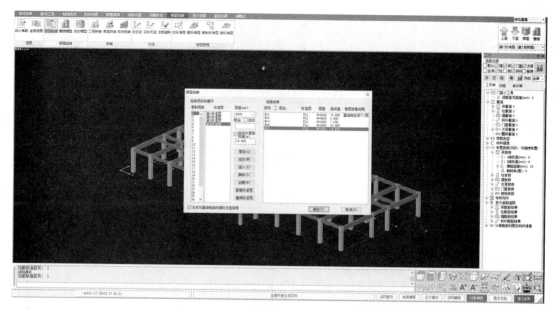

图 5-14　楼层组装参数

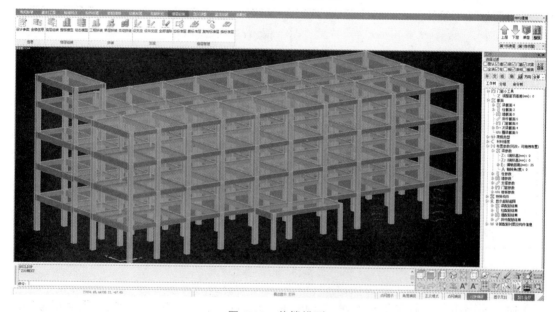

图 5-15　整楼模型

5.4　SATWE 分析设计

（1）校核荷载输入是否正确，在荷载选择中勾选要显示的荷载类别，如图 5-16 所示，点击荷载归档，全部选择生成 DWG 图以备审图。在导出的梁、墙柱节点输入时，以及楼面荷载平面图中可以校核输入的荷载，以防出错。

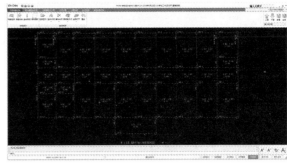

图 5-16　荷载选择和荷载校核

（2）设计模型前处理，进行参数定义。

根据《建筑抗震设计规范（2016 年版）》（GB 50011—2010）第 5.1.1 条的规定，有斜交抗侧力构件的结构，当相交角度大于 15°时，应分别计算各抗侧力构件方向的水平地震作用，对于矩形平面一般不需要修改。如果是异形平面，则需计算后在文本 WZQ.OUT 中查看水平力夹角，并且重新输入此水平力夹角重新计算。

混凝土的容重一般取 26 ~ 27 kN/m³，主要是因为在混凝土中有钢筋和施工误差引起的结构自重变化，如图 5-17 所示。

"转换层所在层号"和"裙房层数"的输入均包含地下室层数，可参考《建筑抗震设计规范（2016 年版）》（GB 50011—2010）第 6.1.10、6.1.3、6.1.14 条和《高层建筑混凝土结构技术规程》（JGJ 3—2010）第 12.2.1 条的规定。

"墙元细分最大控制长度"是指墙元网格划分时的最大尺寸，当工程规模较小时，建议取 0.5 ~ 1.0，剪力墙数量较多时可适当调高，增大细分尺寸，但不得超过 2.0，此项取值一般为 1.0。

"结构材料信息"包含了钢筋混凝土结构、钢-混凝土组合结构、砌体结构、钢结构等信息，按照实际选择即可。

"结构体系"包含了框架结构、框架-剪力墙结构、剪力墙结构、钢结构等。

"恒活荷载计算信息"中模拟施工加载 1 采用形成整体刚度，逐层加载；模拟施工加载 2 不给基础传递上部刚度，不提倡使用；模拟施工加载 3 采用了分层刚度分层加载模型，假定每个楼层加载时下层已经施工完毕，下层受力变形不影响上层结构，此模式下当前层的受力和位移变形主要由当前层及其以上各层的受力和刚度决定。一般选择模拟施工加载 3。

"刚性楼板假定"中的刚性楼板假定仅用于位移比和周期比大指标的计算，内力计算和配筋计算不选择，因此在计算大指标过程为了节约时间可以选用全楼采用刚性楼板假定，在出图阶段勾选"整体指标采用强刚其他结果采用非强刚"，如图 5-17 所示。

"楼梯计算"不考虑楼梯刚度，如图 5-17 所示，楼梯作为斜撑构件在数次地震现场发现和主体结构整体浇筑的建筑物会形成很大的斜撑作用，导致楼梯间四周的柱子剪切破坏，因此在楼梯施工时梯梁和梯段板会采用沥青进行分离，使楼梯在经历地震作用时不影响主体结构。

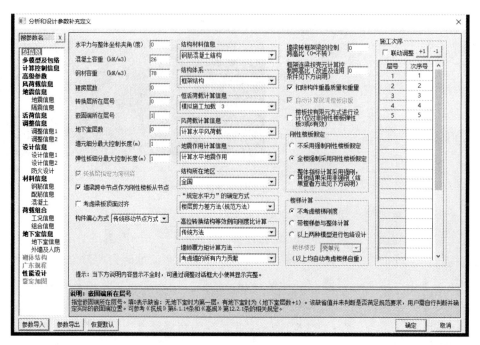

图 5-17 总信息参数定义

"风荷载信息"按照实际情况选择粗糙度类别和修正后的基本风压，X/Y 向结构基本周期按照缺省计算，在完成计算之后将 X/Y 平动周期回填，重新计算。对于钢筋混凝土结构阻尼比取 0.005，承载力设计时风荷载效应放大系数对于敏感建筑放大 1.1 倍，对于房屋高度不超过 60 m 的高层建筑，风荷载是否提高，由设计师自行判断，如图 5-18 所示。

图 5-18 风荷载信息

"用于舒适度验算的风压"取重现期为 10 年的风压值，而不是基本风压。

"用于舒适度验算的结构阻尼比"按照《高层建筑混凝土结构技术规程》（JGJ 3—2010）取值 0.01 ~ 0.02，如图 5-18 所示。

"结构规则性信息"该参数在程序内部不起作用，仅是一个标识作用。

"建筑设防类别"根据《建筑工程抗震设防分类标准》（GB 50223—2008）可分为特殊设防类、重点设防类、标准设防类、适度设防类。

"设计地震分组""设防烈度""特征周期""水平地震影响系数""抗震等级信息"根据《建筑抗震设计规范（2016 年版）》（GB 50011—2010）进行设定，如图 5-19 所示。我国的抗震设计原则概括为"三水准"和"两阶段"，"三水准"总的概括就是"小震不坏、中震可修、大震不倒"；"两阶段"的第一阶段是小震弹性计算和限制小震的弹性层间位移角，第二阶段是限制大震下结构弹塑性层间位移角。上述抗震原则的基础都是以小震为设计基础，中震和大震通过系数调整和各种抗震构造措施来实现的。

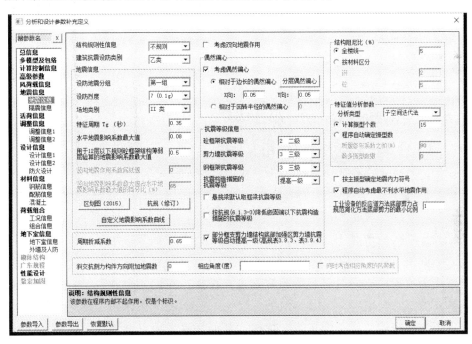

图 5-19　地震信息

在计算单向地震作用时应"考虑偶然偏心"，位移比的计算需要考虑"偶然偏心"，特别是边长较大的结构，计算层间位移角时可不考虑"偶然偏心"的影响。

对于质量和刚度不对称的结构需要"考虑双向地震作用"，计入双向水平地震作用下的扭转影响。"考虑双向地震作用"和"考虑偶然偏心"可以同时选择，结果进行叠加取包络设计，如图 5-19 所示。

规范要求有效质量系数要达到 90%，如果低于 90%需要增加"计算振型个数"，若增加计算振型个数仍然低于 90%则需重新调整结构方案，如图 5-19 所示。

《建筑结构荷载规范》（GB 50009—2012）第 5.1.2 条规定需要对活荷载进行折减，在活荷载信息中选择与之对应的折减系数，如图 5-20 所示，在"考虑结构使用年限的活荷载调整系数"中，当结构设计使用年限为 100 年时取 1.1。针对消防车工况，需要在结构建模中增加消防车工况，按照《建筑结构荷载规范》（GB 50009—2012）附录的折减系数进行计算，主次梁折减系数进行设定。

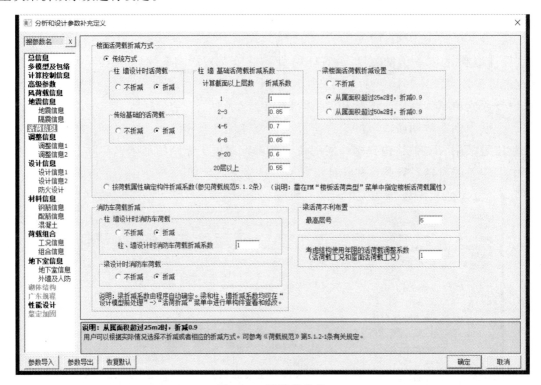

图 5-20　活荷载信息

对于混凝土结构一般可不勾选二阶效应的影响，当计算结果需要计算二阶效应时则勾选直接几何刚度法（P-δ 效应）。梁柱节点区域简化为刚域，是指梁柱计算时梁长度和柱高度取到刚域边缘位置，否则计算长度将取到节点位置，简化为刚域后结构的刚性增加，地震作用下基底的剪力会增大，如图 5-21 所示。

当混凝土结构按照空间结构进行计算时，框架柱宜采用双偏压计算配筋，这样计算更符合实际工况。根据《高层建筑混凝土结构技术规程》（JGJ 3—2010）第 6.2.4 条，框架角柱应按照双向偏心受力构件进行正截面设计，如图 5-21 所示。若在"特殊柱定义"中定义了角柱，则程序自动对其按照双偏压计算。

"梁保护层厚度"和"柱保护层厚度"应根据建筑物所处的环境类别按照《混凝土结构设计规范》（GB 50010—2010）进行取值。

根据《混凝土结构设计规范》（GB 50010—2010）第 11.3.1 条规定，梁正截面受弯承载力计算中计入纵向受压钢筋的梁端混凝土受压区高度应符合一级抗震等级 $x \leqslant 0.25h_0$，二、三级抗震 $x \leqslant 0.35h_0$，因此需要勾选"框架梁端配筋考虑受压钢筋"选项，如图 5-21 所示。

图 5-21　设计信息

《建筑结构可靠度设计统一标准》（GB 50068—2001）2019 年 4 月 1 日废止。现行《建筑结构可靠性设计统一标准》，编号为 GB 50068—2018，自 2019 年 4 月 1 日起实施。其中，第 8.2.9 条规定了新的建筑结构作用分项系数，因此需要勾选执行《建筑结构可靠度设计统一标准》，如图 5-21 所示。

在钢筋信息中选择常用的钢筋种类，一般选择三级钢，地下室梁可采用四级钢，《高层建筑混凝土结构技术规程》（JGJ 3—2010）第 7.2.17 条规定了剪力墙竖向和水平分布钢筋的配筋率，一、二、三级均不应小于 0.25%，四级和非抗震设计时不应小于 0.2%，如图 5-22 所示。

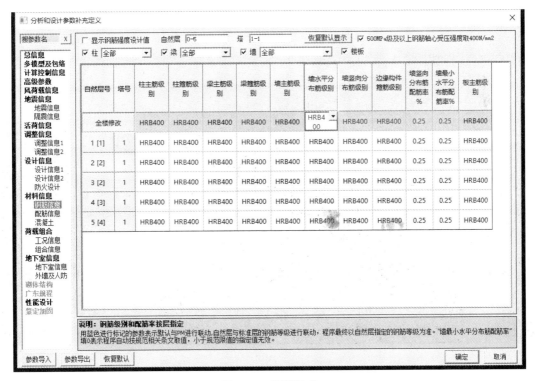

图 5-22　钢筋信息

（3）定义混凝土强度等级、生成多塔、定义特殊梁、定义特殊柱，如图 5-23 所示。

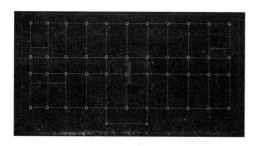

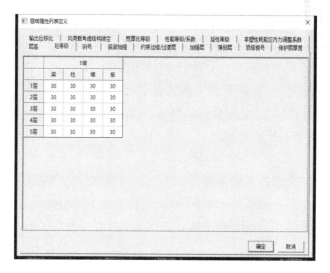

图 5-23　特殊定义和混凝土强度定义

（4）生成数据并计算，如图 5-24 所示。

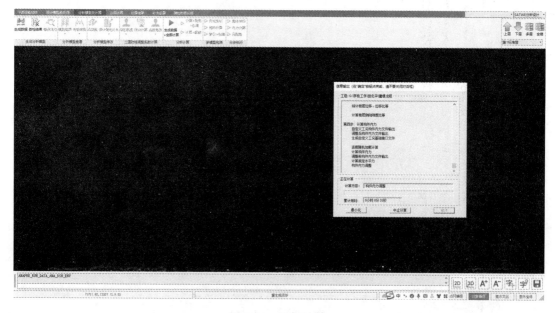

图 5-24　分析计算

5.5 混凝土结构施工图

结构施工图主要包含图纸目录、结构设计总说明、常用构造、基础图、墙柱平法图、梁配筋图、模板及板配筋图、楼梯大样图和节点大样图等。

按照平法整体表示方法制图时，必须根据具体工程设计，按照各类构件的平法制图规则，在按结构（标准）层绘制的平面布置图上，直接表示各构件的尺寸、配筋。出图时宜按照基础、柱、剪力墙、梁、板、楼梯大样、墙身大样进行排列。在施工图中应将所有柱、剪力墙、梁和板进行编号，编号中含有类型代号和序号等。其中，类型代号的主要作用是指明所选用的标准构造详图，在标准构造详图上按其所属构件类型注明代号，已明确该详图与平法施工图中该类型构件的互补关系，使两者结合构成完整的结构设计图。在图纸说明中应当用表格或其他方式注明包括地下和地上各层的结构层楼（地）面标高、结构层高及相应的结构层号，为方便施工，应将统一的结构层楼面标高和结构层高分别放在柱、墙、梁、板、剪力墙的平法施工图中。

为了确保施工人员准确无误地按平法施工图进行施工，还应在平法施工图中表达清楚混凝土的结构设计使用年限、注明抗震设防烈度及抗震等级、选用相应抗震等级的标准构造详图。

1. 柱平法施工图

柱平法施工图有两种表达方式：列表注写方式和截面注写方式。

列表注写方式是在柱平面布置图上分别在同一编号的柱中选择一个截面标注几何参数代号，在柱表中注写柱编号、柱段起止标高、几何尺寸与配筋的具体数值，并配以各种柱截面形状及箍筋类型图的施工图绘制方式。柱编号如图 5-25 所示，柱平法列表注写案例如图 5-26 所示。

柱类型	代号	序号
框架柱	KZ	XX
转换柱	ZHZ	XX
芯柱	XZ	XX
梁上柱	LZ	XX
剪力墙上柱	QZ	XX

图 5-25　柱编号

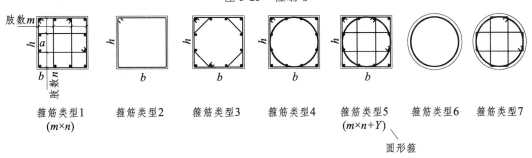

箍筋类型1
($m×n$)

箍筋类型2

箍筋类型3

箍筋类型4

箍筋类型5
($m×n+Y$)

箍筋类型6

箍筋类型7

圆形箍

柱表

柱号	标高	$b×h$ (圆柱直径D)	b_1	b_2	h_1	h_2	全部 纵筋	角筋	b边一侧 中部筋	h边一侧 中部筋	箍筋 类型号	箍筋	备注
KZ1	-4.530~-0.030	750×700	375	375	150	550	28Φ25				1(6×6)	Φ10@100/200	
	-0.030~19.470	750×700	375	375	150	550	24Φ25				1(5×4)	Φ10@100/200	
	19.470~37.470	650×600	325	325	150	450		4Φ22	5Φ22	4Φ20	1(4×4)	Φ10@100/200	—
	37.470~59.070	550×500	275	275	150	350		4Φ22	5Φ22	4Φ20	1(4×4)	Φ8@100/200	
XZ1	-4.530~8.670						8Φ25				按标准构 造详图	Φ10@100	③×⑧ 轴KZ1中设置

图 5-26　柱平法列表注写

截面注写方式是在柱平面布置图上，分别在同一编号的柱中选择一个截面，以直接注写截面尺寸和配筋具体数值的方式来表达柱平法施工图。既可在原位进行按比例放大标注，也可以在图纸其他地方集中标注，然后注写界面尺寸 $b×h$、角筋或全部纵筋和箍筋，截面注写方式如图 5-27 所示。

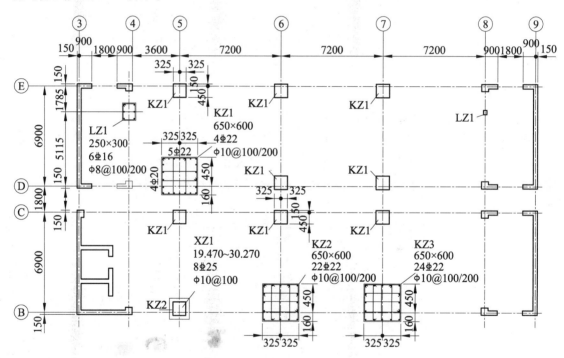

图 5-27　柱平法截面注写方式

2. 梁平法施工图

梁平法施工图是在梁平面布置图上采用平面注写方式或截面注写方式绘制施工图。一般采用平面注写方式。平面注写方式是在梁平面布置图上分别在不同编号的梁中各选一根梁，在其上注写界面尺寸和配筋具体数值的方式来表达梁平法施工图。平面注写包括了集中标注和原位标注，集中标注表达梁的通用数值，原位标注表达梁的特殊数值。施工时，原位标注取值优先，平面注写如图 5-28 所示。

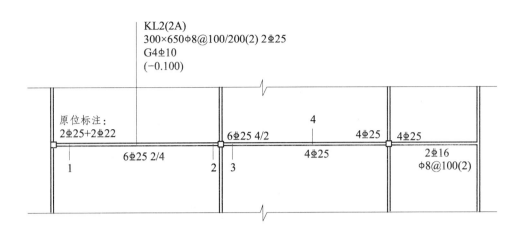

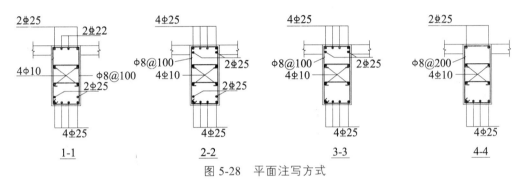

图 5-28 平面注写方式

梁编号由梁类型代号、序号、跨数及有无悬挑代号几项组成，如图 5-29 所示。

梁类型	代号	序号	跨数及是否带有悬挑
楼层框架梁	KL	××	（××）、（××A）或（××B）
楼层框架扁梁	KBL	××	（××）、（××A）或（××B）
屋面框架梁	WKL	××	（××）、（××A）或（××B）
框支梁	KZL	××	（××）、（××A）或（××B）
托柱转换梁	TZL	××	（××）、（××A）或（××B）
非框架梁	L	××	（××）、（××A）或（××B）
悬挑梁	XL	××	（××）、（××A）或（××B）
井字梁	JZL	××	（××）、（××A）或（××B）

注：（xxA）为一端有悬挑，（xxB）两端有悬挑，悬挑不计入跨数。

图 5-29 梁编号

梁集中标注的内容有五项必注值及一项选注值，集中注写可以从梁的任意跨引出，必注值包含梁编号、梁截面尺寸、梁箍筋、梁上部通长筋或架立筋、梁侧面纵向构造钢筋或受扭钢筋，选注值为梁顶面标高高差。

梁原位标注内容规定如下：

（1）当梁上部纵筋多于一排时，用斜线"/"将各排纵筋自上而下分开；

（2）当同排纵筋有两种直径时，用"+"将两种直径的纵筋相连；

（3）梁中间支座两边的上部纵筋不同时，须在支座两边分别标注，梁支座两边上部纵筋相同时，可仅在支座的一边标注配筋值；

（4）当梁下部纵筋不全部伸入支座时，将梁支座下部纵筋减少的数量写在括号内；

（5）附加箍筋或吊筋，将其直接画在平面图中的主梁上，用引线注写总配筋值，当多数附加箍筋或吊筋相同时，可在梁平法施工图上统一注明，少数与统一注明不同时，进行原位标注。

在设计时应注意，对于支座两边不同配筋值的上部纵筋，宜尽可能选用相同直径（不同根数），使其贯穿支座，避免支座两边不同直径的上部纵筋均在支座内锚固；对于边柱、角柱为端支座的屋面框架梁，当能满足配筋截面面积要求时，其梁的上部钢筋应尽可能只配置一层，以避免梁柱纵筋在柱顶处因钢筋层数过多、密度过大导致施工不便和影响混凝土浇筑质量。

截面注写方式是在分标准层绘制的梁平面布置图上，分别在不同编号的梁中各选择一根梁用剖面号引出配筋图，并在其上注写截面尺寸和配筋具体数值的方式来表达梁平法施工图。截面注写方式既可以单独使用，又可以配合平面注写方式结合使用。

3. 有梁楼盖平法施工图

有梁楼盖平法施工图是在楼面板和屋面板布置图上采用平面注写的表达方式，板平面注写主要包括板块集中标注和板支座原位标注。为方便设计表达和施工识图，规定：当两向轴网正交布置时，图面从左至右为 X 向，从下至上为 Y 向；当轴网转折时，局部坐标方向顺轴网转折角度做相应转折；轴网向心布置时，切向为 X 向，径向为 Y 向。

板块集中标注的内容为：板块编号，板厚，上部贯通纵筋，下部纵筋，以及当板面标高不同时的标高高差。

板支座原位标注的内容为：板支座上部非贯通筋和悬挑板上部受力钢筋。当板的上部已配置有贯通纵筋，但仍需增配板支座上部非贯通筋时，应结合已配置的同向贯通纵筋的直径与间距，采用"隔一布一"方式配置。

4. 独立基础平法施工图

独立基础平法施工图有平面注写与截面注写两种表达方式，两种方式可混合使用。当绘制独立基础平面布置图时，应将独立基础平面与基础所支撑的柱一起绘制。当设置基础连系梁时，可根据图面的疏密情况，将基础连系梁与基础平面布置图一起绘制，或将基础连系梁布置图单独绘制。

独立基础的平面注写方式分为集中标注和原位标注两种。普通独立基础和杯口独立基础的集中标注，是在基础平面图上引注基础编号、截面竖向尺寸、配筋三项必注内容以及基础底面标高和必要的文字注解两项选注内容。

钢筋混凝土和素混凝土独立基础的原位标注，是在基础平面布置图上标注独立基础的平面尺寸，对相同编号的基础可选择一个进行原位标注；当平面图形较小时，可将所选定进行原位标注的基础按比例适当放大，其他相同编号者仅注编号。

独立基础的截面注写方式又可分为截面标注和列表注写两种表达方式。

5. 楼梯平法施工图

现浇混凝土板式楼梯平法施工图有平面注写、剖面注写和列表注写三种表达方式。

平面注写方式是在楼梯平面布置图上注写截面尺寸和配筋具体数值的方式来表达楼梯施工图，包括集中标注和外围标注。楼梯集中标注包含了五项内容，梯板类型代号与序号，如 AT××；梯板厚度，如 h=×××；踏步段总高度和踏步级数，之间以"/"分隔；梯板支座上部纵筋、下部纵筋，之间以":"分隔；梯板分布筋，以 F 打头注写分布筋具体值，该项可在图中统一说明，对于 ATc 型楼梯尚应注明梯板两侧边缘构件纵向钢筋及箍筋。

剖面注写方式需在楼梯平法施工图中绘制楼梯平面布置图和楼梯剖面图，注写方式分为平面注写、剖面注写两种。楼梯平面布置图注写内容包含：楼梯间的平面尺寸、楼层结构标高、层间结构标高、楼梯上下方向箭头、梯板的平面几何尺寸、梯板类型及编号、平台板配筋、梯梁及梯柱配筋等。楼梯剖面图注写内容包含：梯板集中标注、梯梁梯柱编号、梯板水平及竖向尺寸、楼层结构标高、层间结构标高。梯板集中标注包含四项：梯板类型及编号，如 AT××；梯板厚度，如 h=×××；梯板配筋；梯板分布筋，以 F 打头注写分布筋，也可在图中统一说明。

列表注写方式，是采用列表方式注写梯板截面尺寸和配筋具体数值的方式来表达楼梯施工图。

进入混凝土结构施工图，在绘制梁图选项中选择合适的主筋选筋库与箍筋选筋库，修改架立筋直径为按照《混凝土结构设计规范（2015年版）》（GB 50010—2010）第 9.2.6 条计算，最小腰筋为 10，如图 5-30 所示。

点击绘新图，检查梁的支座，将内悬挑修改为框架梁。通过移动标注命令，合理布置梁集中标注和原位标注。在通用选项中点击当前 T 图转 DWG 图，保存当前楼层的梁平法施工图。以此类推保存 2 ~ 5 层梁平法施工图。

在绘制板图中，计算方法采用弹性算法，边界条件和有错层楼板算法按照默认，钢筋级配表按照简洁方案，最小直径 6 mm，最大直径

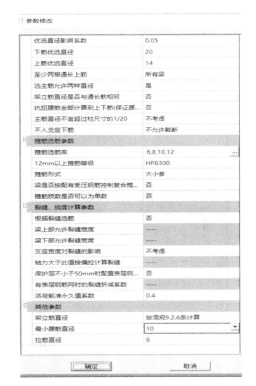

图 5-30　梁图设计参数

10 mm，间距范围 100 mm、125 mm、150 mm、175 mm、200 mm，点击生成级配表。在构件显示中，勾选柱涂实。点击绘新图命令，自动计算，自动配筋，在通用选项中点击当前 T 图转 DWG 图，保存当前楼层的板平法施工图，以此类推保存 2 ~ 5 层板平法施工图。

施工图见附录。

附录　某中学教学楼施工图

XX省XX市XX中学教学楼施工图设计

设计编号：XXX-XXX-XXX

设计阶段：　施工图设计

XXX建筑工程设计有限公司

设计证书号：XXXXXXXXXXX（建筑设计X级）

XXXX年X月

附图1　×××省×××市×××中学教学楼施工图设计

XX省XX市XX中学教学楼施工图设计

设计编号：XXX-XXX-XXX

工程规模：多层公共建筑
单位法定代表人：XXX
单位技术负责人：XXX
总　建　筑　师：XXX
总　工　程　师：XXX
项目负责人：XXX

专业：建筑　　职称：XXXXX

建筑专业设计人：XXX　　职称：XXX
结构专业设计人：XXX　　职称：XXX
给排水专业设计人：XXX　职称：XXX
电气专业设计人：XXX　　职称：XXX

建筑专业负责人：XXX　职称：XXX
结构专业负责人：XXX　职称：XXX
给排水专业负责人：XXX　职称：XXX
电气专业负责人：XXX　职称：XXX

XXX建筑工程设计有限公司

设计证书号：XXX（建筑设计XXX级）

XXXX年X月

附图2　××省××市××中学教学楼施工图设计

251

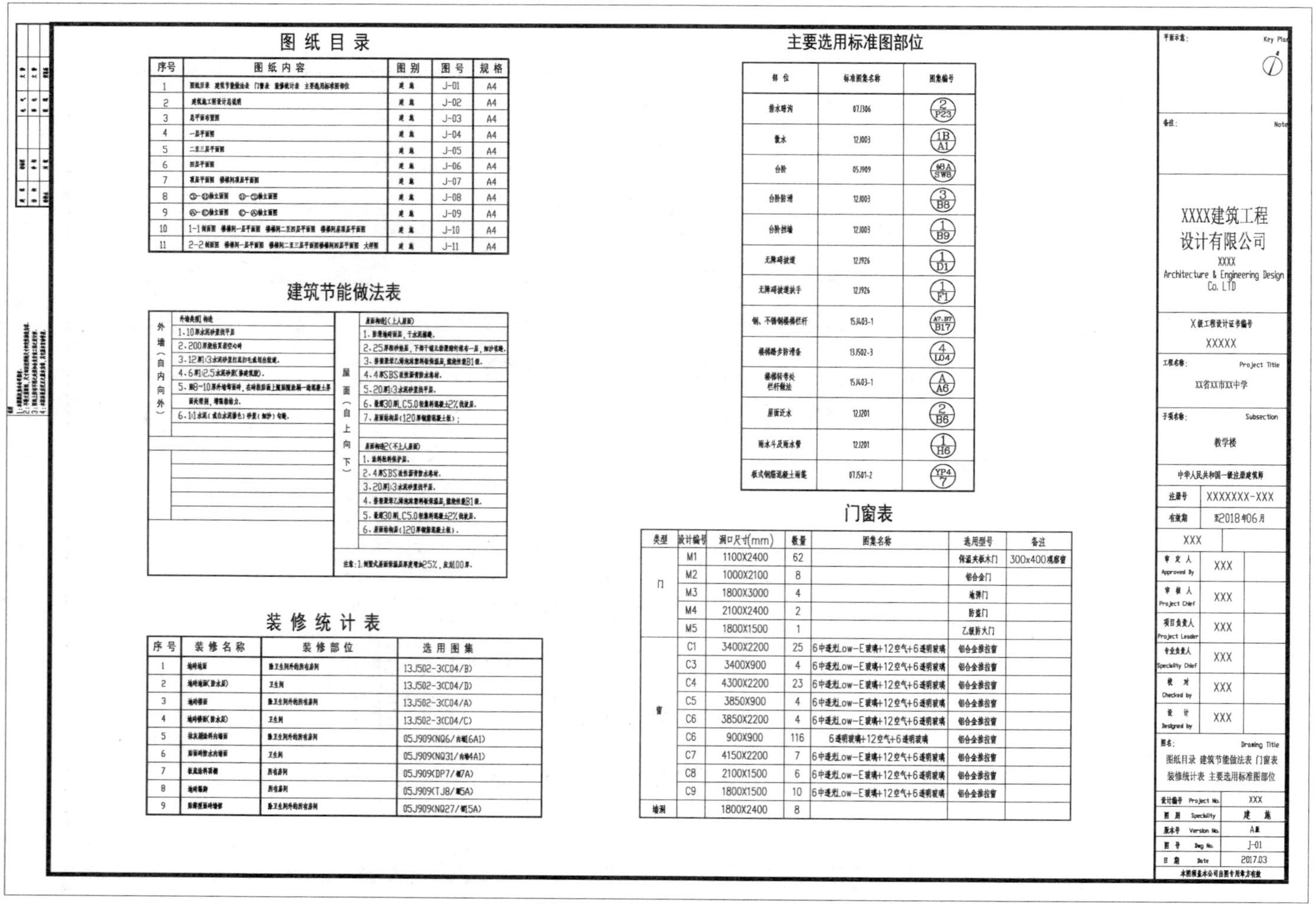

附图 3　图纸目录、主要选用标准图图部位及相关表表格

图 纸 目 录

序号	图 纸 内 容	图别	图号	规格
1	图纸目录 建筑节能做法 门窗表 装修统计表 主要选用标准图部位	建 施	J-01	A4
2	建筑施工图设计总说明	建 施	J-02	A4
3	总平面布置图	建 施	J-03	A4
4	一层平面图	建 施	J-04	A4
5	二至五层平面图	建 施	J-05	A4
6	顶层平面图	建 施	J-06	A4
7	屋顶平面图 楼梯间大样平面图	建 施	J-07	A4
8	⑥~⑩立面图 ⑩~①立面图	建 施	J-08	A4
9	①~⑥立面图 ⑥~⑩立面图	建 施	J-09	A4
10	1-1剖面图 楼梯一~五平面 楼梯剖面及节点大样	建 施	J-10	A4
11	2-2剖面图 楼梯一~五平面 楼梯三、四层平面楼梯剖面及节点大样	建 施	J-11	A4

建 筑 节 能 做 法 表

门 窗 表

装 修 统 计 表

建筑施工图设计总说明

一. 工程概况:

1. 工程名称：XX省XX市XX中学教学楼施工图设计；使用功能：教学楼；
2. 建设单位：XX市XX有限公司；建设地点：XX省XX市XX；
3. 建筑类别及耐火等级：多层公共建筑； 耐火等级为二级；
4. 主要结构类型：框架结构； 抗震设防烈度：七度；
5. 工程规模：小型公共建筑；
6. 设计使用年限：50年.

二. 设计依据:

1. 由XXX规建设局XXXX年签发的本项目红线图；
2. XX城乡规划建设和住房保障局关于"XXXX"方案设计的批复；
3. 本项目地勘报告，地勘单位为XXXX建筑工程设计有限公司，编号为XXXXX；
4. 建设方提供的设计任务书；
5. 甲方关于该项目设计的委托书；
6. 中华人民共和国《工程建设标准强制性条文—房屋建筑部分》(2013年版)；
7. 《民用建筑设计通则》GB50352-2005；
8. 《建筑设计防火规范》GB50016-2014；
9. 《建筑内部装修设计防火规范》GB50222-95 (2001年版)；
10. 《中小学校建筑设计规范》GB 50099-2011 ；
11. 《屋面工程技术规范》GB50345-2012；
12. 《建筑地面设计规范》GB50037-2013；
13. 《无障碍设计规范》GB50763-2012；
14. 《建筑玻璃应用技术规程》JGJ113-2009 ；
15. 《民用建筑工程室内环境污染控制规范》GB50325-2010；
16. 《公共建筑节能设计标准》GB50189-2015；
17. 国家及XX市现行的有关规范、规定及标准.

三. 设计范围及内容:

1. 设计范围：单栋建筑物以室外散水0.90m以内为界.
2. 设计内容：建筑、结构、给排水、强电、弱电、通风及空调(人防工程异地建设).
3. 本工程设计等级为三级.

四. 技术经济指标:

1. 教学楼总建筑面积：3714.1平方米.
2. 基底面积：951.25平方米.
3. 建筑层数： 地上四层.
4. 建筑高度：14.7米.

五. 总平面

1. 本工程设计标高±0.000相当于海拔高程XXXX，室内外高差：300mm.
2. 本总图仅用于建筑定位放线. 土方工程、管道综合布置、道路、广场、挡土墙、护坡、绿化、化粪池等由建设方二次委托设计. 注意各工种之间的配合，注意现有城市及小区的各种管线的走向与位置，避免对现有管道造成损坏.
3. 环境、园林景观另详.

六. 建筑主要构造做法要求

(一) 防水

1. 屋面防水：图中注明的按图施工，其余按《05J909》图集相关构造详图施工.
   防水等级：三级；防水层次：一道设防；防水材料：4厚SBS改性沥青防水卷材.
   设防要求：按倒置式屋面做法(防水层在下保温隔热层在上)；所有防水涂料的四周均卷至屋面泛水高度(净高约300)，屋面竖井、女儿墙、阴阳转角处应附加一层防水材料；穿屋面板管道或泛水以上外墙穿管，待安装完后用细石砼封严；管根周围应嵌填防水胶，与防水层闭合.
2. 卫生间防水
   防水材料：防水涂料或聚合物水泥砂浆. 防水层次：一道设防或复合防水.
   设防要求：向地漏找坡≥1%，使水顺畅地流向地漏；卫生间墙体应先用C20素混凝土与楼板同时现浇，高度为完成面以上300，并做二布六涂丙烯酸脂涂料防水层全高，再做面层.
3. 外墙防水：
   防水材料：聚合物水泥基防水涂料或聚合物水泥砂浆.
   设防要求：空心砌块外墙门窗洞口周边200范围内应用实心砌体或者C20细石混凝土填实. 找平层的强度等级不应低于M7.5，与墙体基面的抗拉粘结强度不宜低于0.4MPa.

(二) 墙体(非承重墙)

1. 内、外墙：采用200厚烧结页岩空心砖，M5混合砂浆砌筑.
2. 所有墙体均在其室内地坪以下-0.060标高处，用1:2水泥砂浆加5%防水剂做20厚防潮层(在此标高为钢筋混凝土构造时可不做).
3. 凡不同墙体材料相接处加铺一层金属网，网宽300(当墙体材料为加气混凝土砌块时，应对外墙整体挂网).
4. 凡墙上预留或后凿的孔洞，安装完毕后须用C20细石砼填实，然后再做粉刷饰面层.

(三) 楼地面

1. 楼地面做法详见《装修统计表》.
2. 卫生间楼地面比所处楼地面降低50(无障碍设计处除外)；楼梯入口处按图设高差，并向室外做1%的坡.
3. 地面地基的压实系数应不小于0.94，其含水率应控制在规范许可的范围内. 无论做面层或垫层的混凝土，均须按《建筑地面设计规范》要求分仓浇铸或留缝(伸缝或缩缝)，地面待管线、设备安装完毕后再施工面层.
4. 楼地面构造交接处和地坪高度变化处，除图中另有注明者外均位于门扇开启面处. 管道穿楼板应加套管.

(四) 建筑装修

1. 本工程室内装修除按《装修统计表》规定的装修项目外，其余由二次室内装修设计确定，不列入土建施工范围. 二次装修必须符合《建筑内部装修设计防火规范》GB50222-95 (2001年版)及消防安全要求，同时不能影响结构安全，亦不能损害水电等设施.
2. 各种装修材料的质量、颜色、规格尺寸等均应选好样品，经建设单位和设计单位协商认可后，才能订货、施工.
3. 凡风道、烟道、竖井内壁砌筑灰缝须饱满，并随砌随原浆抹平. 有检修门的管道井内壁应作水泥砂浆粉刷(电梯井道不作粉刷).
4. 凡柱和门洞口墙面阳角处均应做宽50，高2000，厚20的水泥砂浆护角.
5. 有吊顶的房间，其粉刷或装饰面层应做至吊顶标高以上100处.
6. 凡木砖或木材与砌体接触部位均应涂防腐油；凡金属铁件均应先除锈，后涂防锈漆一道，再刷调和漆二道作为面层.
7. 除图中注明者外，内门均做盖缝或贴脸，门洞哑口做筒子板，其做法由二次装修定.
8. 为了保证饰面达到《外墙饰面砖工程施工及验收规程》JGJ126-2000的有关技术要求，当基层的抗拉强度小于外墙饰面砖粘贴的强度时，必须进行加固处理(如采用粘结防水剂)，加固后应对样板进行强度检测. 找平层材料的抗拉强度不应低于外强饰面砖粘贴的强度.

(五) 门窗

1. 本工程所注门窗尺寸均为洞口尺寸，门窗加工尺寸应根据装修面层厚度由承包商予以调整，门窗立面为外视立面.
2. 铝合金(塑钢)门窗、玻璃幕墙型材及玻璃厚度由专业厂家计算确定，并对其安全质量负责，但不得小于如下规定：铝合金型材壁厚：门 ≥2.0；窗≥1.4；幕墙、玻璃屋顶：3.0；玻璃：门 8；窗 5；塑钢门窗质量应符合《塑料门窗工程技术规程》(JGJ103-2008)的规定；幕墙、玻璃屋顶及大面积窗由具有相关资质的专业公司按计算确定并对其结果负责.
3. 当玻璃被用在建筑的下列部位时，必须采用安全玻璃，其安全玻璃厚度应符合《建筑玻璃应用技术规程》或《塑料门窗工程技术规程》有关规定：七层及七层以上建筑外开窗；全玻门；面积大于1.5m 的窗玻璃或玻璃底边离楼地面小于500或900的落地窗；各类天棚(含天窗、采光顶)、吊顶；室内隔断、浴室围护和屏风；楼梯、阳台、平台走廊的栏板；易遭受撞击、冲击而造成人体伤害的部位.
4. 门窗立樘位置：外门外窗：除注明者外，均居墙中；内门：与开启方向墙面平. 门安装时，门扇宜高出楼地面(完成面)，卫生间20，其余房间10.
5. 门窗、幕墙的框、扇、玻璃所选材料系列及颜色详见门窗表.
6. 凡防火门窗详消防专篇所述.
7. 凡图中未注明位置的边门窗，均离墙边100，中门窗一律进中开设.
8. 本建筑外门窗抗风压性能分级、气密性能分级、水密性能分级、保温性能分级、隔声性能分级、采光性能分级及幕墙气密性能分级均应满足国家相关规范规定的要求.
9. 本建筑门窗必须使用带节能标识的门窗，且必须按照节能报批表及装修统计表中关于节能门窗的标注施工.
10. 外窗性能要求：

外窗性能要求				
性能		要求性能要求		适用标准
外窗抗风压性能	P_3(kpa)	5级	3.0≤P_3<3.5	GB/T7106-2008
外窗气密性能	q(m³/(mh))	4级	1.0≥q>0.5	GB/T7107-2008
	q(m³/(m²h))		3.0≥q>1.5	
外窗水密性能	ΔP(Pa)	3级	250≤Δp<350	GB/T7108-2008
外窗保温性能	K(W/(m²K))		详节能设计	GB/T8484-2008
空气声隔声性能	Rw(dB)	3级	30≤Rw<35	GB/T8485-2008
外窗采光性能	Tr(透光折减系数)	2级	0.30≤Tr<0.40	GB/T11976-2002

(六) 无障碍设计

1. 本工程主出入口为无障碍出入口.
2. 本工程底层设有无障碍卫生间.

(七) 其他

1. 土建施工过程中，应与水，电，空调，通风，煤气等工种密切配合，若发现有矛盾，应与设计单位协商解决.
2. 凡要安装设备的地方，待设备到货后，应与设计图纸核对，相符后才可施工；若不相符，应作相应修改.
3. 凡大面积细石混凝土面层均沿柱(或6000X6000)纵横用割机作分缝处理，缝深20.
4. 凡有管道、井道穿屋面板、女儿墙处，安装完毕后均应随即用建筑密封胶作嵌缝处理.
5. 凡窗头、窗台、阳台、雨蓬、飘板底均作滴水线.
6. 本施工图女儿墙应按2500X3000间距设构造柱，断面200墙厚，配主筋4Ø10，箍筋Ø6@200，主筋锚入上下梁或柱35d，采用C20混凝土现浇.
7. 本施工图建筑图上的标高为结构板面标高(除注明者外).
8. 本工程施工及验收应严格执行国家现行有关建筑安装工程施工及验收规范.
9. 凡列入二次设计项目均须由有相关资质的公司进行二次设计，且须符合相关规范，并经建筑设计认可后方可施工.
10. 凡本图纸中未明确的项目，须满足相关规范后方可施工.

建筑防火设计专篇

(一) 工程概况

本工程为XX省XX市XX中学教学楼施工图设计.

1. 总建筑面积：3714.1平方米； 2. 建筑层数：地上四层；3. 建筑总高度 14.7米；
4. 建筑类别及耐火等级：多层公共建筑； 耐火等级为二级.

(二) 设计依据

1.《建筑设计防火规范》GB50016-2014；2.《建筑内部装修设计防火规范》GB50222-95(2001年版).

(三) 总图防火设计

1. 防火间距：本建筑与相邻建筑的间距均大于《建筑设计防火规范》GB50016-2014的要求.
2. 消防车道：建筑物邻街面(长边)设消防车道，消防车道宽4m(登高面处宽8m)；消防车道转弯半径为12m(利用城市干道作消防通道时R≥9m)；消防车道坡度≤7%(登高面处≤1%).

(四) 建筑防火设计

1. 防火分区：该建筑整体为一个防火分区，防火分区面积均不大于4000平方米(本建筑设置有自动灭火系统及火灾自动报警).
2. 安全疏散：本建筑设置两部疏散楼梯，疏散宽度与疏散距离满足规范要求.

平面示意：Key Plan	
备注：Note	
XXXX建筑工程设计有限公司 XXXX Architecture & Engineering Design Co. LTD	
X级工程设计证书编号	XXXXX
工程名称：Project Title	XX省XX市XX中学
子项名称：Subsection	教学楼
中华人民共和国一级注册建筑师	
注册号	XXXXXXX-XXX
有效期	至2018年06月
XXX	
审定人 Approved By	XXX
审核人 Project Chief	XXX
项目负责人 Project Leader	XXX
专业负责人 Speciality Chief	XXX
校对 Checked by	XXX
设计 Designed by	XXX
图名：Drawing Title	建筑施工图设计总说明
设计编号 Project No.	XXX
图别 Speciality	建施
版本号 Version No.	A版
图号 Dwg No.	J-02
日期 Date	2017.03
本图须盖本公司出图专用章方有效	

附图 4 建筑施工图设计总说明

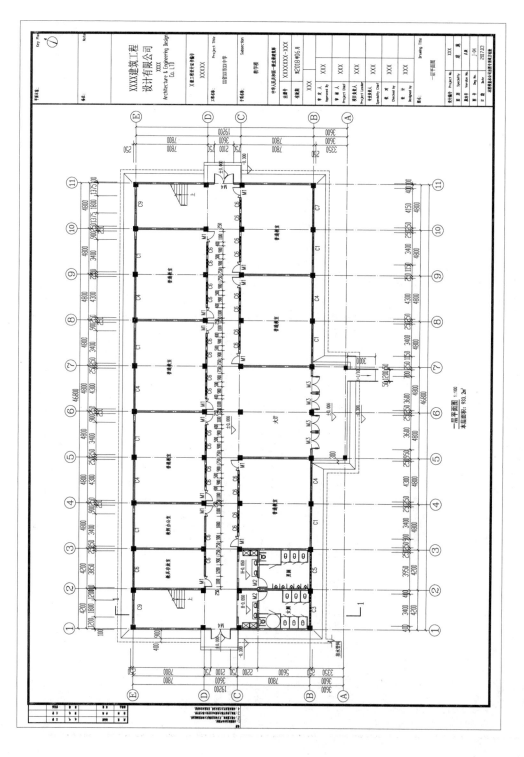

附图 5 一层平面图

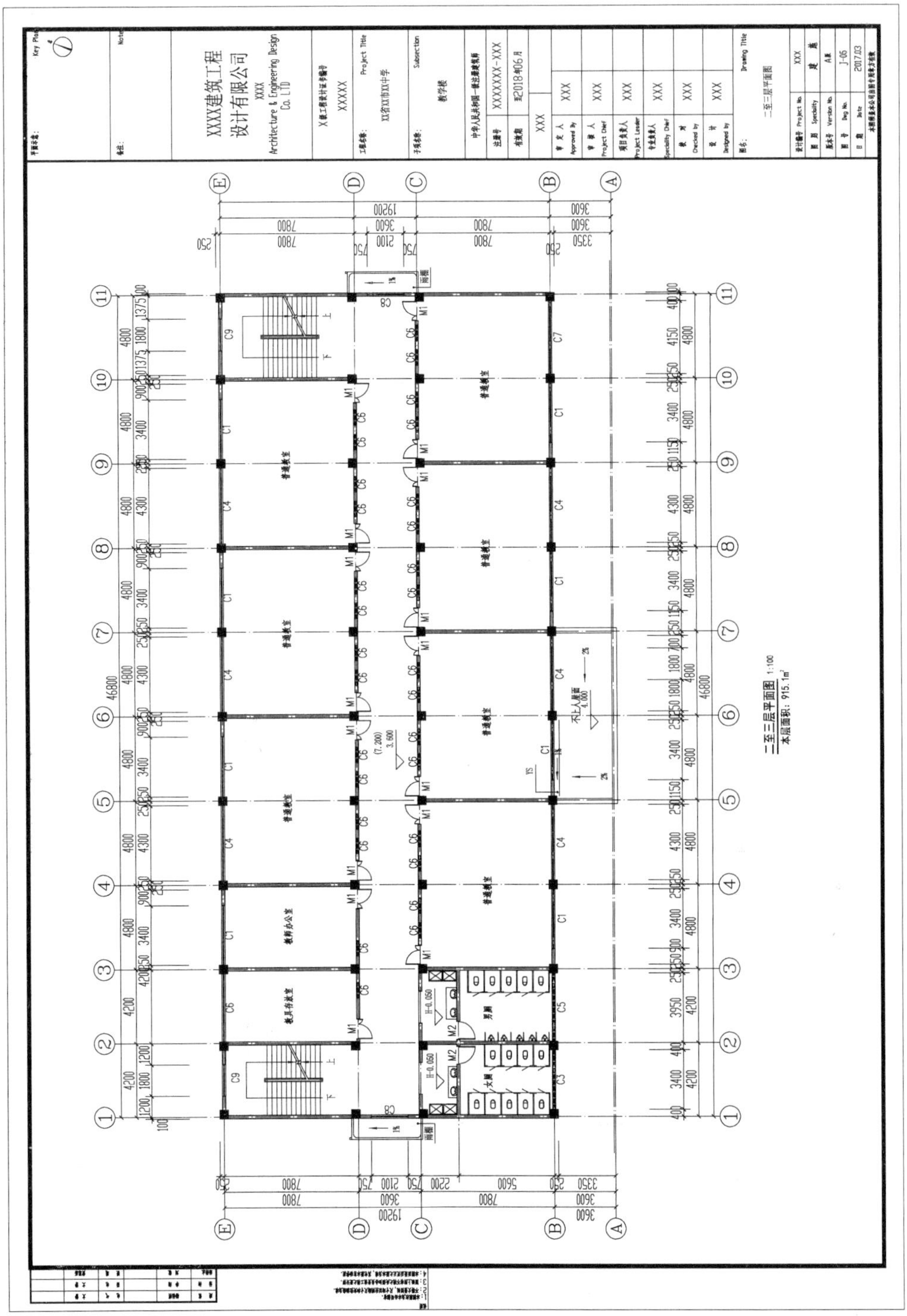
XXXX建筑工程
设计有限公司
XXXX
Architecture & Engineering Design
Co. LTD
XXXXX
XX省XX市XX中学
教学楼
XXXXXXX-XXX
至2018年06月
XXX
二至三层平面图
J-05
2017.03
普通教室
教师办公室
教具存放室
男厕
女厕
二至三层平面图 1:100
本层面积：915.1m²
46800
19200

附图 6　二至三层平面图

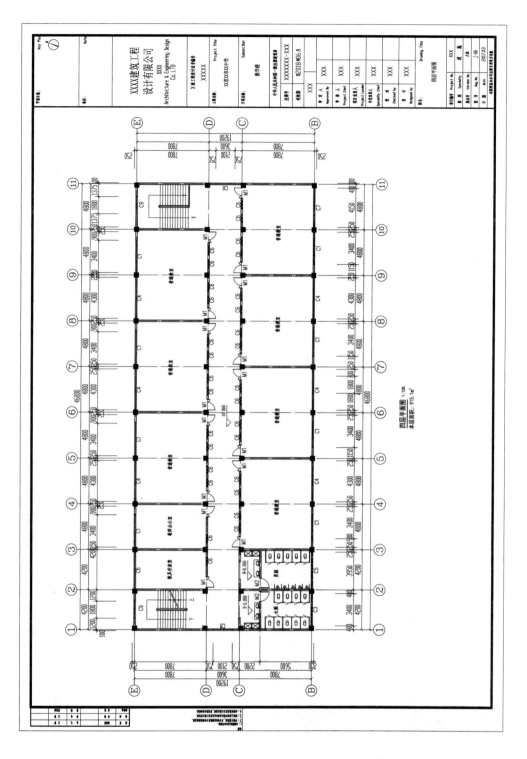

附图7 四层平面图

256

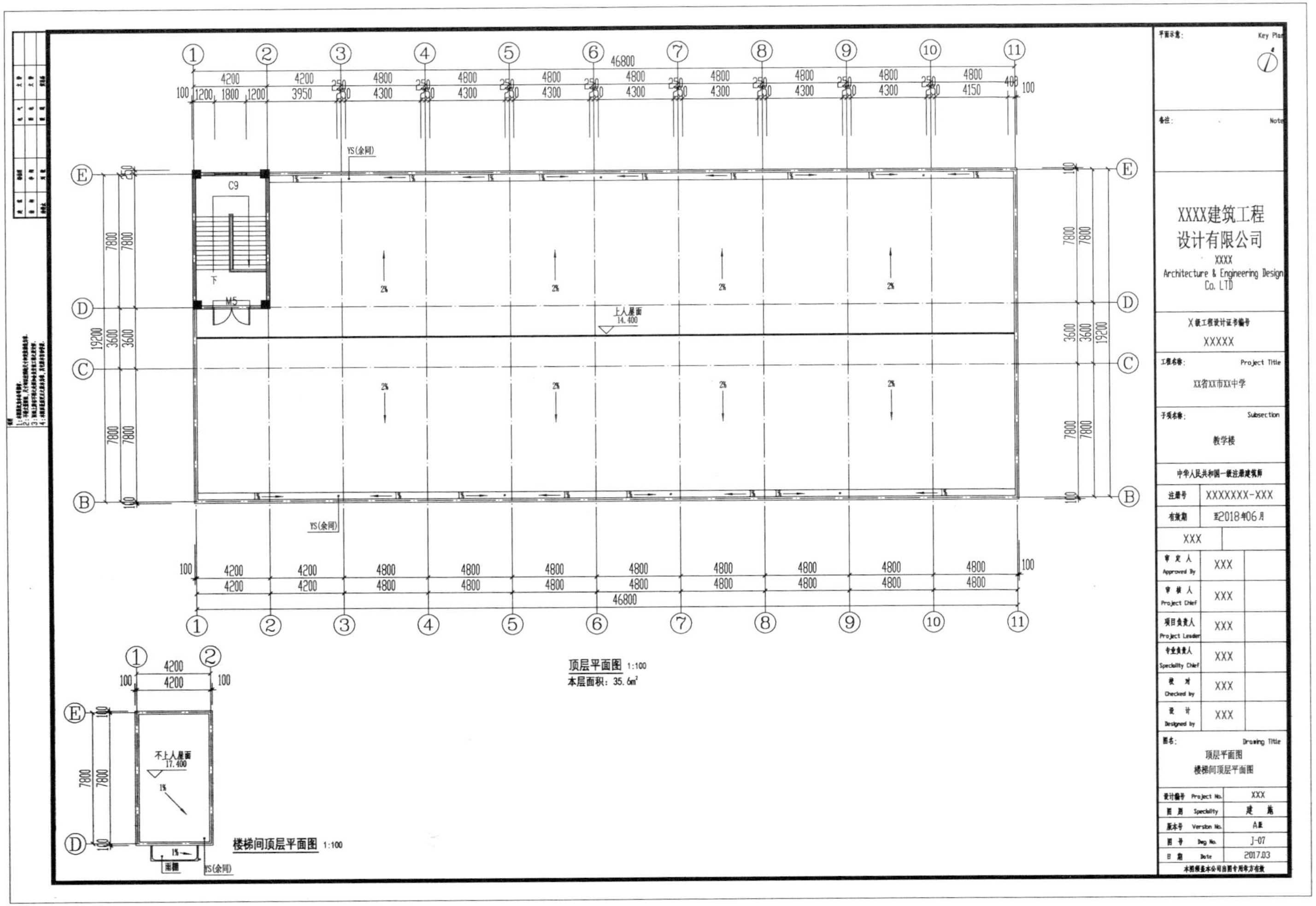
XXXX建筑工程
设计有限公司
XXXX
Architecture & Engineering Design
Co. LTD
X级工程设计证书编号
XXXXX
Project Title
XX省XX市XX中学
Subsection
教学楼
中华人民共和国一级注册建筑师
XXXXXXX-XXX
至2018年06月
Approved by
Project Chief
Project Leader
Speciality Chief
Checked by
Designed by
Drawing Title
顶层平面图
楼梯间顶层平面图
XXX
建 施
J-07
2017.03
顶层平面图 1:100
本层面积：35.6m²
楼梯间顶层平面图 1:100
上人屋面
14.400
不上人屋面
17.400
YS(余同)
46800
19200

附图 8　顶层平面图

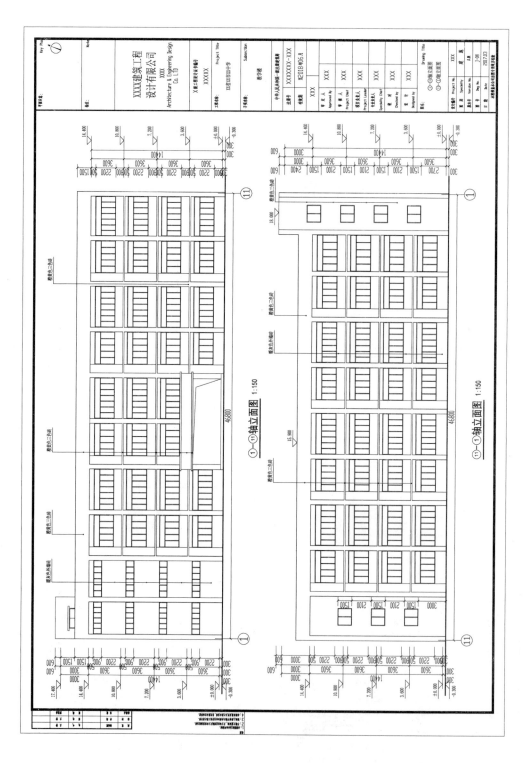

附图 9 ①～⑪轴立面图

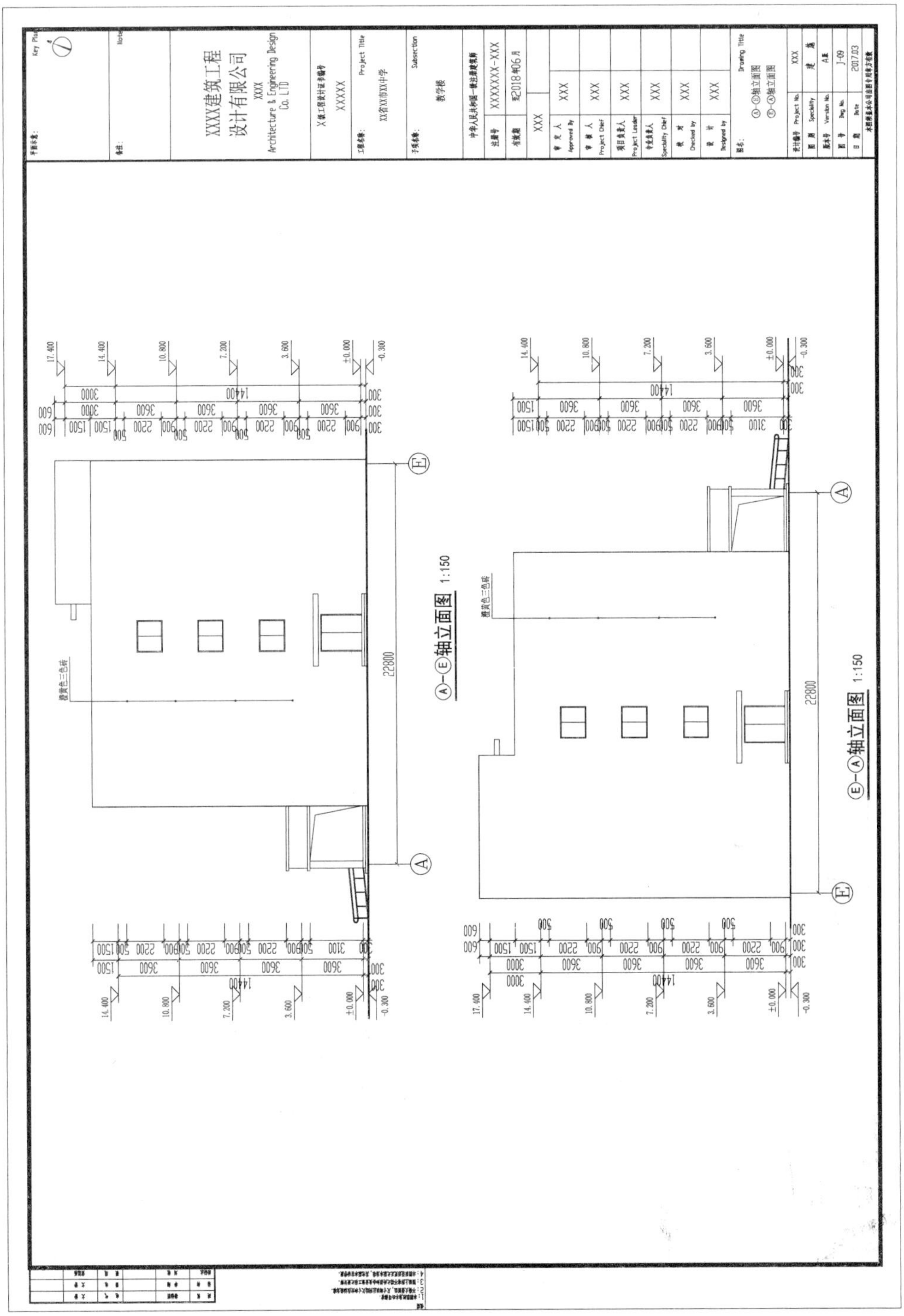

附图 10 Ⓐ ~ Ⓔ轴立面图

Ⓐ—Ⓔ轴立面图 1:150

Ⓔ—Ⓐ轴立面图 1:150

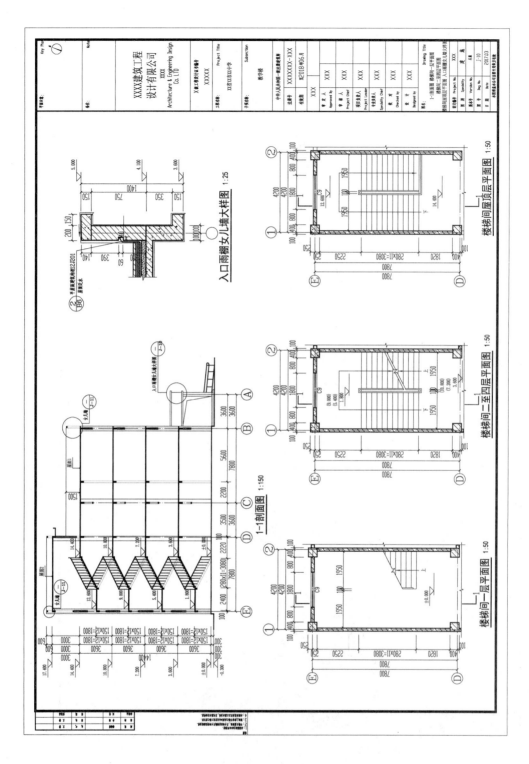

附图 11 1-1剖面图、楼梯间平面图及女儿墙大样图

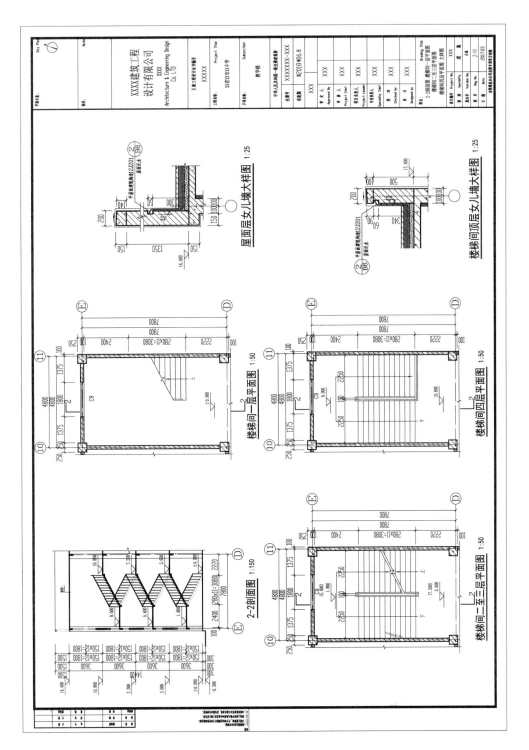

附图 12 2-2 剖面图、楼梯间平面图及女儿墙大样图

参考文献

[1] 吕西林. 建筑结构抗震设计理论与实例[M]. 上海：同济大学出版社，2011.

[2] 东南大学，天津大学，同济大学. 混凝土结构（上册）：混凝土结构设计原理[M]. 北京：中国建筑工业出版社，2008.

[3] 东南大学，同济大学，天津大学. 混凝土结构（中册）：混凝土结构与砌体结构设计[M]. 北京：中国建筑工业出版社，2016.

[4] 姚谏. 建筑结构静力计算实用手册[M]. 北京：中国建筑工业出版社，2009.

[5] 中国建筑科学研究院. 高层建筑混凝土结构技术规程：JGJ 3—2010[S]. 北京：中国建筑工业出版社，2011.

[6] 中国建筑科学研究院. 建筑结构荷载规范：GB 50009—2012[S]. 北京：中国建筑工业出版社，2012.

[7] 中国建筑科学研究院. 混凝土结构设计规范（2015 年版）：GB 50010—2010 [S]. 北京：中国建筑工业出版社，2016.

[8] 中国建筑科学研究院. 建筑地基基础设计规范：GB 50007—2011[S]. 北京：中国建筑工业出版社，2011.

[9] 中国建筑科学研究院. 建筑抗震设计规范：GB 50011—2010[S]. 北京：中国建筑工业出版社，2010.

[10] 中国建筑科学研究院. 建筑工程抗震设防分类标准：GB 50223—2008[S]. 北京：中国建筑工业出版社，2008.